GEOLOGIA ECONÔMICA

fundamentos dos processos de formação dos depósitos minerais

Copyright © 2024 Oficina de Textos

Grafia atualizada conforme o Acordo Ortográfico da Língua Portuguesa de 1990, em vigor no Brasil desde 2009.

Conselho editorial   Aluízio Borém; Arthur Pinto Chaves; Cylon Gonçalves da Silva; Doris C. C. Kowaltowski; José Galizia Tundisi; Luis Enrique Sánchez; Paulo Helene; Rozely Ferreira dos Santos; Teresa Gallotti Florenzano.

Capa e projeto gráfico Malu Vallim
Diagramação Luciana Di Iorio
Preparação de figuras Thiago Cordeiro
Preparação de textos Hélio Hideki Iraha
Revisão de textos Natália Pinheiro Soares
Impressão e acabamento Mundial gráfica

Dados Internacionais de Catalogação na Publicação (CIP)
(Câmara Brasileira do Livro, SP, Brasil)

Biondi, João Carlos
 Geologia econômica : fundamentos dos processos de formação dos depósitos minerais / João Carlos Biondi. -- 1. ed. -- São Paulo : Oficina de Textos, 2024.

 ISBN 978-85-7975-381-7

 1. Geologia econômica 2. Minas e mineração 3. Minas e recursos minerais I. Título.

24-221091   CDD-553.0981

Índices para catálogo sistemático:
1. Geologia econômica 553.0981

Aline Graziele Benitez - Bibliotecária - CRB-1/3129

Todos os direitos reservados à Editora **Oficina de Textos**
Rua Cubatão, 798
CEP 04013-003 São Paulo SP
tel. (11) 3085 7933
www.ofitexto.com.br
atendimento@ofitexto.com.br

João Carlos Biondi

GEOLOGIA ECONÔMICA

fundamentos dos processos de formação dos depósitos minerais

PREFÁCIO

A formação de um depósito mineral que possa ser explorado e gerar lucro (depósito "econômico") é um evento natural raro. Para que um depósito com essas características se forme, é necessário o encadeamento de uma série de eventos geológicos com dimensões incomuns e que se sucedam segundo uma ordem específica. Se algum desses eventos não ocorrer ou se a sucessão de todos os eventos não acontecer, o depósito não se formará. Essas *condições mínimas necessárias à formação de um depósito mineral* são discutidas e explicadas no Cap. 1.

Essas condições mínimas são conhecidas e já foram descritas em meu livro publicado em 2002, intitulado *Processos metalogenéticos e os depósitos minerais brasileiros*, e foram repetidas na segunda edição, publicada em 2015. Em tal obra, a ênfase foi o *processo metalogenético*, a forma como cada tipo de depósito foi gerado. Com essa abordagem, ficou subjacente o principal fator que deu origem a cada tipo de depósito mineral.

Entre todos os eventos geológicos necessários à formação de um depósito mineral, qual é o evento decisivo? Como anteriormente escrito, há uma série de eventos, todos necessários, mas nem todos com a mesma importância. Conhecer os *eventos decisivos* formadores dos depósitos minerais permitirá aos geólogos selecionar um ou mais desses eventos, procurar na natureza locais onde esse evento deve ter acontecido e, entre os ambientes geológicos decorrentes, escolher aquele(s) onde os outros eventos também devem ter ocorrido. Isso ampliará consideravelmente a chance de encontrar um depósito mineral econômico. Alternativamente, se o geólogo encontrar evidências de que um fator decisivo aconteceu em algum local da natureza, como consequência saberá de imediato quais depósitos são possíveis e prováveis de serem encontrados na região.

Entre os elementos decisivos para a formação de depósitos minerais descritos neste livro estão:
- Cap. 2 – fusão parcial e segregação mantélica seguida de diferenciação magmática;
- Cap. 3 – diferenciação, sedimentação magmática e hibridização de magmas;
- Cap. 4 – assimilação de substâncias das rochas hospedeiras (por magmas contidos em um plúton);
- Cap. 5 – hidrotermalismo;
- Cap. 6 – sub-resfriamento, franja de cristalização com acumulação e difusão iônica de longo alcance;
- Cap. 7 – desvolatização metamórfica e epissienitização relacionadas a zonas de cisalhamento;
- Cap. 8 – mistura e mudança do estado de oxidação de fluidos em ambientes sedimentares;
- Cap. 9 – singênese, diagênese e ação microbiana (em ambientes sedimentares);
- Cap. 10 – eluviação, iluviação, adsorção iônica e concentração residual.

A depender do ambiente geológico no qual ocorre, cada *fator decisivo* mencionado engendra a formação de vários tipos de depósitos minerais. Todos esses tipos de depósitos são descritos sucintamente, sempre com o apoio de figuras que visam sintetizar o processo genético (*graphical abstracts*) e diminuir o texto descritivo.

Não temos a pretensão de discutir todos os fatores que geraram todos os depósitos minerais conhecidos, até porque vários deles, a exemplo dos depósitos *iron oxide copper gold* (IOCG), entre muitos outros, ainda não têm seus processos genéticos inteiramente conhecidos. Nossa expectativa é apenas que o que escrevemos neste livro facilite a descoberta de algum depósito importante.

Curitiba, 16 de abril de 2024
João Carlos Biondi

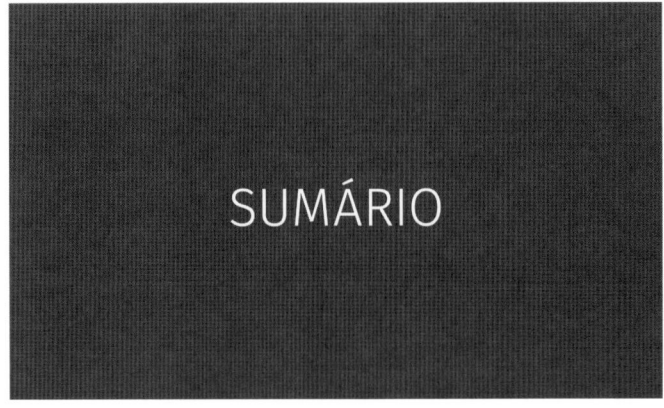

SUMÁRIO

1 PROCESSO GERAL FORMADOR DE DEPÓSITOS MINERAIS 9
   1.1 Condições mínimas necessárias para a formação de um depósito mineral 9

2 FUSÃO PARCIAL E SEGREGAÇÃO MANTÉLICA SEGUIDA DE DIFERENCIAÇÃO MAGMÁTICA – DEPÓSITOS MAGMÁTICOS ENDÓGENOS 12
   2.1 Depósitos mantélicos ou depósitos originais de diamantes 12
   2.2 Depósitos magmáticos de nióbio, fosfato e elementos terras-raras (ETR) leves em complexos alcalinocarbonatíticos (ou silicocarbonáticos) 16

3 PROCESSOS DE DIFERENCIAÇÃO, SEDIMENTAÇÃO MAGMÁTICA E HIBRIDIZAÇÃO DE MAGMAS (FATOR R) – PROCESSOS PLUTÔNICOS ENDÓGENOS 24
   3.1 Coeficiente e fator de partição 24
   3.2 Diferenciação, sedimentação magmática e hibridização de magmas como processos formadores de depósitos minerais 25

4 ASSIMILAÇÃO DE SUBSTÂNCIAS DAS ROCHAS HOSPEDEIRAS – PROCESSO PLUTÔNICO ENDOMAGMÁTICO ABERTO 32
   4.1 Depósitos vulcânicos de sulfetos de Ni e Cu em komatiítos 32
   4.2 Depósitos de sulfetos de Ni e Cu em plutões máficos-ultramáficos diferenciados 35

5 PROCESSO MINERALIZADOR HIDROTERMAL 38
   5.1 Sistema hidrotermal geral 38
   5.2 Fluidos mineralizadores 39
   5.3 Depósitos hidrotermais associados a plutões (plutogênicos) 41
   5.4 Depósitos hidrotermais associados a vulcões (vulcanogênicos) 45
   5.5 Processo formador de depósitos escarníticos e depósitos disseminados plutogênicos em rochas carbonáticas 50

6 PROCESSO MINERALIZADOR POR SUB-RESFRIAMENTO, FRANJA DE CRISTALIZAÇÃO COM ACUMULAÇÃO E DIFUSÃO IÔNICA DE LONGO ALCANCE – DEPÓSITOS PEGMATÍTICOS DE LÍTIO E BERÍLIO 54
   6.1 Distribuição, geometria e composição dos pegmatitos 54
   6.2 Composição mineralógica e interesse econômico dos pegmatitos 55
   6.3 Processo formador dos pegmatitos 56

7 DESVOLATIZAÇÃO METAMÓRFICA E EPISSIENITIZAÇÃO RELACIONADAS ÀS ZONAS DE CISALHAMENTO – PROCESSO HIDATOGÊNICO METAMÓRFICO 61
- 7.1 Hidrotermalismo × hidatogenia 61
- 7.2 Depósitos de ouro em zonas de cisalhamento em regiões metamorfizadas 61
- 7.3 Depósitos de urânio em epissienitos em zonas de cisalhamento de regiões metamorfizadas 67

8 MISTURA E MUDANÇA DO ESTADO DE OXIDAÇÃO DE FLUIDOS EM AMBIENTES SEDIMENTARES – PROCESSOS MINERALIZADORES HIDATOGÊNICOS SEDIMENTARES 71
- 8.1 Hidatogenia, hidrotermalismo e sedimentação 71
- 8.2 Depósitos de Pb – Zn (Ba) em rochas carbonáticas plataformais tipo Mississippi Valley 72
- 8.3 Depósitos hidatogênicos sedimentares formados pela mudança do estado de oxidação de fluidos mineralizadores 73
- 8.4 Depósitos de Cu hospedados em rochas sedimentares tipo White Pine 76
- 8.5 Depósitos de Zn, Pb e Cu hospedados em rochas sedimentares tipo Kupferchiefer 78
- 8.6 Depósitos de U em discordância tipo Athabasca e Rabbit Lake 81
- 8.7 Depósitos de Au disseminados em rochas sedimentares argilocarbonosas tipo Carlin 83

9 SINGÊNESE, DIAGÊNESE E AÇÃO MICROBIANA – PROCESSOS FORMADORES DE DEPÓSITOS MINERAIS SEDIMENTARES 87
- 9.1 Depósito mineral sedimentar singenético × diagenético 87
- 9.2 Processo mineralizador singenético sedimentar clástico 87
- 9.3 Processo mineralizador sedimentar diagenético 91
- 9.4 Processos mineralizadores sedimentares químicos 96

10 PROCESSOS DE ELUVIAÇÃO, ILUVIAÇÃO, ADSORÇÃO IÔNICA E CONCENTRAÇÃO RESIDUAL – PROCESSOS FORMADORES DE DEPÓSITOS MINERAIS SUPERGÊNICOS 110
- 10.1 Sistema intempérico geral 110
- 10.2 Concentração residual dos minerais pirocloro (Nb) e apatita (P) em regolitos e saprolitos dos complexos alcalinocarbonatíticos 111
- 10.3 Depósitos formados por concentração residual de substâncias químicas 112
- 10.4 Depósitos minerais por concentração residual e supergênica 116
- 10.5 Depósitos minerais por concentração supergênica 121

REFERÊNCIAS BIBLIOGRÁFICAS 125

ÍNDICE REMISSIVO 133

PROCESSO GERAL FORMADOR DE DEPÓSITOS MINERAIS

1.1 Condições mínimas necessárias para a formação de um depósito mineral

A Fig. 1.1A é um esquema que mostra as condições mínimas necessárias à formação de um depósito mineral. Todos os processos mineralizadores apresentados nos capítulos seguintes seguem a sequência de eventos mostrada nesse esquema. Se qualquer uma das etapas que serão agora descritas deixar de ocorrer, o depósito não se formará. É necessário, também, que os eventos mineralizadores ocorram na ordem mostrada nesse esquema.

Inicialmente é necessária a existência de um local, na crosta ou no manto, denominado *estoque*, que contenha minerais, fluidos, ânions e/ou cátions disseminados. No estoque as concentrações dessas substâncias são muito baixas, muito aquém das concentrações de minérios. Em um determinado momento da existência do sistema mineralizador, haverá *liberação de energia*, térmica e/ou mecânica, que mobilizará parte do conteúdo do estoque. Na maior parte das vezes, essa mobilização tem como consequência apenas a dispersão ou a redistribuição dos componentes do estoque (Fig. 1.1A). Essa situação persiste até que o sistema não mais seja energizado, cessando a mobilização dos componentes do estoque sem que ocorra qualquer concentração de minério.

Em alguns casos, bastante incomuns, parte do material mobilizado do estoque é *focalizada em um canal*, passando a deslocar-se de modo organizado ou *canalizado*. Normalmente essa *canalização* persiste enquanto existir o canal, ao final do qual a parte do estoque canalizada se dispersa em uma *zona de dispersão*, que pode ser interna, dentro do sistema, na superfície da litosfera dos continentes ou no fundo dos oceanos. Em alguns casos, ainda mais incomuns, a parte do material mobilizado do estoque via canal é retida, devido à existência de um *filtro*, algumas vezes denominado *armadilha*. A denominação de filtro é mais adequada porque se refere a um processo geológico que retém algumas substâncias e permite a continuação do deslocamento de outras. Se o sistema permanecer ativo durante tempo suficiente, no local onde estiver esse filtro pode concentrar-se uma quantidade suficiente do material retido pelo filtro, formando-se um *depósito mineral*. Notar, na Fig. 1.1A, que a existência do filtro não implica que a parte do material canalizado não retida no filtro deixe de migrar via canal, de modo organizado, ou simplesmente venha a dispersar-se. Na natureza, a sequência de eventos representados esquematicamente na Fig. 1.1 pode desenvolver-se na horizontal ou na vertical, de baixo para cima ou de cima para baixo.

Quando o material canalizado for sólido (clástico), não haverá reações entre esse material e as rochas em meio às quais ocorre a canalização. É o caso, por exemplo, do ouro que, liberado devido ao intemperismo (= energia físico-química) de um veio de quartzo aurífero (= estoque), migra carreado por uma drenagem (= canal) e concentra-se quando a drenagem encontra uma barreira (= filtro ou armadilha), como uma camada de rocha dura, que forma uma elevação no assoalho, fazendo a drenagem perder energia e causando a sedimentação e a acumulação do ouro (= minério). Se o material canalizado for um *fluido* com várias substâncias dissolvidas, muitas situações poderão ocorrer. *Normalmente esse fluido reagirá com as rochas encaixantes do canal, antes e depois do local do filtro, e também com as rochas do meio onde está o filtro*. Essa reação ocorre com intensidades diferentes, dependentes da reatividade do fluido, das composições das rochas, da quantidade de energia térmica disponível, do potencial hidrogeniônico, do potencial de oxirredução etc. As reações entre o fluido e as rochas recristalizam as rochas nas laterais do canal e junto ao depósito mineral, formando zonas de *alteração*

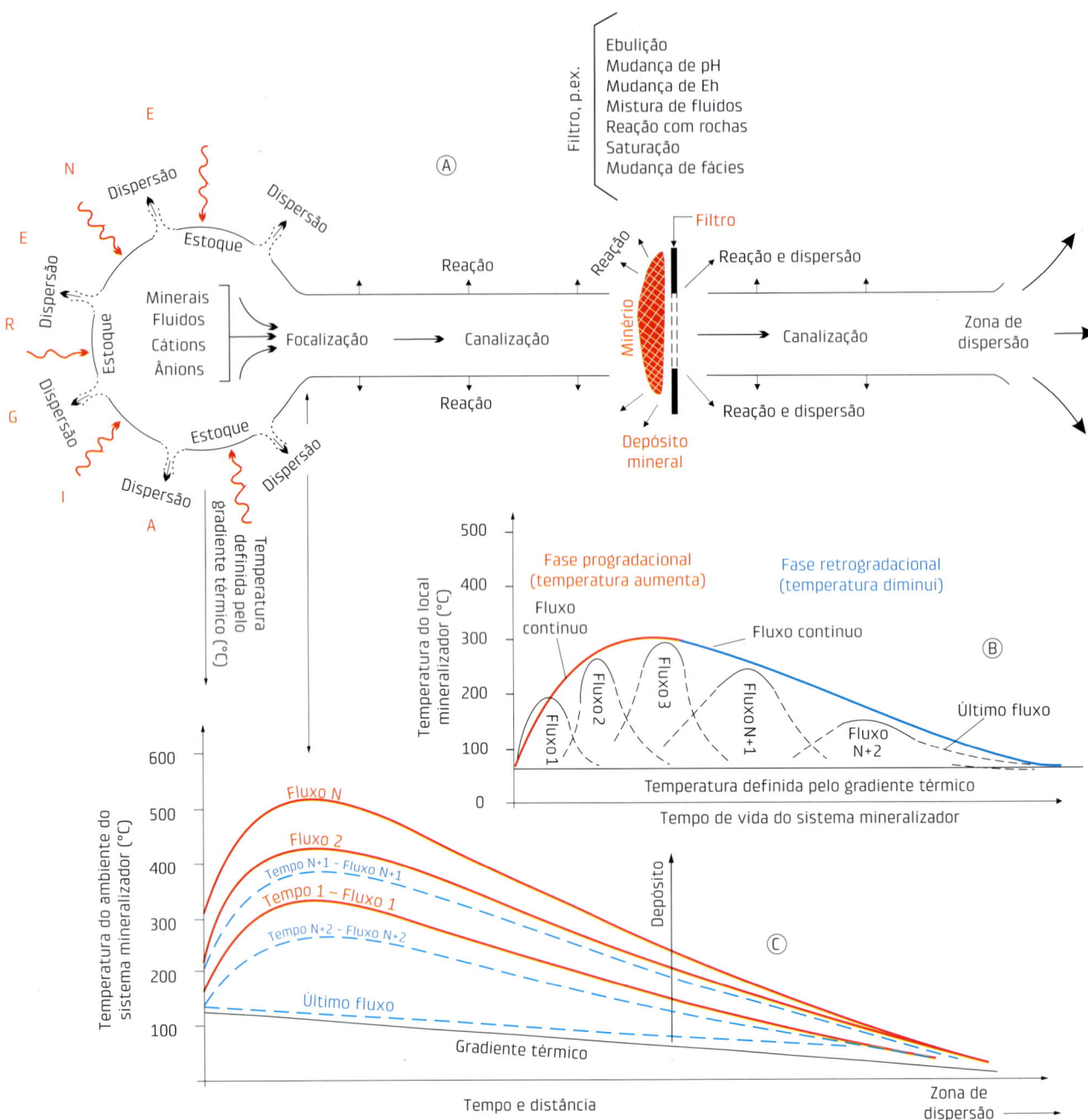

Fig. 1.1 (A) Sistema mineralizador geral, que mostra as condições mínimas necessárias à formação de um depósito mineral. Para que um depósito mineral seja formado, é necessário, no mínimo, que: (a) exista uma zona de estoque; (b) haja energia suficiente para deslocar substâncias do estoque; (c) as substâncias deslocadas do estoque sejam focalizadas em um canal e migrem nesse canal; (d) o canal atinja uma região onde haja filtro(s) capaz(es) de causar a precipitação de ao menos parte do material que migra pelo canal. Neste ponto será formado o depósito mineral; (e) após o local do depósito mineral, os fluidos residuais podem se dispersar ou continuar canalizados até uma zona de dispersão distante do depósito; (f) se o fluido mineralizador tiver temperatura elevada e for reativo, ele reagirá com as rochas encaixantes do canal, antes, em torno e depois do depósito mineral, podendo formar zonas de reação ou *alteração hidrotermal ou intempérica, a depender da temperatura*. (B) O fluido poderá deixar o estoque em um fluxo contínuo ou ser pulsante, percorrendo o canal em diversas fases ou pulsos. Em ambos os casos, a fase de elevação de temperatura é denominada progradacional e a de diminuição é a retrogradacional. (C) A temperatura dos fluxos de fluidos mineralizadores varia com o tempo e com a distância até o estoque (ver texto para mais detalhes)

hidrotermal se o fluido for água salina quente, ou *zonas de intemperismo* se for água meteórica.

O *sistema mineralizador* será ativo enquanto houver energia suficiente para mobilizar substâncias do estoque. A vida do sistema como *agente mineralizador* (= sistema mineralizador), entretanto, depende de vários outros fatores, tais como a persistência do canal (que pode ser obstruído, rompido ou desviado), a disponibilidade de substâncias mineralizadoras, a persistência do filtro ou armadilha, a permanência do foco de descarga do canal etc. Mesmo durante o período em que o sistema está ativo, a mobilização, canalização e focalização dos fluidos do estoque até o local do depósito não é um processo contínuo e uniforme. Algumas vezes há emissão contínua de fluidos (= *fluxo contínuo*) durante todo o período de atividade (= vida) do sistema, mas a quantidade de fluido, sua composição e suas propriedades físicas variam (Fig. 1.1C). Outras vezes, mais frequentes, além dessas variações o fluxo não é contínuo (Fig. 1.1B), fazendo-se em pulsos sucessivos (*fluxo pulsante*). As Figs. 1.1B,C mostram, de modo esquemático, como seriam as evoluções térmicas de sistemas mineralizadores pulsante e contínuo.

Caso o *fluxo do fluido seja pulsante* e o fluido tenha temperatura elevada, do fluxo 1 até o fluxo N o local do depósito receberá N emissões fluidas, sucessivamente mais quentes (Fig. 1.1B), separadas por intervalos durante os quais o fluido diminui de temperatura. Atingida a temperatura máxima, por exemplo durante o fluxo 3, desse pulso até o último fluxo os pulsos terão sucessivamente temperaturas menores, até atingirem a temperatura correspondente ao gradiente térmico da região.

Em ambos os casos, seja o *fluxo do fluido pulsante ou contínuo*, se o fluido tiver temperatura elevada, do tempo 1 até o tempo N a temperatura do fluido aumentará gradativamente na região do depósito (Fig. 1.1C) e ao longo de todo o canal, enquanto aumentar a temperatura na região do estoque. Essa fase é denominada *progradacional*. Após atingir um máximo, também gradativamente, a temperatura do sistema diminuirá do tempo N até o último fluxo, constituindo a fase *retrogradacional* (Fig. 1.1B). Notar que no local do depósito mineral as temperaturas inicial e final sempre serão determinadas pelo gradiente térmico da região naquele local, no momento em que o depósito estiver formado. Notar, também, que a amplitude da variação da temperatura do depósito (p.ex., T máxima de cerca de 300 °C) poderá ser menor do que a do sistema geral (p.ex., T máxima de cerca de 550 °C).

O *fluxo contínuo* gera depósitos minerais mais simples. Os corpos mineralizados e as zonas de alteração podem ter composições variadas, mas não se repetem na área do depósito. As composições das zonas dos minérios e de alteração mudam de modo gradacional e os contatos entre elas são, também, gradacionais. Os depósitos apicais disseminados, como os de cobre porfirítico, são geralmente formados por fluxos contínuos.

Cada *pulso de fluido* considerado isoladamente pode ser visto como um fluxo contínuo (Fig. 1.1B). Um conjunto de pulsos com temperaturas e composições diferentes gera uma série de zonas mineralizadas, com idades muito próximas, imbricadas em uma área restrita. A visão global será a de um depósito complexo, com zonas de minério e de alteração superpostas e/ou entrecruzadas. Nos depósitos filoneanos, por exemplo, haverá diversas fases (zonas) de formação de veios, com composições e teores variados, que se cruzam, se repetem e têm halos de alteração com composições diferentes.

Como exemplo dos processos mencionados, a Fig. 1.2 mostra a sequência segundo a qual cristalizaram os minerais dos depósitos de estanho e tungstênio bolivianos, conforme a temperatura do fluido mineralizador variou (Kelly; Turneaure, 1970). Nesse caso os filtros ou armadilhas foram, inicialmente, a ebulição do fluido (*boiling*), depois a diminuição da temperatura devida à mistura com água meteórica e o aumento da distância até o foco térmico. Na fase de aumento da temperatura (progradacional), de cerca de 300 °C até mais de 500 °C, precipitaram apatita + quartzo. Em seguida, entre cerca de 500 °C e 400 °C, no início da fase retrogradacional, cristalizou cassiterita. Entre 400 °C e 280 °C precipitaram fluorita junto a metais-base e pirrotita. De 280 °C até cerca de 200 °C a siderita precipitou, enquanto a pirrotita se alterava. A temperaturas menores que 200 °C formaram-se vênulas e crostas de fluorita e, finalmente, a cerca de 50 °C, houve cristalização de fosfatos hidratados, quando o sistema se extinguiu.

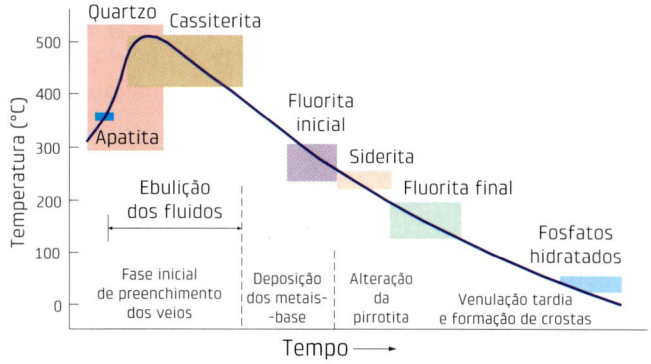

Fig. 1.2 Diagrama temperatura *vs.* tempo, que mostra a sequência de cristalização dos minerais de ganga e de minério durante a formação dos depósitos de estanho e tungstênio da Bolívia. Os retângulos mostram os domínios temperatura *vs.* tempo nos quais se cristalizaram as diferentes paragêneses do minério (Kelly; Turneaure, 1970). Comparando este diagrama àquele equivalente da Fig. 1.1C, é possível considerar que os depósitos bolivianos se formaram em um fluxo contínuo, ou que este diagrama representa um dos pulsos de uma sequência de fluxos

FUSÃO PARCIAL E SEGREGAÇÃO MANTÉLICA SEGUIDA DE DIFERENCIAÇÃO MAGMÁTICA – DEPÓSITOS MAGMÁTICOS ENDÓGENOS

2.1 Depósitos mantélicos ou depósitos originais de diamantes

2.1.1 O diamante no manto

Os processos industriais com os quais diamantes artificiais são produzidos e as inclusões contidas em diamantes naturais permitem inferir como se formam na natureza. Os processos *high pressure/high temperature process* (HPHT) e *chemical vapor deposition* (CVD) são os mais utilizados. Para fabricar diamante com o processo HPHT, carbono puro é posto no interior de um cubo de metal que é prensado sob pressão de cerca de 5 GPa (56.000 atm a 57.000 atm) e temperatura de cerca de 1.500 °C durante alguns dias ou algumas semanas. Com o processo CVD, um plasma carbônico é criado sobre um substrato sobre o qual os átomos de carbono precipitam e cristalizam diamante. As pressões e as temperaturas dos processos HPHT são encontradas no manto astenosférico a profundidades entre 150 km e 250 km da superfície, a depender do ambiente geotectônico, conforme ilustrado na Fig. 2.1.

Em ambientes naturais o carbono necessário para formar diamantes no manto astenosférico provém do metano (CH_4) existente no manto junto com outros gases, entre os quais o principal é o nitrogênio (N_2).

As inclusões existentes nos cristais de diamante, popularmente conhecidas como "impurezas", podem ser sólidas, líquidas e gasosas, e são as principais fontes de informações sobre a gênese dos cristais.

As inclusões sólidas que ocorrem em diamantes do manto litosférico (Fig. 2.1) geralmente são minerais. As inclusões de minerais de eclogitos (Fig. 2.1) são denominadas tipo E, e as de minerais de peridotitos (lherzolito ou harzburgito) são tipo P. Cristais distintos de diamante podem conter inclusões dos mesmos minerais, mas as composições desses minerais são diferentes quando dos tipos E ou P. As inclusões minerais mais comuns derivadas de peridotitos são de

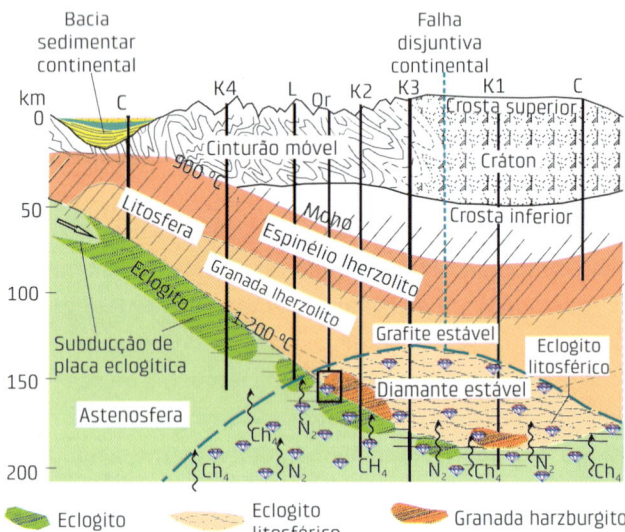

Fig. 2.1 Figura esquemática que ilustra as condições nas quais o diamante se forma na natureza e é transportado até a superfície (ver texto para mais detalhes)

granada cromífera (= piropos ou granadas G10), diopsídio cromífero, forsterita e enstatita, cujas composições serão diferentes se forem de eclogito ou de peridotito. Inclusões tipo E (de eclogito) são geralmente de piropo-almandina alaranjado, piroxênio onfacítico, cianita e coesita. As granadas derivadas de eclogitos (tipo E) contêm menos de 2% de Cr_2O_3 e 3% a 22% de CaO (Fig. 2.2), enquanto as granadas tipo P (de peridotito), de lherzolitos e harzburgitos, contêm entre 2% e 22% de Cr_2O_3 e menos de 8% de CaO. Para teores iguais de Cr_2O_3, os lherzolitos contêm mais CaO que os harzburgitos. Peridotitos e eclogitos são as principais rochas do manto, ao passo que wehrlito e websterito ocorrem em muito menor volume (Fig. 2.2).

Inclusões tipos E e P também são identificadas por apresentarem diagramas de variação de teores de lantanídeos (= elementos terras-raras ou ETR) e de isótopos de nitrogênio distintos. O conteúdo em ósmio da razão rênio/ósmio em

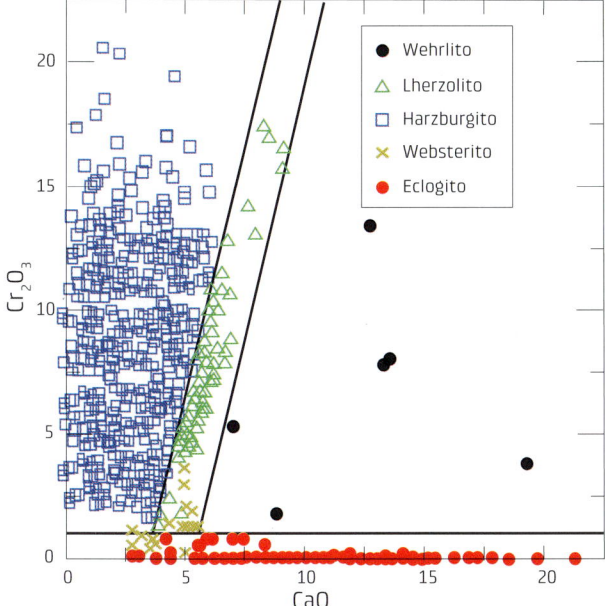

Fig. 2.2 Teores de Cr_2O_3 e CaO de granadas que ocorrem inclusas em diamantes provenientes de lherzolito, harzburgito, eclogito, websterito e wehrlito mantélicos

inclusões de sulfetos também informa se a inclusão é tipo E ou P. Finalmente, os valores isotópicos $\delta^{13}C$, $\delta^{18}O$ e $\delta^{32}S$ das inclusões também são diferentes em inclusões tipos E e P.

Revestimentos policristalinos de microdiamantes ocorrem envolvendo monocristais de diamante. Esses monocristais são denominados diamantes revestidos (*coated diamonds*). Os microcristais de revestimento podem conter inclusões fluidas, com fluidos dos grupos hidroxila, água e salmoura. Quando saturadas, essas inclusões são principalmente de cristais de silicatos, carbonatos e haletos, formando as associações de silicato-carbonato ou haleto-carbonato. Os diamantes turvos possuem inclusões fluidas com altas concentrações de K e Cl provenientes de soluções levadas ao manto por subducções (Fig. 2.1). Inclusões fluidas salinas (de diamantes turvos) e com silicatos não coexistem.

Em ambientes onde se formam diamantes, com pressão e temperaturas muito elevadas, silicatos hidratados fundidos e fluidos aquosos formam uma mistura supercrítica monofásica. Essa mistura gera diamantes revestidos por micro-hastes ou microlâminas denominados diamantes fibrosos, turvos ou policristalinos. Inclusões fluidas multifásicas existem em monocristais de diamante com estruturas fibrosas. Essas inclusões contêm carbonatos, silicatos, fluidos aquosos de alta densidade, e salmouras.

A impureza mais comum no diamante é o nitrogênio, que pode constituir até 1% em massa de um diamante em massa. O nitrogênio está presente na maioria dos diamantes e em muitas configurações diferentes, e sua incorporação na estrutura do diamante gera cores amarela a marrom.

A presença de nitrogênio e boro permite separar diamantes em quatro tipos: (1) diamantes tipo Ia, que contêm até 0,3% de nitrogênio. A maioria dos diamantes naturais é desse tipo. (2) Diamantes tipo Ib, com até 0,05% (500 ppm) de nitrogênio. São muito raros ($\approx$0,1%) na natureza, ao passo que quase todos os diamantes sintéticos (industriais) são desse tipo. Têm cor amarela ou marrom, sendo sempre mais escuros do que os diamantes tipo Ia. (3) Os diamantes tipo IIa não possuem nitrogênio nem boro em concentrações mensuráveis. São os diamantes quimicamente mais puros, e geralmente são incolores ou quase incolores, mas podem ser de cor cinza ou marrom-clara. Os cristais tipo IIa podem ser muito grandes e são muito requeridos pela indústria joalheira. (4) Os diamantes tipo IIb contêm boro, que substitui átomos de carbono. Concentrações de boro da ordem de alguns ppbs são suficientes para gerar cores cinza-azulada, azul-acinzentada e azul. É o caso de alguns diamantes famosos, como o diamante Hope ou o diamante Wittelsbach-Graff.

Adicionalmente, devem ser levadas em consideração as idades das inclusões, as dos diamantes que as contêm e as das rochas com diamantes na superfície da litosfera, onde são encontrados. Idades Sm-Nd de inclusões de diamantes do kimberlito Premier (África do Sul) e do lamproíto Argyle (Austrália) são maiores que as das rochas que os contêm. Um mesmo depósito sempre contém diamantes com idades diferentes e, simultaneamente, diamantes dos tipos eclogíticos e peridotíticos. As idades dos diamantes variam desde poucas dezenas de milhões de anos até 3,7 Ga, ao passo que as idades das rochas com diamantes são sempre muito diferentes e menores. Isso consolidou a ideia de que diamantes são gerados em diferentes períodos e posições do manto e são transportados até a superfície por kimberlitos e lamproítos.

A variedade de tipos de inclusões, formas, idades e dimensões dos diamantes indica que eles possuem vários processos de formação, que dependem da composição química e das características físicas dos meios onde cristalizam. A principal feição relacionada à gênese de diamantes do modelo mostrado na Fig. 2.1 é a presença sob o cráton de uma zona, geralmente com forma de bacia (ou quilha), de manto litosférico rígido. O limite entre essa zona e o manto astenosférico sotoposto age como uma grande descontinuidade que separa mecânica e quimicamente regiões do manto muito diferentes. Essa descontinuidade gera um local que facilita a reação entre os magmas ou fluidos ascendentes que a atravessam, e age como local adequado para a acomodação de rochas trazidas por subducção. O manto litosférico é esgotado dos componentes que geram basaltos e é composto por espinélio e granada lherzolito, harzburgitos e dunito. Eclogitos distribuem-se entre essas rochas de modo aleatório na vertical e na horizontal e formam-se a partir de magmas basálticos cristalizados a pressões muito elevadas ou são remanescentes de crostas basálticas oceânicas levadas ao manto por subducção. Considera-se que o manto astenosférico seja relativamente homogêneo e periodicamente retroalimentado por convecção mantélica. Fusões parciais de porções da astenosfera geram grandes volumes de magma que podem se acumular na interface litosfera-astenosfera ou chegar à superfície como grandes derrames de basaltos continentais. Em ambos os casos as fusões astenosféricas reagem com os materiais que formam o manto litosférico e a crosta. As inclusões são amostras dos materiais que coexistiram durante a formação dos diamantes e revelam que estes se formaram principalmente em meio a granada harzburgitos e a eclogitos (Fig. 2.1).

O estudo de xenólitos de kimberlitos com as composições de lherzolitos, harzburgitos e eclogitos, sem e com diamantes, mostra que os minerais desses xenólitos ficaram em equilíbrio (estáveis) a pressões entre 50 kbars e 60 kbars (150 km e 250 km) e temperaturas entre 900 °C e 1.400 °C, típicas do manto superior. Deve ser realçado que não há correlação entre os xenólitos carregados por kimberlitos e as inclusões dos diamantes dos mesmos kimberlitos. Ou seja, um kimberlito com muitos xenólitos de eclogito pode conter diamantes derivados de peridotitos, e vice-versa.

Os vários processos considerados formadores de diamante podem ser agrupados em duas categorias: (1) os processos que consideram que o carbono é mantélico e (2) os que consideram que o carbono é trazido ao manto por subducção.

No primeiro processo, o metano é oxidado e cristaliza como diamante no manto, durante o trajeto em direção à crosta, ou cristaliza na interface astenosfera-litosfera. Esse processo é sustentado sobretudo pela presença de inclusões nos diamantes derivados de peridotitos. No segundo processo, o carbono trazido pela subducção não seria mantélico, o que justificaria a grande variação da composição isotópica dos diamantes, além da presença de inclusões derivadas de eclogitos. Nesses dois processos, a formação do diamante está correlacionada à formação de crátons (Fig. 2.1), o que indica que ambos se desenvolvem por longo tempo e em condições de estabilidade tectônica.

A preservação dos diamantes por bilhões de anos exige que o ambiente onde se formaram permaneça redutor durante todo o tempo. Caso o ambiente se torne oxidante devido à percolação de fluidos como CO_2 ou H_2O, ocorrerá a destruição do diamante e sua transformação em CO_2 ou sua conversão para grafite. Se o transporte do diamante em direção à superfície for lento e o magma transportador for oxidante, o diamante poderá ser inteiramente destruído.

Diferentes graus de transformação são observados em diamantes transportados por kimberlitos e lamproítos.

2.1.2 Tipos de depósitos magmáticos de diamante em superfície

Kimberlito melilítico ou "basáltico", orangeíto ou kimberlito micáceo, e lamproíto são os três tipos de rochas vulcânicas conhecidas, geradas abaixo ou no interior da zona de estabilidade dos diamantes e que podem transportá-los até a superfície.

A maioria dos depósitos é de kimberlito basáltico, que é uma rocha inequigranular com grandes cristais arredondados suportados por matriz microgranular. A grande maioria dos megacristais é de olivina, secundados por granada piropo, com muito Mg + Ti e pouco Cr, ilmenita magnesiana (picroilmenita), diopsídio cromífero, flogopita, enstatita e cromita com pouco Ti. A matriz é constituída por cristais pequenos e euhédricos de olivina de segunda geração, perovskita, espinélio (cromita titanífera pertencente à série de solução sólida ulvoespinélio-magnetita), monticelita, apatita, calcita e serpentina ferrífera. Sulfetos niquelíferos e rutilo são acessórios comuns. Xenocristais provindos das rochas crustais atravessadas pelo magma kimberlítico em seu caminho até a superfície são comuns e sempre numerosos.

Os orangeítos ou kimberlitos micáceos são conhecidos somente no sul da África, onde formam uma província com rochas com idades entre 200 Ma e 110 Ma, distinta da província kimberlítica "basáltica", com rochas cujas idades são menores que 100 Ma. Os orangeítos são constituídos por macrocristais arredondados de olivina imersos em matriz composta por macro e microcristais de flogopita, e quantidades menores de diopsídio, espinélio (da série cromita rica em Ti e Mg até ulvoespinélio-magnetita), perovskita e calcita. Entre as principais diferenças mineralógicas, destaca-se a ausência, nos orangeítos, da suíte de megacristais típica dos kimberlitos (piropo, Mg-ilmenita e diopsídio), além da ausência de monticelita e de Mg-ulvoespinélio. Embora haja *pipes* orangeíticos, geralmente ocorrem em diques com até 2 m de espessura, constituindo enxames com 1 km a 5 km de extensão. Alguns desses diques possuem 100 a 200 quilates de diamante por 100 t de rocha, teor muito maior que os dos kimberlitos onde raramente são maiores que 50 quilates por 100 t de rocha. Deve ser lembrado que, em depósitos de diamante, o teor é tão importante para definir a economicidade da lavra quanto a dimensão e a qualidade do diamante. Um bom exemplo é o *pipe* Letseng-la-Terae (Lesoto, encrave na África do Sul), com teores muito baixos, entre 2 e 10 quilates por 100 t, que é lavrado porque produz cristais grandes e de alta qualidade.

A mineralogia dos lamproítos indica um magma original fortemente peralcalino (deficiente em sódio e alumínio, no qual moles $(K_2O + Na_2O)/Al_2O_3 > 1$), ultrapotássico (moles $K_2O/Na_2O > 3$), rico em Ba (teor de Ba > 2.000 ppm, na maioria das vezes > 5.000 ppm), com Zr > 500 ppm, Sr > 1.000 ppm, La > 200 ppm, F entre 0,2% e 0,8% e alto teor em titânio. São constituídos por: (a) flogopita titanífera pobre em alumina (fenocristais e matriz com 2-10% de TiO_2 e 5-12% de Al_2O_3); (b) um tipo de anfibólio com pleocroísmo amarelo-limão ou rosado, identificado como richterita titanopotássica (5% de K_2O e 3-5% de TiO_2); (c) diopsídios (microcristais); (d) bronzitas (geralmente serpentinizadas); (e) forsteritas de duas fontes distintas; (f) leucita; (g) analcima; (h) sanidina; (i) quatro tipos de espinélios, identificados como priderita $[(K, Ba)_{1,33}(Ti, Fe)_8O_{16}]$, magnesiocromita aluminosa pobre em titânio, magnesiocromita aluminosa titanífera e cromita titanífera pobre em Al e Mg; (j) magnetita titanífera; (k) ilmenita; e (l) anatásio. Os minerais indicadores dos lamproítos portadores de diamantes são a priderita, a wadeíta $(Zr_2K_4Si_6O_{18})$, a flogopita rica em Ba e as cromitas titaníferas.

Além das composições dos minerais, a identificação de kimberlitos, orangeítos e lamproítos deve sempre ser confirmada por suas composições isotópicas. Diagramas $^{87}Sr/^{86}Sr$ vs. $^{143}Nd/^{144}Nd$ e $^{87}Sr/^{86}Sr$ vs. εNd (Fig. 2.3) separam domínios específicos típicos de cada um desses magmas.

Kimberlitos e lamproítos hipabissais são rochas magmáticas que formam diques e sills, sendo diferentes dos kimberlitos que formam pipes ou diatremas, que são brechas kimberlíticas vulcanoclásticas denominadas "tufisitos" (Fig. 2.3). Como anteriormente comentado, orangeítos ocorrem como diques e raramente formam pipes ou diatremas. A ascensão de kimberlitos, orangeítos e lamproítos até a superfície na maioria das vezes faz-se segundo falhas secundárias associadas a grandes lineamentos profundos, que devem alongar-se até a base da crosta, denominadas falhas disjuntivas ou falhas de disjunção continental (Fig. 2.1).

Todas essas condições necessárias à gênese, ao transporte e à preservação do diamante em superfície tornam os pipes mineralizados bastante raros. Estima-se que apenas um em cada cem pipes (Fig. 2.4) contenha diamante em quantidade, dimensões e/ou qualidade necessárias para serem lavrados economicamente.

2.1.3 Processo formador de depósitos magmáticos de diamante em superfície

A formação de depósitos primários de diamantes ocorre, portanto, sob as seguintes condições: (1) existência de crátons em algum continente, constituindo zonas tectonicamente estáveis e com crosta espessa. (2) Nesses crátons a crosta espessa rebaixa o manto litosférico, que passa a conter parte da zona de estabilidade do diamante, proporcionando a cristalização e/ou a preservação de diamante no manto litosférico, assim como acontece no manto astenosférico. (3) Se a zona onde se forma o diamante for redutora e contiver carbono, o diamante cristalizará a profundidade

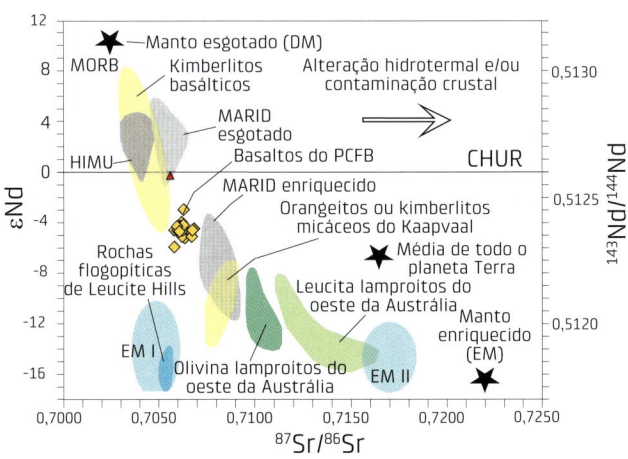

Fig. 2.3 Diagramas $^{87}Sr/^{86}Sr$ vs. $^{143}Nd/^{144}Nd$ e $^{87}Sr/^{86}Sr$ vs. εNd separando os domínios de estabilidade dos magmas kimberlíticos, orangeíticos e lamproíticos. Abreviações: CHUR = chondritic uniform reservoir, DM = depleted mantle, EM = enriched mantle, HIMU = high-μ end-member, MARID = mica + amphibole + rutile + ilmenite + diopside, MORB = mid oceanic ridge basalts e PCFB = Paraná continental flood basalts

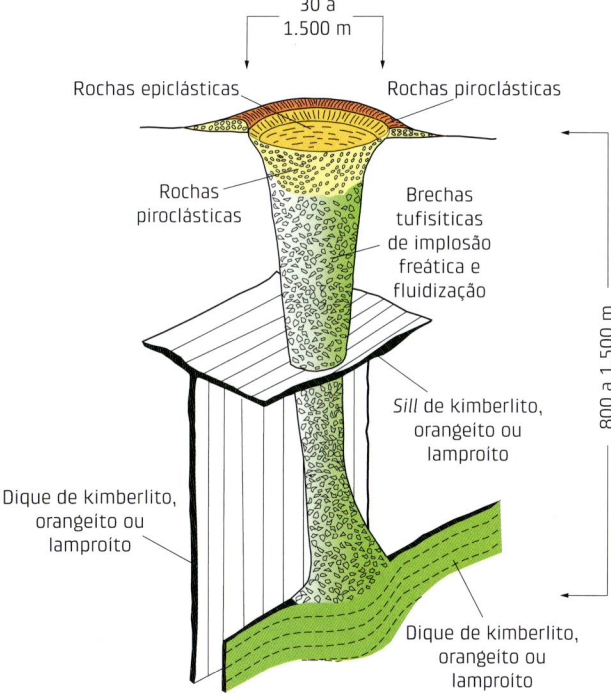

Fig. 2.4 Modelo idealizado de um pipe ou diatrema kimberlítico ou lamproítico (sem proporcionalidade). Os diamantes podem estar em qualquer posição no pipe, nos diques e nos sills (modificado de Mitchell, 1993)

igual ou maior que 150 km. (4) A zona onde o diamante é estável é atravessada por magmas kimberlíticos, orangeíticos ou lamproíticos que migram em direção à superfície. (5) Se esses magmas forem redutores, o diamante será coletado, preservado e transportado até a superfície, constituindo um depósito primário de diamante. (6) Se esses magmas transportadores forem oxidantes, os xenocristais de diamante poderão ser parcial ou totalmente destruídos, antes ou após atingirem a superfície da litosfera. (7) Em superfície, kimberlitos e lamproítos formam *pipes* e/ou diatremas, e os orangeítos formam enxames de diques.

Os tipos de diamante encontrados em rochas mineralizadas dependem do local no qual a rocha se formou em profundidade. Intrusões kimberlíticas tipo K1 (Fig. 2.1) são mineralizadas com diamantes dos mantos astenosférico e litosférico, derivados de granada lherzolitos e de granada harzburgitos. Intrusões kimberlíticas tipo K2 (Fig. 2.1) são mineralizadas como K1 e, adicionalmente, contêm diamantes de eclogitos mantélicos e eclogitos formados a partir de rochas trazidas por subducção, ou seja, de cinco fontes distintas. Intrusões kimberlíticas tipo K3 são mineralizadas com diamantes formados a partir de granada lherzolitos dos mantos litosférico e astenosférico. Intrusões kimberlíticas tipo K4 são estéreis em diamantes, porque não atravessam a região onde eles se formam e são estáveis. Intrusões de orangeítos ("Or" na Fig. 2.1) geralmente se formam em meio a eclogitos, derivados de rochas trazidas por subducção. Seus diamantes são desses eclogitos e também de granada harzburgitos. Intrusões de lamproítos ("L" na Fig. 2.1) contêm diamantes formados em granada lherzolitos do manto litosférico e em eclogitos, formados em rochas trazidas por subducção.

2.2 Depósitos magmáticos de nióbio, fosfato e elementos terras-raras (ETR) leves em complexos alcalinocarbonatíticos (ou silicocarbonáticos)

2.2.1 Complexos alcalinocarbonatíticos

Complexos alcalinocarbonatíticos são complexos ígneos com carbonatitos e rochas silicáticas com déficit de sílica. Na maioria das vezes são constituídos por rochas plutônicas, embora os complexos vulcânicos não sejam raros. Nesses complexos as rochas silicáticas geralmente se alojam na crosta antes dos carbonatitos (Fig. 2.5), e os ferrocarbonatitos alojam-se por último.

Os *carbonatitos* são magmas classificados conforme a espécie predominante de carbonato, podendo ser calcita (anteriormente sövito, se granulado grosso, ou alvikito, se granulado fino), dolomita (anteriormente beforsito e rauhaugito), ferrocarbonatito (principalmente carbonatos de ferro, tais como siderita ou ankerita [= Mg/(Mg + Fe) > 0,5]) e sodiocarbonatito (= natrocarbonatito, composto principalmente por nyerereita e gregoryita, carbonatos de elementos alcalinos).

Há uma relação genética entre carbonatitos e kimberlitos, que se faz notar pela coexistência espacial regional (raramente coexistem no mesmo complexo) e temporal dessas rochas nos diversos locais onde foram encontradas. Os carbonatitos associam-se localmente (ocorrem juntos, no mesmo complexo) com rochas silicáticas da série ijolítica-melteigítica e, mais raramente, com flogopititos e foskoritos.

2.2.2 Classificação de carbonatitos

A classificação dos carbonatitos é geralmente descritiva e baseia-se no conteúdo de carbonato considerado

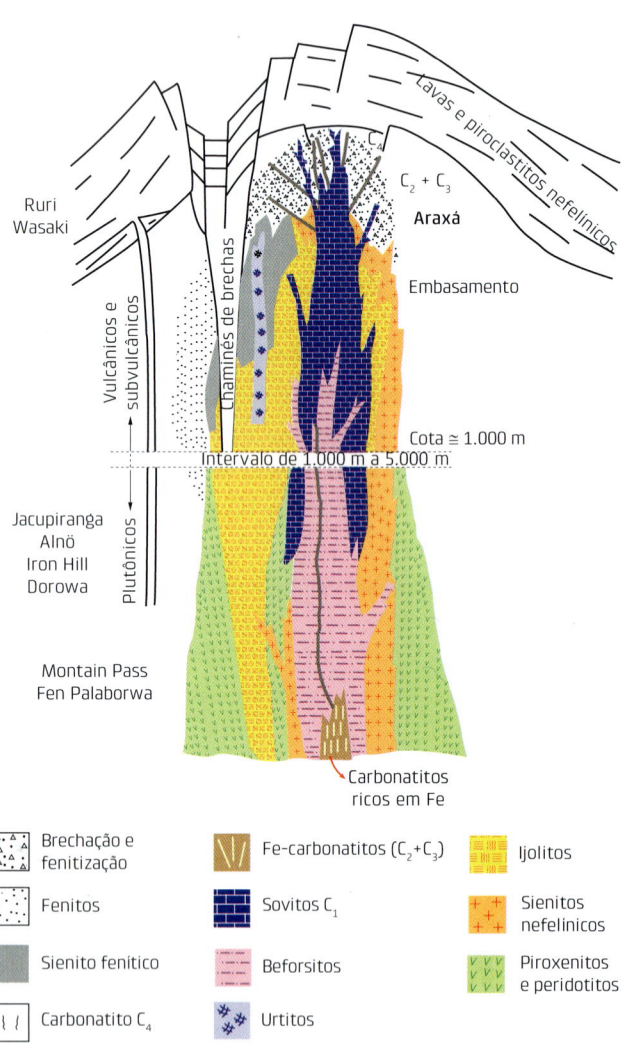

Fig. 2.5 Esquema mostrando a estruturação interna e as litologias que compõem os complexos alcalinos miascíticos, com carbonatitos. Os carbonatitos associam-se geneticamente a rochas silicáticas da série ijolito-melteigito e, também, com foskoritos e flogopititos. Ocorrem em complexos vulcânicos e plutônicos ovalados, com dimensões pequenas, geralmente com menos de 2 km de diâmetro. O esquema mostra, também, os níveis estruturais nos quais afloram alguns complexos carbonatíticos mais conhecidos

de origem magmática que constitui a rocha. Para uma rocha ser considerada um carbonatito, o volume (em %) de carbonatos variou ao longo do tempo, de mais de 70% (Kresten, 1983) para mais de 50% (Streckeisen, 1980), e, então, para superior a 30% (Mitchell, 2005), com no máximo 20% de silicatos (Le Maitre et al., 2002). Rochas carbonáticas ígneas com muita sílica são denominadas silicocarbonatitos.

Em termos químicos, os carbonatitos são classificados descritivamente em calciocarbonatito, magnesiocarbonatito, calciocarbonatito ferruginoso e ferrocarbonatito, que replicam ou correspondem aos nomes dos carbonatos predominantes: calcita carbonatito, dolomita carbonatito, siderita-calcita carbonatito e ferrocarbonatito, respectivamente (Harmer; Gittins, 1997; Woolley; Kempe, 1989). Natrocarbonatito é uma variedade muito rara, com mais Na_2CO_3 e K_2CO_3 do que $CaCO_3$, conhecida em um único vulcão atualmente ativo no planeta, situado na Tanzânia, denominado Oldoinyo Lengai.

Mitchell (2005) argumentou que a variabilidade litológica dos complexos alcalinocarbonatíticos torna inadequada uma definição puramente descritiva. Por causa da *diferenciação magmática que invariavelmente ocorre em carbonatitos hospedados na crosta, incluindo cristalização fracionada e formação de cumulados* (Fig. 2.7), a mineralogia modal pode variar significativamente em escala métrica ou decamétrica. Por exemplo, um cumulado rico em apatita + magnetita associado espacial e geneticamente a um calciocarbonatito pode não se qualificar como um carbonatito segundo a definição adotada pela União Internacional de Geociências (Le Maitre et al., 2002; Streckeisen, 1980). Para casos como esse, Mitchell (2005) sugeriu uma classificação mineralógico-genética segundo a qual uma rocha ígnea contendo mais de 30 vol.% de carbonatos ígneos é um carbonatito. Na maioria dos casos, um complexo carbonatítico pode ser considerado um pacote de rochas modalmente diversas, mas que possuem uma origem magmática (Mitchell, 2005, p. 2051). Embora esse corte em 30% seja arbitrário, ele permite classificar como carbonatitos a maior parte das rochas mistas existentes em complexos carbonatíticos. Nomes de minerais podem ser adicionados à fase carbonática dominante, por exemplo, apatita-magnetita calciocarbonatito etc. Outros minerais não carbonáticos de interesse podem ser adicionados como prefixos – por exemplo, magnetita-dolomita carbonatito ou apatita-calcita carbonatito. Uma rocha carbonatítica contendo pouca calcita, mas olivina abundante, deve ser chamada de olivina-calcita carbonatito em uma classificação genética, embora possa ser classificada quimicamente como um magnesiocarbonatito.

2.2.3 Definição de magma carbonatítico (*carbonatite melt*)

Considera-se magma carbonatítico qualquer rocha fundida na qual o carbonato predomina sobre todos os outros ânions combinados e que se solidifica em um conjunto de minerais carbonáticos que corresponde à maior parte do volume da rocha. Em ambientes típicos, os magmas carbonáticos são claramente diferenciados dos magmas silicáticos por seu baixo teor de sílica. Em condições mantélicas, consideram-se magmas carbonatíticos apenas as fusões que são quimicamente equivalentes aos magmas carbonatíticos crustais. Portanto, magmas silicáticos com muito carbonato, como kimberlitos e lamproítos, não estão incluídos nessa definição (Fig. 2.6), mesmo que o ânion carbonato possa predominar em algum estágio durante suas gêneses. Apesar disso, magmas carbonáticos podem coexistir com magmas silicocarbonáticos sem se misturar, de forma imiscível (Fig. 2.7).

Os cátions mais abundantes em magmas carbonatíticos são Ca^{2+}, Mg^{2+}, Fe^{2+}, Na^+ e K^+, geralmente juntos a fosfato, flúor, cloreto e água em solução. Devido a modificações que ocorrem no manto litosférico ou mesmo na crosta, as composições dos magmas carbonatíticos são pouco conhecidas porque não são preservadas em superfície (Fig. 2.7). Em vez disso, elas são inferidas de inclusões sólidas e de estudos experimentais.

2.2.4 Foskoritos

Foskoritos são rochas contendo proporções variadas de apatita, magnetita e silicatos de Mg (principalmente

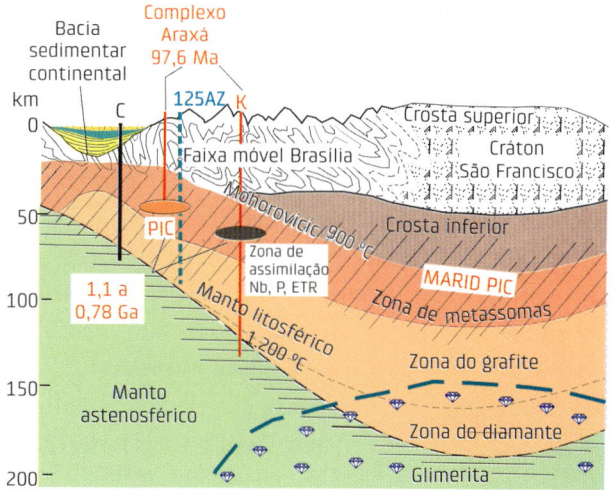

Fig. 2.6 Seção mantélica esquemática de uma região com um cráton margeado por uma faixa dobrada na qual houve o desenvolvimento de uma bacia sedimentar com dimensões continentais. Notar região onde ocorre fusão do manto litosférico e formação de porções do manto com as composições de MARID e de PIC

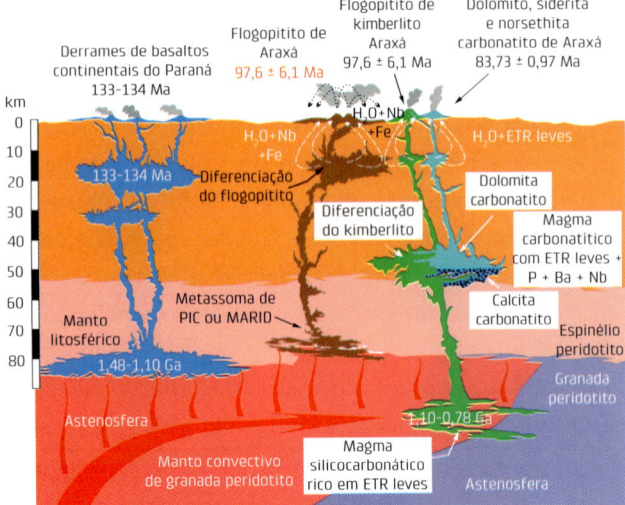

Fig. 2.7 Seção crosta-manto mostrando regiões onde ocorrem fusões que formam derrames basálticos continentais, metassomas com composições de MARID, de PIC e de carbonatitos, e câmaras magmáticas onde ocorre diferenciação magmática. Devido a diferenciações que ocorrem no manto litosférico e na crosta, os magmas carbonatíticos originais nunca atingem a superfície

olivina, mas também clinopiroxênio e flogopita). Ocorrem sempre associados a carbonatitos, motivo pelo qual se considera que foskoritos e carbonatitos sejam geneticamente relacionados. A formação de foskoritos é um assunto controverso, com os principais modelos sugerindo que sejam cumulados formados por cristalização fracionada de magmas carbonáticos, que sejam frações separadas por imiscibilidade de magmas com composição original foskorito-carbonatítica, ou que sejam rochas hidrotermais formadas pela exalação de fluidos de magmas foskorito-carbonatíticos. Experimentos de Klemme (2010) indicam que uma fusão rica em Fe-P pode cristalizar os minerais de um foskorito e gerar um líquido residual semelhante a carbonatito, suportando o modelo de cristalização fracionada. No entanto, esse modelo não explica como a fusão rica em Fe-P se forma em primeiro lugar. Mesmo os estudos mais recentes sobre foskoritos naturais são inconclusivos, com alguns sugerindo fracionamento (Milani *et al.*, 2017; Prokopyev *et al.*, 2021), imiscibilidade (Giebel *et al.*, 2019; Rass *et al.*, 2020), fracionamento e imiscibilidade (Barbosa *et al.*, 2020), e hidrotermalismo (Biondi; Braga Jr., 2023).

2.2.5 Evidências isotópicas da origem dos carbonatitos no manto

Isótopos são utilizados principalmente para avaliar se os magmas carbonatíticos são derivados de rochas dos mantos astenosférico e litosférico e pesquisar se as correntes de convecção mantélicas são essenciais para a gênese desses magmas. Outras questões fundamentais são:

(1) se o enriquecimento geoquímico anormalmente grande do manto é imprescindível para a gênese de magmas carbonatíticos e, em caso afirmativo, (2) se esse enriquecimento ocorre no interior do manto a partir da presença de substâncias voláteis primordiais ou é consequência da reciclagem de componentes crustais trazidos por subducção (Hulett *et al.*, 2016; Tappe *et al.*, 2018; Hutchison *et al.*, 2019; Amsellem *et al.*, 2020; Horton *et al.*, 2021).

A Fig. 2.8 apresenta os vários domínios isotópicos que caracterizam carbonatitos de vários ambientes geotectônicos, com idades desde o Arqueano até o presente. Os diagramas mostram que as razões isotópicas $^{143}Nd/^{144}Nd$ e $^{87}Sr/^{86}Sr$ dos carbonatitos são elevadas e heterogêneas, com variações significativas que dependem do ambiente tectônico e da época geológica na qual ocorreu o magmatismo. Essas variações têm sido interpretadas de vários modos, como, por exemplo, se representam vários estágios de metassomatismo do manto litosférico (p.ex., Bell; Simonetti, 2010), se são consequência de vários tipos de reciclagem de sedimentos trazidos ao manto por subducção (p.ex., Chen *et al.*, 2016; Hoernle *et al.*, 2002), ou se o magma carbonatítico forma-se como consequência de convecções mantélicas do manto superior ou do manto inferior.

Tendo em conta os poucos carbonatitos existentes em arcos de ilha, localizados sobre mantos litosféricos oceânicos (Fig. 2.8A), sem dúvida a presença de regiões cratônicas sobre mantos litosféricos continentais espessos é decisiva para a formação de magmas ricos em carbonato, assim como acontece com kimberlitos portadores de diamantes (Fig. 2.1). As composições isotópicas de carbonatitos fanerozoicos e pré-cambrianos situados em regiões cratônicas indicam que as fontes mantélicas desses carbonatitos são similares, compreendendo a mistura de componentes moderadamente esgotados (DM = *depleted mantle*) e componentes enriquecidos (EM-1 = *enriched mantle* tipo 1), quando comparadas com as da composição do manto primitivo EM (Fig. 2.8B). Embora a composição isotópica de carbonatitos de zonas de colisão também tenha um componente de manto moderadamente esgotado similar à dos carbonatitos de regiões cratônicas, a composição isotópica desses carbonatitos (orogênicos a pós-orogênicos) aproxima-se da zona EM-2, de manto muito enriquecido (Fig. 2.8C). Essa aproximação é atualmente interpretada como consequência da introdução de carbonatos sedimentares no manto via subducção, cujos isótopos são integrados a pequenos volumes de magmas mantélicos quando, nas zonas de colisão, alcançam o topo do manto litosférico ou a crosta (Hou *et al.*, 2006; Lustrino *et al.*, 2020), sem que haja a dispersão dos componentes dos sedimentos trazidos pela subducção no sistema convectivo mantélico (Stracke, 2012).

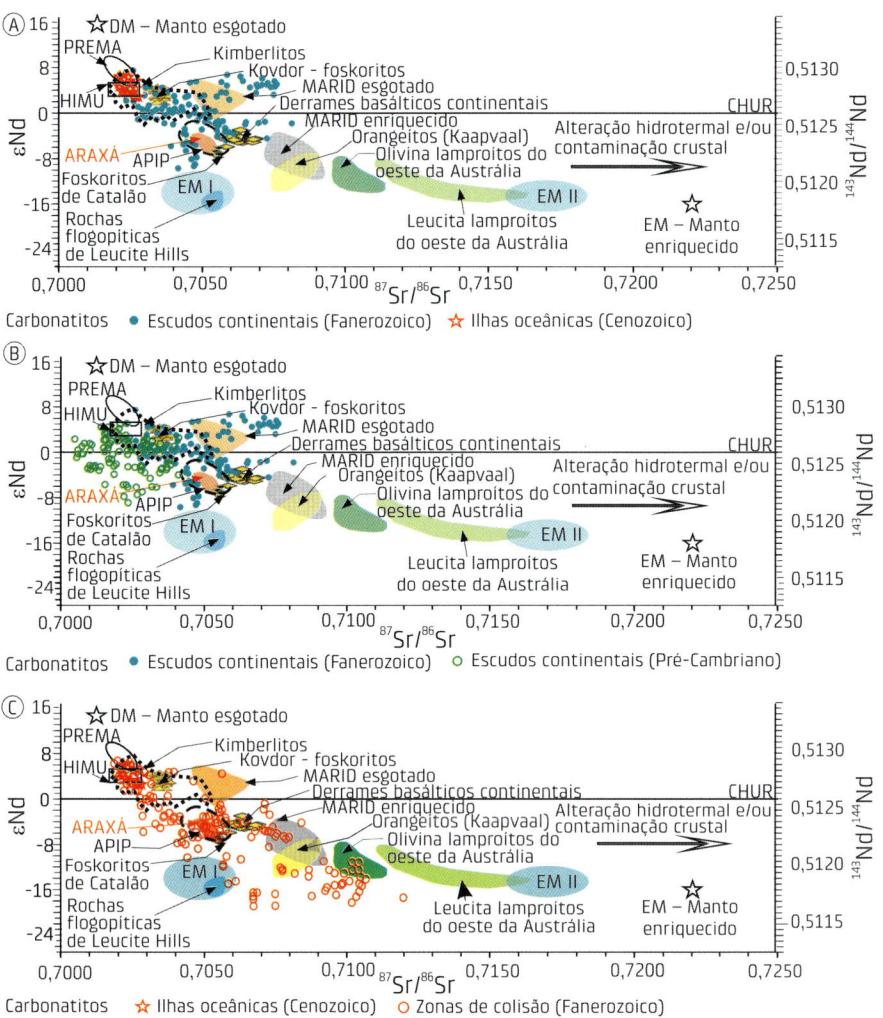

Fig. 2.8 Variações das composições isotópicas de Sr e Nd para carbonatitos. (A) Isótopos Sr-Nd de carbonatitos de ilhas oceânicas modernas e carbonatitos fanerozoicos situados em crátons. O domínio dos kimberlitos refere-se a kimberlitos basálticos. (B) Isótopos Sr-Nd de carbonatitos fanerozoicos e pré-cambrianos situados em crátons. (C) Isótopos Sr-Nd de carbonatitos de zonas de colisão. DM, PREMA, HIMU e EM conforme Zindler e Hart (1986) e Stracke (2012). Abreviações: APIP = *Alto Paranaíba Igneous Province*, CHUR = *chondritic uniform reservoir*, DM = *depleted mantle*, EM = *enriched mantle*, HIMU = *high-µ end-member*, em que µ = ^{238}U/^{204}Pb, e PREMA = *prevalent mantle*

2.2.6 Restrições às condições de gênese de fusões mantélicas capazes de gerar carbonatitos

Os valores isotópicos discutidos anteriormente indicam que os magmas carbonáticos são gerados no manto, predominantemente em regiões continentais cratonizadas. Um dos maiores problemas relacionados à formação dos magmas carbonatíticos é a existência de carbono no manto, necessário para cristalizar carbonatitos. Entre as várias propostas existentes, predomina a que considera que carbonatos sejam levados ao manto via subducção profunda, que ultrapassa a descontinuidade mantélica existente a 410 km da superfície. Nessa região, os sedimentos carbonáticos atingem a linha do *liquidus* eclogito-carbonato e se fundem, produzindo uma fusão carbonática. Essa fusão migra em direção à superfície e atinge os peridotitos astenosféricos, onde o carbonato da fusão é reduzido e transformado em diamante e carbetos de Fe-Ni, formando uma zona metassomática híbrida com silicatos, carbetos de Fe-Ni e diamante. Caso haja H$_2$O, líquidos redutores ricos em CH$_4$ podem ser gerados e são levados para cima por correntes mantélicas ascendentes (Fig. 2.1). Conforme a pressão diminui, esses líquidos oxidam-se e, eventualmente, alcançam o *solidus* do carbonato, o que gera um magma silicocarbonático por fusão redox.

Para restringir as condições nas quais os carbonatitos se formam no manto, deve-se obrigatoriamente considerar que ao menos três quartos das ocorrências globais de carbonatitos são espacial e temporalmente associadas a magmas silicáticos, principalmente nefelinitos, melilititos, sienitos e kimberlitos. Isso indica que os carbonatitos que compõem essa associação bimodal provavelmente se formam após a cristalização fracionada desses magmas primários silicocarbonáticos.

Wyllie e Lee (1998) estudaram o sistema MgO + FeO* *vs.* SiO$_2$ + Al$_2$O$_3$ + TiO$_2$ *vs.* CaO a 2,5 GPa (Fig. 2.9), que reproduz condições iguais às do manto superior, e mostraram que, no nível mantélico, o domínio de imiscibilidade (com dois líquidos) de líquidos silicáticos e líquidos carbonáticos (amarelo, na Fig. 2.9) está separado do *liquidus* dos carbonatos (azul) pelo domínio do *liquidus* dos silicatos (laranja). O *liquidus* dos silicatos está em contato com o dos carbonatos, ambos limitados pela superfície cotética ressaltada em pontilhado na Fig. 2.9.

As linhas de evolução de líquidos gerados no manto, segundo os autores, não rumam para o domínio de imiscibilidade (dois líquidos), o que os leva a concluir que *esses líquidos são sempre silicocarbonáticos, e que não haveria possibilidade de gerar magmas carbonatíticos puros no manto*. Os magmas silicocarbonáticos teriam composições iguais às de uma mistura entre lherzolitos e carbonatos. Ao subirem em direção à crosta e alcançarem profundidades entre 50 km e 70 km, esses magmas começariam a cristalizar e liberariam CO_2, os lherzolitos se transformariam em *wehrlitos (40-90% de olivina + 10-40% clinopiroxênio + 0-10% ortopiroxênio)*, o que basicamente corresponde a um magma kimberlítico, e uma fase carbonatítica magnesiana seria diferenciada. *Magmas primários carbonatíticos magnesianos (beforsíticos) podem ser gerados a essa profundidade, junto a magmas kimberlíticos*. Isso explicaria a associação espacial e temporal existente entre carbonatitos e kimberlitos, sempre observada nas províncias alcalinas. Magmas carbonatíticos cálcicos (sovíticos) seriam diferenciados a profundidades entre 70 km e 40 km (Fig. 2.7), mas com uma quantidade de rocha silicática maior. Os experimentos mostraram, também, que *sovitos podem precipitar a partir de beforsitos*.

Os experimentos de Wyllie e Lee (1998) mostraram as *linhas de diferenciação dos magmas silicocarbonatíticos (Figs. 2.10A,C) que se desenvolvem no nível crustal*. A linha (1) da Fig. 2.10C leva à formação de basanitos; a linha (2) leva à coprecipitação de melilititos e carbonatito; e a linha (3) leva ao intervalo de imiscibilidade (hachurado), no qual um magma carbonatítico é exsolvido, passando a coexistir como fase independente junto a magmas ijolíticos (ricos em nefelina). A precipitação (formação de cumulados) de carbonatos somente deverá ocorrer quando o líquido atingir o limite entre os domínios dos silicatos e carbonatos (Fig. 2.10C, ponto 4). A Fig. 2.10B mostra o mesmo sistema determinado com outra mistura de componentes. Nesse caso, o intervalo de imiscibilidade tem limites simultâneos com os domínios dos líquidos carbonáticos e silicáticos. Os pontos g e f são pontos invariantes nos quais, no nível crustal, podem ser gerados líquidos silicocarbonáticos e, também, líquidos silicáticos e carbonatíticos imiscíveis.

Tendo conhecimento de que carbonatitos podem ser gerados por diferentes processos, o problema é definir critérios que permitam identificar os diferentes tipos de carbonatitos. Isso é complicado pelo fato de a maior parte dos carbonatitos encontrados ao nível da crosta ser rocha plutônica, geralmente cumulados que perderam fluidos e voláteis durante a migração e o alojamento do magma. Devido a isso, poucos carbonatitos, entre os que afloram, têm composições diretamente comparáveis às de seus magmas primários.

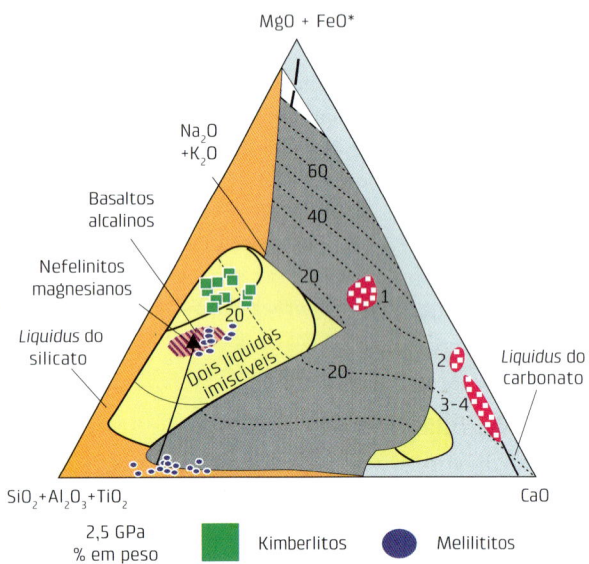

Fig. 2.9 Sistema $MgO + FeO^*$ vs. $SiO_2 + Al_2O_3 + TiO_2$ vs. CaO a 2,5 GPa, representando as condições físico-químicas do manto. A superfície de cor cinza é uma superfície cotética que separa os domínios dos *liquidus* dos carbonatos (azul, à direita) e silicatos (alaranjado, à esquerda). O volume colorido em amarelo é ocupado por dois líquidos imiscíveis (carbonático + silicático). As linhas de evolução de líquidos (magmas) existentes em condições mantélicas (linhas pretas) não levam ao domínio de imiscibilidade, o que indica não ser possível, no manto, formar magma carbonatítico separado de magma silicático. Os domínios numerados de 1 a 4 (rosa com trama de quadrados brancos) delineiam as composições experimentais calculadas para peridotitos carbonáticos. Os quadrados verdes estão na posição dos magmas kimberlíticos, a superfície rosa oval hachurada representa basaltos alcalinos, os círculos azuis representam magmas melilitíticos e o triângulo preto representa nefelinitos magnesianos (Wyllie; Lee, 1998). A base desse tetraedro, conhecida como Projeções de Hamilton, é mostrada na Fig. 2.10

2.2.7 Fluidos relacionados a magmas carbonáticos

Fusões carbonatíticas podem ocasionalmente ser acompanhadas por fluidos sin-magmáticos. Esses fluidos abrangem uma ampla gama de composições, de ricas em H_2O a pobres em H_2O, podem conter CO_2 tanto na fase gasosa quanto como carbonato, geralmente são ricos em álcalis e são acompanhados por uma variedade de ânions, como cloreto, flúor ou sulfato.

As fases fundidas e as fases fluidas de sistemas carbonatíticos persistem a temperaturas mais baixas do que os *solidus* de outros sistemas, como o dos magmas silicáticos. As fusões carbonatíticas evoluem continuamente, fracionando calcita, apatita e dolomita e causando a concentração de componentes incompatíveis, como álcalis, haletos e sulfato ± H_2O. As fusões carbonatíticas evoluídas,

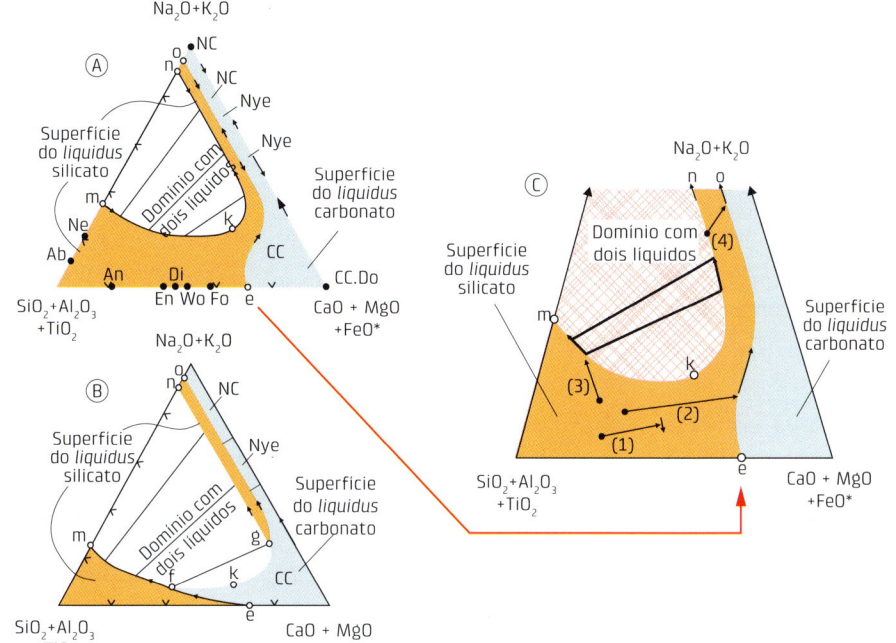

Fig. 2.10 Estas figuras, conhecidas como Projeções de Hamilton, feitas com duas composições diferentes, correspondem praticamente à base do tetraedro da Fig. 2.9. (A) O domínio de imiscibilidade (com dois líquidos) está separado do *liquidus* dos carbonatos. (B) O domínio de imiscibilidade (com dois líquidos) intercepta os *liquidus* dos carbonatos e dos silicatos. (C) Detalhe da figura (A) mostrando três linhas de diferenciação que um líquido silicocarbonatítico pode seguir quando alojado dentro da crosta (Wyllie; Lee, 1998). A precipitação (formação de cumulados) de carbonatos somente deverá ocorrer quando o líquido atingir o limite entre os domínios dos silicatos e carbonatos (ponto 4)

denominadas fusões carbonatíticas salinas (= *brine melts* = fusão carbonática evoluída, rica em H_2O, que perdeu a maior parte de sua carga inicial de $CaCO_3$ e tornou-se saturada em alcalicarbonatito ou ferrocarbonatito), são muito diferentes das fusões carbonáticas originais, pois estão em equilíbrio com carbonatitos alcalinos que, de outra forma, se dissolveriam em fluidos hidrotermais mais diluídos.

Fluidos paramagmáticos (= qualquer fase fluida que não está em equilíbrio químico com uma fusão carbonática contemporânea mais densa) geralmente representam fluidos sin-magmáticos (= qualquer fase fluida que coexiste em equilíbrio químico com uma fusão carbonática mais densa) que: (a) foram modificados e frequentemente diluídos pela mistura com fluidos não carbonatíticos ou (b) se afastaram e evoluíram em um local distante que contém uma paragênese mineral igual à sua e uma fusão carbonática com a qual está em equilíbrio. Por exemplo, um fluido sin-magmático relativamente alcalino e pobre em Fe pode se formar em uma seção mais profunda do sistema carbonatítico e subir em direção a uma zona onde uma fusão carbonática evoluída (= *brine melt*) está cristalizando ankerita e carbocernaíta. O fluido agora é paramagmático e pode potencialmente desestabilizar a ankerita e a carbocernaíta, misturar e modificar uma fusão carbonática evoluída (= *brine melt*) e causar autometassomatismo (= alteração de uma rocha ígnea recentemente cristalizada por uma fração rica em água derivada da rocha ígnea recém-formada, e presa por um envoltório vitrificado impermeável) de minerais paragenéticos formados anteriormente. A partir do momento que a atividade magmática e a dos fluidos do sistema carbonatítico cessam, fluidos pós-magmáticos (hidrotermais) podem se infiltrar no sistema. Fluidos hidrotermais são gerados fora do sistema carbonatítico e suas composições são tamponadas principalmente pelas rochas silicáticas circundantes. Fluidos hidrotermais geralmente não estão em equilíbrio com as rochas do sistema carbonatítico e com frequência mudam substancialmente as paragêneses originais das rochas do sistema.

2.2.8 Mineralizações em carbonatitos
Mineralização com Nb

Quase toda a produção global de Nb vem do pirocloro hospedado em carbonatitos e seus produtos de intemperismo. Nesse sentido, Araxá (Brasil), o maior depósito de Nb do planeta, onde o pirocloro está em flogopititos e epifoskoritos, é uma exceção (Figs. 2.6, 2.7 e 2.8).

O pirocloro é um óxido complexo de Nb, com Na e Ca, com fórmula $(Na, Ca)_2Nb_2O_6(OH,F)$, que apresenta evidências de cristalização magmática em sistemas carbonatíticos (Fig. 2.7). É um mineral do *liquidus* em algumas fusões carbonatíticas experimentais (Mitchell; Kjarsgaard, 2002; Kjarsgaard; Mitchell, 2008). Trabalhos experimentais de cristalização de pirocloro em sistemas análogos de carbonatito [$CaCO_3$-$Ca(OH)_2$-$NaNbO_3$ ± $NaTaO_3$ ± TiO_2 ± CaF_2] a pressão muito baixa (1 atm ou 0,1 GPa) mostraram que: (a) a solubilidade máxima de Nb em um magma carbonático hidratado e fluoretado é alta, atingindo ~13,8% em peso de Nb_2O_5 (equivalente a 17% em peso de $NaNbO_3$), e (b) a sequência de cristalização em sistemas carbonáticos com 20-50% em peso de $NaNbO_3$ é pirocloro, fluorita e depois calcita. Até 60 mol% de $NaNbO_3$ foi incluído nesses estudos experimentais porque o objetivo era saturar o sistema para determinar a solubilidade do pirocloro. No entanto, carbonatitos naturais geralmente contêm apenas alguns ppms de Nb. Nefelinitos e melilititos, parceiros imiscíveis de carbonatitos em muitos complexos alcalinos, tipicamente contêm até 400 ppm de Nb. Tendo em conta esses teores, para saturar um magma carbonatítico em pirocloro, o teor de Nb precisa ser muito aumentado, e isso pode ocorrer através de: (a) partição do Nb em direção ao carbonatito em líquidos silicocarbonáticos ou (b) cristalização fracionada e sedimentação de carbonatos e de minerais de fosfato até que o magma carbonatítico residual atinja a saturação de pirocloro (Fig. 2.7). Carbonatitos altamente diferenciados, resíduos da cristalização fracionada de calcita e provavelmente apatita, entre outras fases, podem evoluir para carbonatitos ricos em álcalis e carbonatos de Fe, hidratados ou ricos em flúor, nos quais a solubilidade do pirocloro é elevada e a sequência de cristalização é como a observada nos análogos experimentais.

Mineralização com P

Durante a diferenciação dos magmas silicocarbonáticos, gerando a fase carbonática e a silicática (Fig. 2.9), esta provavelmente com composição kimberlítica, a apatita é direcionada para o magma carbonatítico cálcico. Em Araxá, carbonatitos muito ricos em fósforo segregam apatita ao resfriar (Biondi; Braga Jr., 2023).

Mineralização com ETR leves

Depósitos de ETR em carbonatito são os depósitos de ETR leves mais abundantes e comuns. Geralmente magmas carbonatíticos formados a 800-1.250 °C são enriquecidos em Na, K, Ca, Sr, Ba, ETR leves, P, Mo, W, F e Cl em relação aos magmas silicáticos coexistentes (Veksler et al., 2012; Guzmics et al., 2010; Martin et al., 2012; Berkesi et al., 2020). Evidências experimentais mostram que a mineralização em ETR associada a carbonatitos é essencialmente magmática, e que a partição de ETR para fluidos sin-magmáticos é insignificante (Song et al., 2016). Carbonatos alcalinos como burbankita e carbocernaíta são os principais minerais de ETR cristalizados a partir de fusões carbonáticas salinas (= brine melts) presentes em carbonatitos de estágio avançado de diferenciação, enriquecidos em ETR. O principal motivo para os carbonatitos serem enriquecidos em ETR leves é a gênese dos magmas carbonatíticos sob condições de baixo grau de fusão parcial de rochas mantélicas com granada, principalmente anfibólio-granada lherzolitos, em profundidade > 70 km. Os principais minerais com ETR leves são bastnaesita-(Ce), sinchisita-(Ce), parisita-(Ce), monazita-(Ce) e apatita, mas os minérios de bastnaesita-(Ce) são preferidos devido à facilidade de extração de ETR. Excepcionalmente carbonatitos com apatita são relativamente enriquecidos em ETR pesados. Outras exceções, com carbonatitos ricos em ETR pesados, são os veios hidrotermais ricos em xenotímio-(Y) associados com carbonatito em Lofdal, na Namíbia (Wall et al., 2008), e Yen Phu, no norte do Vietnã, que é um prospecto de carbonatito pequeno e altamente intemperizado composto de minério rico em goethita contendo xenotímio-(Y), monazita-(Ce), samarskita-(Y) e fergusonita-(Y), formado por intemperismo de dolomita carbonatito contendo xenotímio (Watanabe, 2014). Entretanto, compreender a formação de minério em carbonatitos é muitas vezes desafiador porque as rochas carbonatíticas geralmente são modificadas por atividade hidrotermal paramagmática e pós-magmática (p.ex., Slezak et al., 2021; Ying et al., 2020; Fosu et al., 2021) (Fig. 2.7). A maioria dos *minérios de alto teor em ETR leves* é formada por atividades hidrotermais subsequentes à separação dos carbonatitos do magma silicocarbonático (Wall et al., 2008; Xie et al., 2009; Williams-Jones; Wollenberg; Bodeving, 2012; Smith et al., 2018), que geralmente ocorre durante o final do processo de magmatogênese, quando se formam os siderita carbonatitos (Fig. 2.7). Porém, mesmo após alteração hidrotermal intensa, a presença de carbonatos alcalinos de ETR originais é evidente, devido à presença desses minerais em inclusões sólidas nos carbonatos de carbonatitos alterados (Chakhmouradian; Dahlgren, 2021). Carbonatos alcalinos de ETR são raramente preservados por causa da desestabilização desses minerais pela reação com fluidos paramagmáticos e hidrotermais. Os carbonatos de ETR originais são recristalizados para monazita e fluorcarbonatos de ETR, como a bastnaesita e minerais de ganga típicos de hidrotermalismo de baixa temperatura (Andersen et al., 2017; Kozlov et al., 2020).

Embora a alteração hidrotermal modifique o conjunto original de minerais alcalinos com ETR para um conjunto de minerais de ETR sem álcalis, a mobilidade dos ETR é muito limitada devido ao ambiente com muitos minerais de flúor e fosfato e tamponado para condições não ácidas em virtude de ser um carbonatito. Essencialmente, a atividade hidrotermal redistribui os ETR *in situ*, mas não os transporta por distâncias longas (p.ex., Anenburg; Burnham; Mavrogenes, 2018; Cangelosi et al., 2020). Durante a ascensão em direção à superfície, os fluidos sin-magmáticos reagem com as rochas e misturam-se a fluidos meteóricos (p.ex., Broom-Fendley et al., 2016; Decrée et al., 2015; Decrée; Boulvais; André, 2016). Esse processo é ainda mais complicado porque, em alguns casos, a bastnaesita e a monazita são fases magmáticas primárias. Monazita pode cristalizar em carbonatito altamente potássico onde a alcalinidade impede a formação de bastnaesita, mas o teor de Na é insuficiente para estabilizar burbankita ou carbocernaíta (Anenburg; Mavrogenes; Bennett, 2020).

Uma característica marcante dos carbonatitos é o fracionamento extremo, que leva a elevadas razões ETR leves/ETR pesados. Os quatro ETR mais leves (La, Ce, Pr e Nd) geralmente constituem 99% de todo o ETR em um depósito alojado em carbonatito, com fatores de enriquecimento da ordem de 10.000 a 100.000 vezes em relação a seus respectivos teores no manto. Vários processos contribuem para o enriquecimento de ETR leves em carbonatitos: (a) partição preferencial dos ETR leves no manto para a fusão carbonática, (b) partição preferencial dos ETR leves em direção aos magmas carbonatíticos durante a imiscibilidade (Martin et al., 2012, 2013; Nabyl et al., 2020) (Fig. 2.7) e (c) remoção preferencial dos ETR pesados durante a formação tardia de fusão carbonática evoluída (= *brine melt*), com os ETR pesados sendo direcionados para as auréolas feníticas (Andersen et al., 2016; Broom-Fendley et al., 2017; Anenburg; Mavrogenes; Bennett, 2020).

2.2.9 Processo formador de depósitos de Nb, P, ETR leves e Ba em complexos alcalinocarbonatíticos

Hipótese A (Fig. 2.11)

Fusão do manto astenosférico a cerca de 250 km de profundidade e gênese de um magma silicocarbonático. A astenosfera fundida é provavelmente composta por granada peridotito, o que torna o magma silicocarbonático enriquecido em ETR leves.

Ascensão do magma silicocarbonático até o manto litosférico, a aproximadamente 70 km, onde é diferenciado, produzindo uma fase com composição silicática semelhante à do kimberlito e outra fase com composição de carbonatito. Essa diferenciação segrega ETR leves (monazita + apatita), P (apatita) e Ba (norsethita) em direção ao magma carbonatítico diferenciado, e o Nb (pirocloro) permanece na fase silicática.

A fase silicática/kimberlítica pode assimilar substâncias da litosfera e mudar sua composição mineral, tornando-se, por exemplo, um orangeíto (kimberlito micáceo) ou um flogopitito rico em pirocloro magmático.

Ambos os magmas, kimberlítico/flogopítico e carbonatítico, atingem a superfície e geram um sistema hidrotermal vulcânico que enriquece os siderita carbonatitos em ETR leves, e os carbonatitos em apatita (P) e norsethita (Ba).

O mesmo hidrotermalismo que mineraliza os carbonatitos pode cristalizar pirocloro novo (hidrotermal) nos flogopititos.

Hipótese B (Fig. 2.11)

Fusão do manto litosférico com composição de MARID ou de PIC e formação de um magma flogopítico e carbonático enriquecido em pirocloro (Nb).

Ascensão em direção à superfície e diferenciação (separação) de um magma flogopítico com pirocloro magmático e de um magma carbonatítico rico em apatita (P) e norsethita (Ba).

Ambos os magmas, flogopítico e carbonatítico, atingem a superfície e geram um sistema hidrotermal que enriquece os siderita carbonatitos em ETR leves, e os carbonatitos em apatita (P) e norsethita (Ba).

O mesmo hidrotermalismo que mineraliza os carbonatitos pode cristalizar pirocloro novo (hidrotermal) nos flogopititos.

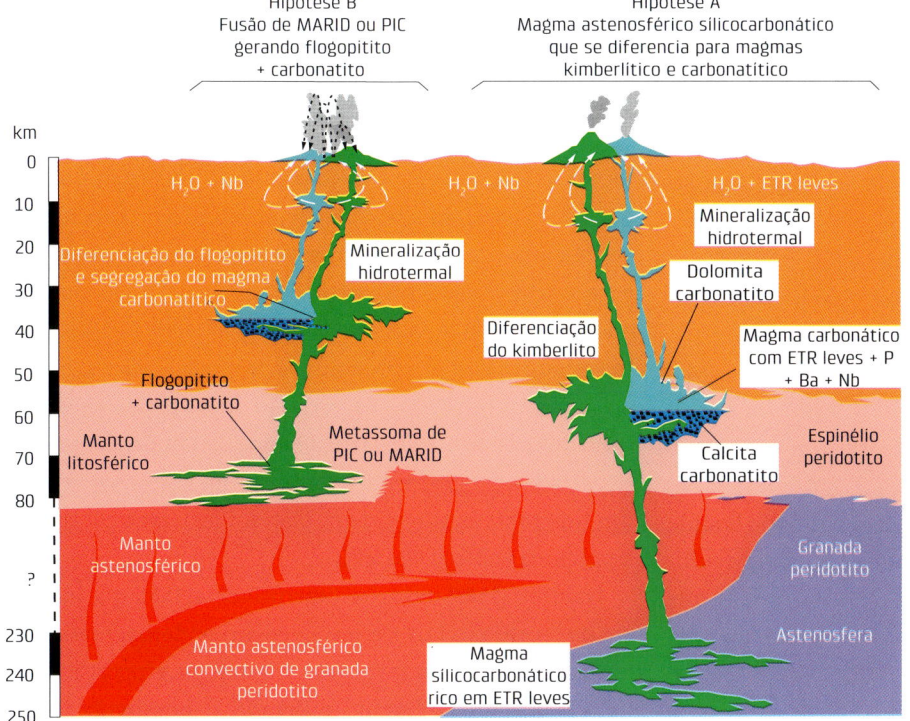

Fig. 2.11 Duas hipóteses para explicar a sequência de eventos que geram depósitos de Nb (pirocloro), P (apatita), ETR leves (monazita e apatita) e Ba (norsethita) em complexos alcalinocarbonatíticos

PROCESSOS DE DIFERENCIAÇÃO, SEDIMENTAÇÃO MAGMÁTICA E HIBRIDIZAÇÃO DE MAGMAS (FATOR *R*) – PROCESSOS PLUTÔNICOS ENDÓGENOS

3

3.1 Coeficiente e fator de partição

A compreensão dos processos mineralizadores que ocorrem dentro de uma câmara magmática é mais fácil quando se conhecem alguns conceitos físico-químicos básicos. Entre eles estão os conceitos de *coeficiente de partição* (D) e *fator de partição* (R).

3.1.1 Coeficiente de partição (*D*)

Quando uma pequena quantidade de líquido sulfídico (sulfetos fundidos) é segregada de um magma silicático, a concentração S_m de qualquer metal m no líquido sulfídico é relacionada à concentração inicial M_m do metal no magma silicático pelo coeficiente de partição $D_m^{Sul./Sil.}$, conforme a expressão:

$$S_m = D_m^{Sul./Sil.} \cdot M_m \quad (3.1)$$

em que:
S = fração de líquido sulfídico segregado de uma dada massa de magma silicático;
M = massa de magma silicático contido em uma câmara magmática;
m = quantidade de metal m contido na fração sulfídica S;
S_m = concentração do metal m na fração S de líquido sulfídico segregado do magma silicático M (= teor de m em S);
M_m = concentração inicial do metal m no magma silicático M (= teor inicial de m em M);
$D_m^{Sul./Sil.}$ = coeficiente de partição do metal m entre S e M.

Desde que M_m seja a concentração do metal m no líquido silicático *antes* desse líquido se equilibrar com a fração sulfídica, a Eq. 3.1 sempre será válida. Ela permitirá, sempre que o volume de magma silicático for muito maior do que o de líquido sulfetado (razão M/S muito grande), calcular a composição do líquido sulfetado (teor de m no líquido sulfídico S) a partir da composição inicial do magma silicático (teor de m no magma silicático M inicial).

O coeficiente de partição varia muito conforme o cátion. Elementos com coeficientes de partição entre 1 e 10 podem ser descritos como pouco calcófilos (Zn, Mo, As, Sb, Tl, In e Sn), aqueles com coeficientes de partição na faixa 20-100 como moderadamente calcófilos (Pb, Co e Cd) e aqueles com coeficiente de partição na faixa 100-1.000 como fortemente calcófilos (Bi, Se, Ni e Re). Os elementos do grupo da platina (EGP) os têm muito grandes. Os coeficientes de partição dos EGP (ruthênio, rhódio, paládio, ósmio, irídio e platina) dependem muito das concentrações de enxofre dos magmas e se a partição está ocorrendo entre soluções sólidas em um dado sulfeto (*monosulfide-solid solution*, ou MSS) ou entre soluções sólidas intermediárias, entre dois ou mais sulfetos (*intermediate solid solution*, ou ISS). Os valores são elevados, variando entre 100 e 100.000, predominando valores próximos de 10.000.

Portanto, magmas diferentes sempre dão origem a concentrações de Ni, Cu e Co com teores semelhantes, mas os teores de EGP são sensíveis a pequenas variações na composição do magma e podem variar muito. Ou, considerando de outro modo, uma câmara magmática que se resfria e precipita minerais a partir de um dado *magma original* poderá precipitar EGP *em grande quantidade* nos momentos em que receber novos fluxos *do mesmo magma*, mas as quantidades de Ni, Cu e Co variarão muito pouco. Devido ao elevado coeficiente de partição dos EGP em líquidos silicáticos, logo o magma estará esgotado em EGP (após originar um horizonte muito rico em platinoides), mas continuará a precipitar outros cátions.

Naldrett (1989) mostrou que o principal fator que influencia os teores em EGP de um depósito endomagmático é a mudança, em um dado magma original, na proporção entre líquido silicático e líquido sulfetado, denominada *fator R*.

Essas mudanças afetam pouco os teores de Ni, Cu e Co, mas mudam drasticamente os dos EGP.

3.1.2 Fator de partição R ou fator R

Conforme a razão M/S diminui, chega-se a um estágio no qual o líquido sulfídico concentra tanto metal contido no sistema todo (magma + líquido sulfetado) que causa uma diminuição significativa na concentração do metal no magma silicático com o qual o líquido sulfídico está em equilíbrio. Nessas condições, para modelar o sistema, torna-se necessário introduzir o *fator de partição* R na Eq. 3.1 (Campbell; Naldrett, 1979):

$$S_m = \{D_m^{Sul./Sil.} \cdot M_m \cdot (R + 1)\}/(R + D_m^{Sul./Sil.}) \quad (3.2)$$

em que:

R = M/S = razão entre a massa de magma silicático e a massa de líquido sulfídico quando os dois líquidos atingem o equilíbrio.

O fator de partição R, ou somente *fator* R, corresponde ao coeficiente que determina a massa de líquido sulfídico (com um teor S_m) que pode se equilibrar com uma dada massa de líquido silicático (com um teor M_m). Se o sistema magma silicático + líquido sulfídico atingir o equilíbrio, não ocorrerá precipitação de sulfetos. Se a quantidade de líquido sulfídico for muito grande, o sistema não poderá encontrar o equilíbrio, e ocorrerá sedimentação de sulfetos.

O desequilíbrio químico de um magma silicático pode ser causado por diversos motivos. Os principais são: (a) assimilação de crosta que tenha sulfetos; (b) hibridização de magmas com composições diferentes; e (c) segregação e isolamento de parte do líquido silicático de uma câmara magmática. Sempre que o equilíbrio de um sistema silicático for alterado devido à mudança em qualquer um dos fatores da Eq. 3.2, causada por (a), (b) ou (c), o sistema tenderá a voltar ao equilíbrio, tendo o fator R como referência. Esse equilíbrio pode ser refeito simplesmente com a dissolução e o aumento do teor de sulfeto no magma ou, caso o desequilíbrio tenha sido excessivo e cause a *saturação* do sistema, com a segregação de bolhas de sulfeto, que são imiscíveis no magma silicático. A segregação e o fracionamento de líquidos sulfídicos formam minérios e são, portanto, consequência de R, ou seja, da necessidade de o sistema alcançar o equilíbrio e, para isso, se saturado, segregar o excesso do material que causa o desequilíbrio.

O processo de reequilíbrio do magma, após um desequilíbrio devido a qualquer um dos motivos expostos, é denominado *processo fator R*. O processo fator R é um dos principais processos mineralizadores dos sistemas endomagmáticos.

3.2 Diferenciação, sedimentação magmática e hibridização de magmas como processos formadores de depósitos minerais

3.2.1 Depósitos formados por diferenciação e sedimentação magmáticas

Os grandes complexos básico-ultrabásicos com bandamento críptico são os ambientes típicos de depósitos formados por diferenciação e sedimentação magmáticas. Por esse processo formam-se depósitos de sulfetos de cobre (± EGP), de magnetita vanadinífera, de cromita e de EGP. Os depósitos mais comuns formados por esse processo são aqueles no qual o magma contido em uma câmara magmática se resfria e cristaliza minerais sequencialmente, conforme suas temperaturas de cristalização são alcançadas. Os cristais descem por gravidade até a base da câmara magmática, onde se acumulam, formando camadas ou cumulados, com composições minerais diferentes. A composição dos cumulados depende da composição do magma inicial que se diferencia e do processo de diferenciação ou cristalização fracionada. Um dos processos de diferenciação mais comuns é o dos magmas toleíticos e calcioalcalinos, mostrado na Fig. 3.1. O resfriamento do magma causa a precipitação sequencial de peridotos (formando dunitos), deixando um líquido residual esgotado em Mg, depois piroxênios (formando peridotitos e/ou piroxenitos), depois magnetita (magnetititos), depois plagioclásios cálcicos (gabros), plagioclásios sódicos e quartzo (granitos ígneos), conforme mostrado na Fig. 3.2A. A fase intermediária de cristalização e sedimentação magmática de magmas toleíticos gera rochas mais ricas em ferro (com mais magnetita),

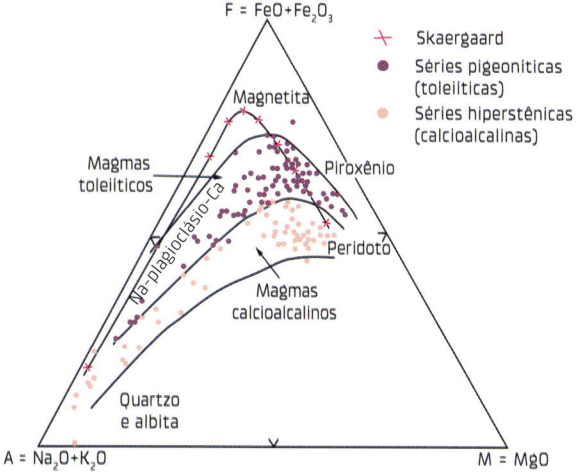

Fig. 3.1 Diagrama AFM mostrando as mudanças que ocorrem durante as diferenciações de magmas calcioalcalinos e toleíticos. Os magmas inicialmente precipitam peridoto, seguido por piroxênios, magnetita, Ca-plagioclásio, Na-plagioclásio e quartzo.

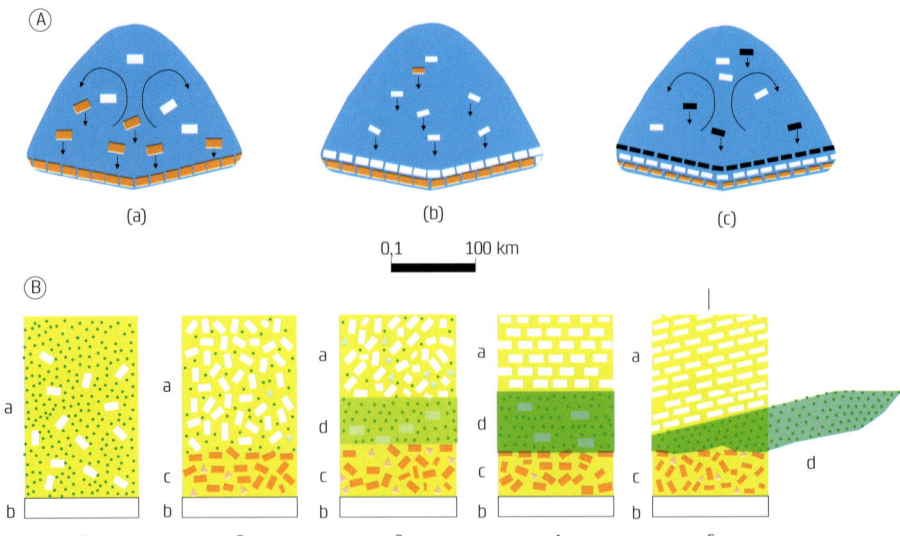

Fig. 3.2 Esquema de uma câmara magmática na qual ocorre cristalização e fracionamento de minerais. (A) As diferentes camadas de cumulados são formadas conforme a ordem de cristalização dos minerais e suas densidades. (a) Quando dois minerais cristalizam concomitantemente, o mais denso (retângulos cheios) precipita primeiro, formando uma primeira camada. Mudanças nas condições físicas do ambiente (pressão total ou pressão parcial de oxigênio ou de água) causam mudanças nos domínios de estabilidade dos minerais, fazendo com que precipitem fases diferentes, silicáticas (= b) ou oxidadas (= c). (B) Representação esquemática do sistema de segregação e acumulação e fases minerais sedimentadas em uma câmara magmática. (1) Estágio primário de cristalização de um magma "a", após formação da zona de borda "b". (2) Camada de silicatos ferromagnesianos "c" deposita-se sobre o assoalho "b", ficando coberta por uma "esponja" sobrenatante de silicatos leves, cujos interstícios são ocupados por um líquido residual rico em óxidos ou sulfetos (magnetita, ilmenita, calcopirita, pentlandita etc.). (3) Migração do líquido residual rico em sulfetos ou óxidos "d" e erguimento da esponja de cristais leves. (4) Formação de um corpo concordante de minério sulfídico ou de óxidos que contêm alguns cristais de silicatos. (5) Eventualmente o líquido composto por sulfetos e/ou óxidos é expulso ou decantado, formando injeções de magma que são segregadas, podendo formar uma câmara magmática secundária ou deixar a câmara principal e se alojar nas encaixantes, ocupando, por exemplo, zonas de falhas

enquanto a dos magmas calcioalcalinos forma rochas com menos ferro, com curvas de evolução da mudança da composição do magma residual mais ou menos agudas no polo F do triângulo. Essa diferença de forma das curvas de diferenciação é denominada tendência Fenner.

Se o magma contido na câmara magmática contiver sulfetos, o sulfeto cristalizará e sedimentará conforme a sequência de cristalização dos silicatos mencionada, mostrada esquematicamente na Fig. 3.2B. A sequência de cristalização simultânea de sulfetos e silicatos é ilustrada na Fig. 3.3.

A Fig. 3.3 mostra a curva de variação da solubilidade de sulfetos em um magma silicático calcioalcalino semelhante ao magma primário de Bushveld, na África do Sul (Naldrett; Von Gruenewaldt, 1989). Um magma com a composição inicial igual à de um magma original A (Fig. 3.3) não será saturado em sulfetos (está do lado esquerdo da curva de solubilidade). A cristalização e a sedimentação magmática mudarão a composição do líquido, conforme apresentado nas Figs. 3.2B e 3.3, empobrecendo-o em MgO (precipitação de peridoto, formando dunito ou peridotito) e enriquecendo-o em FeO (líquido com composição igual à dos piroxênios). Se a composição do magma mudar de A em direção a B, devido ao aumento da concentração residual de sulfeto no líquido (causado pela extração do líquido das substâncias que compõem peridotos e piroxênios), o magma torna-se saturado em sulfetos em B. A continuação da cristalização fará com que a composição do magma sulfídico varie sobre a curva de solubilidade entre B e C, precipitando ortopiroxênio (= bronzitito, lherzolito ou harzburgito) junto ao sulfeto e depois, a partir de C, plagioclásio + ortopiroxênio (= norito) sem sulfeto (a curva de solubilidade horizontaliza-se, ou seja, a quantidade de líquido sulfídico no magma não muda). Esse tipo de diferenciação gera bandas ou *camadas rítmicas* ricas em sulfetos (Fig. 3.2B). Os primeiros precipitados sulfídicos serão ricos em EGP, mas, devido à marcada preferência dos EGP por se fracionarem junto aos sulfetos (o coeficiente de partição D dos EGP em relação aos sulfetos é muito grande), logo o magma ficará esgotado de EGP, e sulfetos de Cu e/ou Ni e/ou Co continuarão a precipitar sem os platinoides.

Se o magma na posição A da Fig. 3.3 contiver cromo, muito ferro e/ou vanádio, poderá cristalizar cromita ou magnetita vanadinífera. Se o magma que precipita cromita ou magnetita estiver à esquerda da curva de solubilidade dos sulfetos (Fig. 3.3), será formado um horizonte de

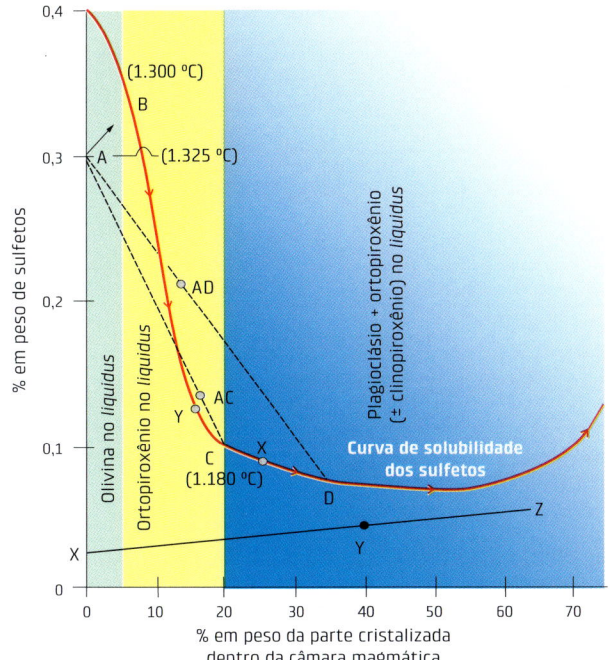

Fig. 3.3 Curva de variação da solubilidade dos sulfetos durante o fracionamento de um magma cuja composição é similar à do magma calcioalcalino. Para outros magmas, a forma geral dessa curva se mantém (Naldrett; Von Gruenewaldt, 1989)

cromitito ou magnetitito desprovido de sulfetos. Se o magma que precipita cromita ou magnetita tiver a composição de D (Fig. 3.3) e estiver no domínio dos noritos (= gabro com ortopiroxênio), à direita dessa curva, a chegada de um novo fluxo de magma com a composição do magma original A poderá gerar uma mistura com composição igual a AD, dentro do domínio de saturação em sulfetos. Esse magma precipitará sulfetos junto da cromita.

3.2.2 Origem dos cátions e ânions dos minérios

Níquel, cobre, cobalto, ferro e EGP são os cátions mais comuns que constituem as fases mineralizadas sulfídicas, e cromo, ferro e titânio, que constituem os cromititos e os magnetititos (*horizontes magnéticos*), são componentes comuns e abundantes nos magmas básicos e ultrabásicos. Uma característica que chama a atenção nos depósitos formados em complexos básico-ultrabásicos é a pouca variação dos teores de Ni, Cu, Co e Cr em quase todos os depósitos, além da grande variação dos teores dos EGP. Em se tratando de Ni, Cu, Co e EGP isso pode ser constatado na Fig. 3.4 (Naldrett, 1989), que mostra os teores normalizados desses elementos nos sulfetos de diversos tipos de depósitos geneticamente relacionados a complexos básico-ultrabásicos. Notar que os teores de Ni, Cu e Co (nas duas extremidades das curvas) variam dentro de uma margem estreita, muito menor do que a dos EGP (na parte central das curvas). Isso pode ser compreendido considerando os coeficientes de partição desses elementos e o fator R.

As diferenças entre os coeficientes de partição (*D*) de Ni, Cu e Co (com *D* pequenos) e dos EGP (com *D* muito grandes) explicam as grandes diferenças nos níveis de concentração desses elementos, mesmo quando as composições dos magmas são semelhantes. As diferenças entre os fatores de partição R (R = M/S = razão entre a massa M de magma silicático e a massa S de líquido sulfetado quando os dois líquidos atingem o equilíbrio) dos magmas explicam as variações nas quantidades de sulfetos que precipitam. Notar, na Fig. 3.4, que variações de R entre 300 (linha vermelha cheia inferior) e 200.000 (linha preta tracejada superior) *de um mesmo magma* causam poucas variações nos teores de Cu dos sulfetos e grandes variações nos teores dos EGP.

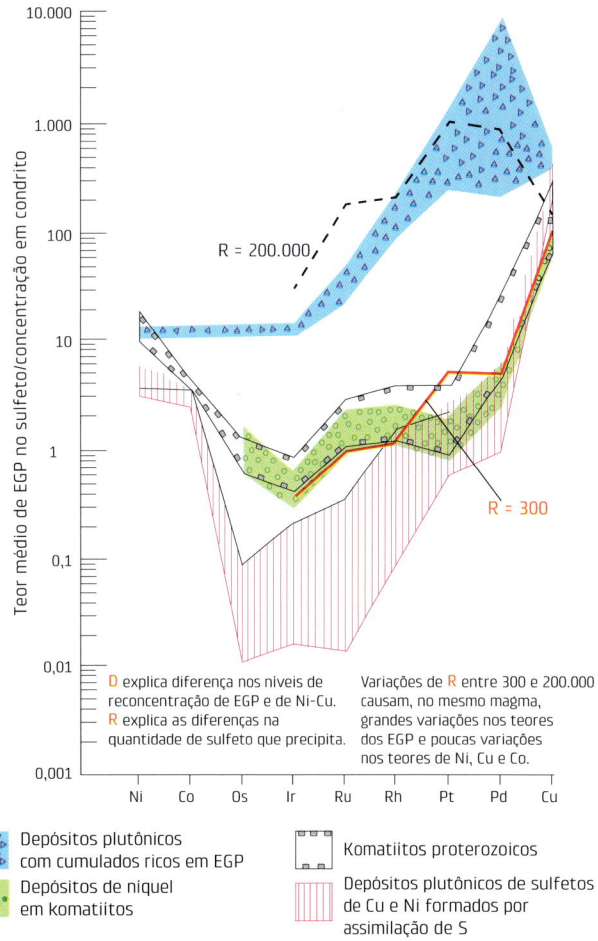

Fig. 3.4 Variações dos teores normalizados de Ni, Cu, Co e EGP dos sulfetos de diferentes depósitos formados em câmaras magmáticas. Notar as grandes variações dos teores de EGP e a pouca variação dos teores de Ni, Co e Cu. Variações de *R* entre 300 (linha vermelha cheia inferior) e 200.000 (linha preta tracejada superior) de um mesmo magma causam poucas variações nos teores de Cu e grandes variações nos teores dos EGP (Naldrett, 1989)

Processo formador dos depósitos minerais por sedimentação magmática e cristalização fracionada no interior de plutões diferenciados

A sequência de eventos que formará os depósitos minerais inicia-se com a formação de uma câmara magmática preenchida por um magma silicático que tem líquidos sulfídicos e/ou cromíferos e/ou ferríferos (Figs. 3.2 e 3.3).

Em seguida, há a diferenciação fracionada do magma silicático seguida de sedimentação na base da câmara quando o magma precipita dunito ou, principalmente, rochas com ortopiroxênio (Figs. 3.1 e 3.2).

Os sulfetos precipitados inicialmente ocupam os interstícios entre os cristais cumulados na base da câmara (Fig. 3.2).

Com o passar do tempo, os líquidos metálicos sulfídicos, cromíferos ou ferríferos, devido à sua maior densidade, migram em direção à base da câmara e acumulam-se quando encontram um horizonte no cumulado com densidade igual ou superior à do líquido metálico (Fig. 3.2).

Se o magma inicial contiver EGP e houver desequilíbrio entre o líquido intercúmulos e o líquido residual sobrenatante, em virtude do elevado coeficiente de partição dos EGP em relação ao dos outros metais, poderá ocorrer precipitação dos EGP, formando minerais próprios ou exsoluções dentro dos cristais de sulfeto. Essa precipitação perdurará por pouco tempo e a distribuição dos EGP nos cumulados será heterogênea.

Em algumas situações (p.ex., compressões da câmara causadas por sismos), o líquido metálico pode sair total ou parcialmente da câmara magmática, preenchendo espaços vazios na rocha hospedeira dessa câmara.

3.2.3 Depósitos minerais formados por hibridização ou deslocamento de domínios de estabilidade de minerais, cristalização fracionada e sedimentação magmática no interior de plutões diferenciados

Os domínios de estabilidade dos minerais que cristalizam em magmas dentro de câmaras magmáticas mudam de forma e de dimensão quando ocorrem mudanças importantes na pressão do ambiente no qual a câmara magmática está inserida (Fig. 3.1). Na Fig. 3.5, os domínios de estabilidade a pressão igual a 1,00 bar da anortita (An), dos espinélios cromita ou magnetita (Sp), da olivina (Ol), do piroxênio (Px) e do quartzo de alta temperatura (tridimita = Trid), delineados na linha vermelha tracejada, deslocam-se para as posições delineadas na linha azul contínua quando a pressão do ambiente onde cristalizam é de 10.000 bars.

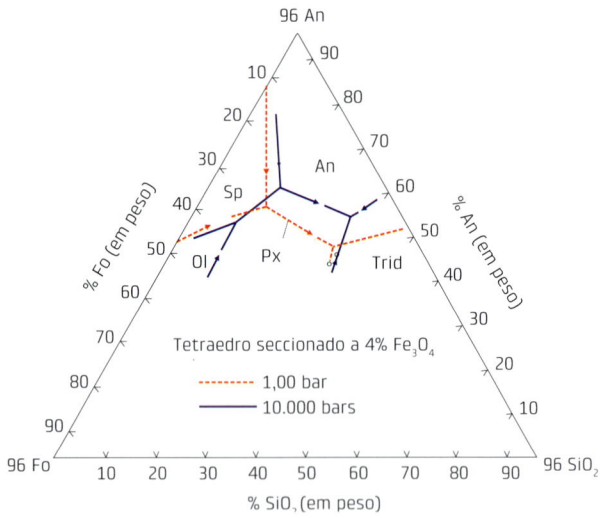

Fig. 3.5 Quando a pressão à qual uma câmara magmática está submetida aumenta de 1,00 bar para 10.000 bars, os domínios de estabilidade dos minerais que cristalizam a partir do magma contido nessa câmara mudam

Outra característica importante para compreender o processo mineralizador em questão é que a diferenciação de magmas calcioalcalinos inicialmente cristaliza dunitos, depois um grande volume de ortopiroxenitos, e termina cristalizando noritos (= gabros com ortopiroxênio). No tetraedro $MgO-SiO_2-(FeO+Fe_2O_3)-Cr_2O_3$ (Fig. 3.6A) a composição média dos magmas que geram essa sequência de rochas diferenciadas ocupa uma posição no topo da superfície que separa os domínios de estabilidade da olivina (Ol) e do ortopiroxênio (OPx), justamente sobre a superfície que separa esses dois domínios do domínio da cromita (Fig. 3.6).

Na condição exata apresentada na Fig. 3.6, o magma precipita simultaneamente olivina + ortopiroxênio (formando peridotito) com cromita disseminada. Trabalhando com as Figs. 3.1 e 3.2, nota-se que uma variação da pressão do ambiente onde está a câmara magmática fará com que os domínios de estabilidade exibidos na Fig. 3.6 se desloquem, a exemplo do mostrado na Fig. 3.5. Esse deslocamento, geralmente causado por sismos na região onde se situa a câmara magmática, poderá fazer com que o ponto vermelho ZCI, que é imóvel dado ser a composição média de rochas sedimentadas na câmara magmática, fique dentro do domínio da olivina, do ortopiroxênio ou da cromita. Caso a mudança de pressão abaixe o topo dos domínios de estabilidade da olivina e do ortopiroxênio, o ponto ZCI ficará dentro do domínio da cromita. Nesse caso, enquanto ocupar essa posição, cessará a precipitação de olivina e ortopiroxênio e somente a cromita cristalizará e será sedimentada, formando um cumulado de cromita, ou cromitito (= minério de cromo), como existe em Bushveld. Embora as deformações e o metamorfismo

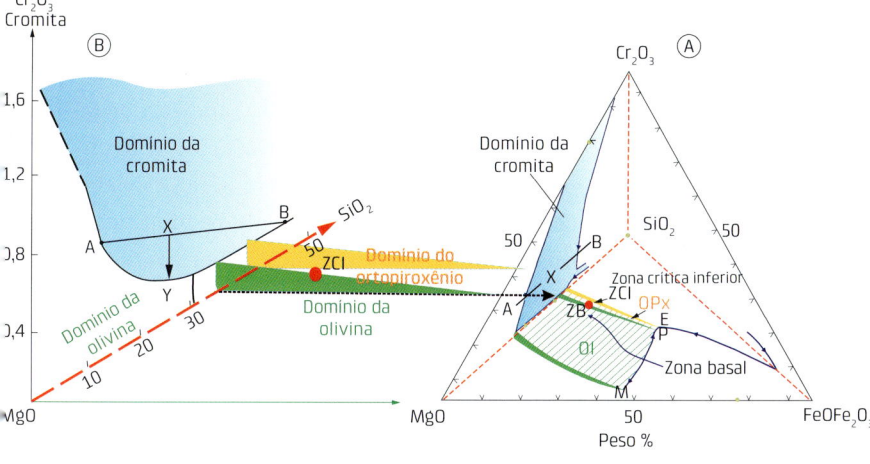

Fig. 3.6 (A) Tetraedro mostrando os domínios de estabilidade da olivina (Ol), ortopiroxênio (OPx), cromita, tridimita e óxidos de ferro. (B) Ampliação de parte da figura (A), abrangendo e realçando os limites dos domínios de estabilidade da olivina, do ortopiroxênio e da cromita. O ponto vermelho, identificado como ZCI (= zona crítica inferior) do complexo de Bushveld, situa-se simultaneamente em três domínios, o da olivina, o do ortopiroxênio e o da cromita

mpeçam uma análise conclusiva, é possível que os cromititos de Campo Formoso, Ipueira, Medrado e Pedras Pretas, na Bahia, e de Bacuri, no Amapá, tenham sido gerados segundo esse processo.

Alternativamente, cromita pode cristalizar e sedimentar formando cromititos se dois magmas com composições em lados opostos do domínio da cromita (Fig. 3.6B) se misturarem (= hibridização) no interior de uma câmara magmática. O magma com composição A, ao ser mixado com o de composição B, poderá gerar um magma com composição intermediária X, dentro do domínio de estabilidade da cromita. Nesse caso o magma X precipitará cromita, a quantidade de cromo no magma diminuirá, e sua composição migrará em direção a Y, onde ficará esgotado em cromo e a sedimentação de cromita cessará.

Processo formador dos depósitos minerais por hibridização ou deslocamento de domínios de estabilidade de minerais, cristalização fracionada e sedimentação magmática no interior de plutões diferenciados

Uma câmara magmática recebe um fluxo de magma calcioalcalino que se diferencia. Se esse magma tiver composição que o situe sobre os limites dos domínios de estabilidade da olivina ou do ortopiroxênio com a cromita, a mudança de pressão dentro da câmara, geralmente causada por terremotos, poderá abaixar a superfície inferior que limita o domínio da cromita, fazendo com que o ponto correspondente à composição do magma fique dentro do domínio da cromita.

Nessa posição esse magma precipitará cromita, gerando cromititos (= minério de cromo), até que a pressão diminua e o ponto correspondente à composição do magma saia do domínio da cromita ou até que termine o cromo contido no magma.

Cromita precipitará, também, se dois magmas se hibridizarem (misturarem) gerando uma mistura cuja composição esteja dentro do domínio de estabilidade da cromita. Esse magma precipitará cromita enquanto houver cromo no magma ou até o magma se resfriar e litificar.

3.2.4 Depósitos formados por fluxo de magma novo em uma câmara magmática, hibridização de magmas, imiscibilidade de líquidos e sedimentação magmática

Quando uma câmara magmática se forma e a temperatura do magma diminui, ocorre cristalização fracionada de minerais, que se acumularão na base da câmara magmática, formando cumulados. Esse processo continuará até o resfriamento e a litificação de todo o magma contido na câmara, o que gerará um plutão diferenciado, com cumulados mais magnesianos na base e mais cálcicos ou sódicos no topo.

Entretanto, é muito comum que as câmaras magmáticas recebam fluxos de magmas novos quando estão parcialmente diferenciadas e já com algum cumulado na base. Em todos os casos (Fig. 3.7), se os magmas sobrenatantes forem enriquecidos em EGP, se os EGP estiverem dispersos nesses magmas e se o magma novo não contiver EGP, haverá desequilíbrio químico entre os magmas. A magnitude desse desequilíbrio será proporcional aos coeficientes de partição de cada elemento.

A situação mais comum é que o novo magma que adentra a câmara tenha densidade diferente da do magma sobrenadante, situado acima dos cumulados (Fig. 3.7). Se a densidade do novo magma for maior que a do magma sobrenadante mais denso, o novo magma ficará na base da câmara, sobre a última camada de cumulado (Fig. 3.7A). Se a densidade do novo magma for menor que a do magma sobrenadante menos denso, o novo magma se alojará no topo da câmara magmática (Fig. 3.7B). A última situação possível é que a densidade do novo magma seja intermediária, entre a do magma mais denso e a do menos denso (Fig. 3.7C). Nessas condições, o magma novo se hibridará com os dois magmas sobrenatantes e lentamente se concentrará no horizonte com densidade igual à sua. Durante o período de hibridização, até encontrar o horizonte de igual densidade, haverá turbulência abrangendo um grande volume de magma hibridizado, o que gera uma grande interface de difusão que permite: (a) uma perfeita hibridização; (b) muita troca de elementos entre os magmas, até o equilíbrio químico ser alcançado; (c) a cristalização lenta e perfeita dos cristais que se diferenciam, gerando camadas contínuas de minerais grandes e bem cristalizados, com características pegmatíticas; (d) o novo horizonte de magma com densidade intermediária se diferencia das outras unidades do complexo, por ser pegmatoide e também por mostrar uma evolução mineralógica completa, desde as fases máficas (dunitos e piroxenitos) na base até as leucocráticas (anortositos) no topo.

Enquanto o magma novo não se homogeneíza e encontra um horizonte com densidade igual à sua, o regime turbulento dentro da câmara magmática permitirá trocas de elementos entre o magma novo e os magmas que existiam dentro da câmara. Essas trocas envolverão praticamente todos os magmas existentes na câmara (o novo, o antigo menos denso e o antigo mais denso, Fig. 3.7C). Devido aos coeficientes de partição elevados dos EGP, as trocas desses elementos entre os magmas serão rápidas e os EGP contidos em toda a câmara serão "coletados" e acumulados no novo magma. Se a quantidade de EGP coletados for grande, será formado um horizonte pegmatítico rico em EGP, que pode ser minério de EGP. O horizonte Merensky, no complexo de Bushveld, que contém a maior parte dos recursos de EGP conhecidos, provavelmente se formou segundo esse processo.

Conforme o fator R imposto pelo fluxo de magma novo, após alcançado o equilíbrio entre os magmas silicáticos restará um excesso de líquido sulfídico. Nesse caso, haverá ligação entre Cu e/ou Ni e/ou Co com enxofre e a formação de bolhas de líquido sulfídico imiscíveis no magma silicático. Por serem mais densas que o líquido silicático, essas bolhas descerão em direção à base da câmara magmática e, se houver espaço disponível, o líquido sulfídico ficará nos interstícios dos cristais dos cumulados. Se não houver espaço, as bolhas se aglutinarão e formarão uma camada de sulfeto maciço próximo à base da câmara magmática.

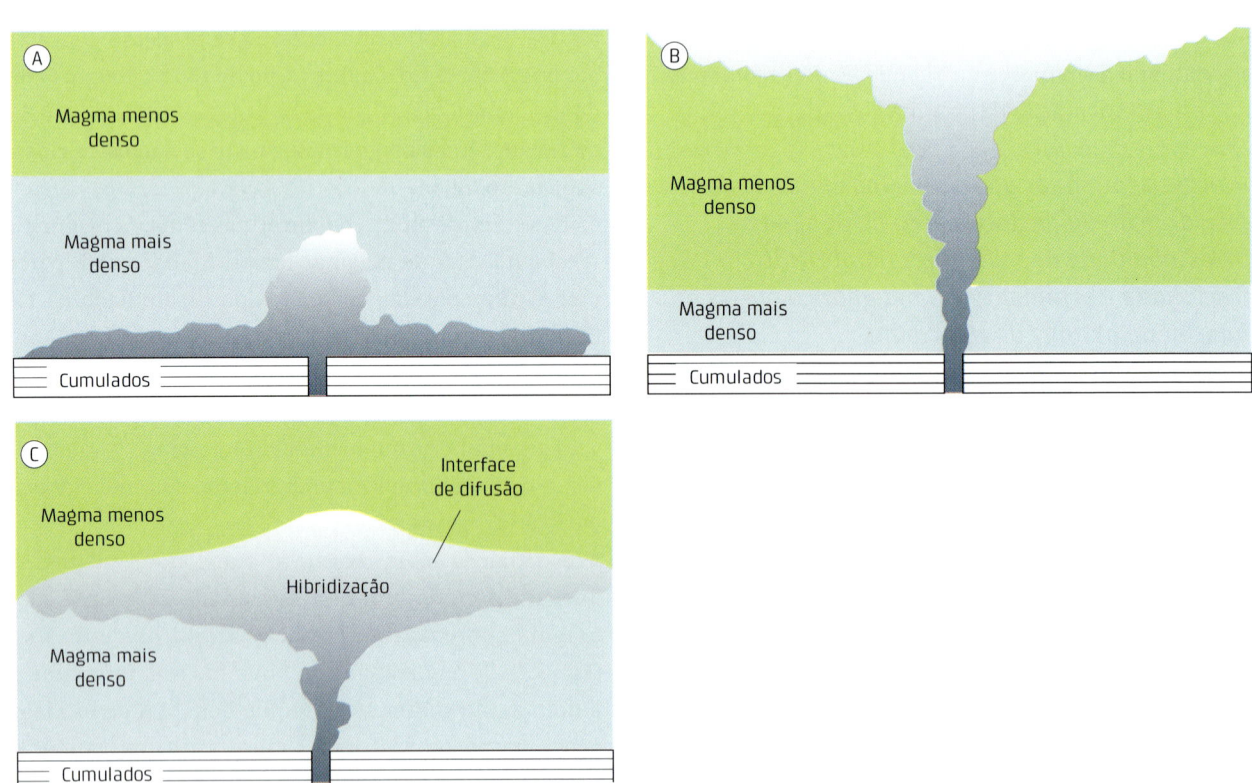

Fig. 3.7 Representação esquemática de um pulso de magma adentrando uma câmara magmática parcialmente diferenciada. (A) O novo magma é mais denso e dotado de pouca energia, formando um jato turbulento que se espraiará sobre a última camada de cumulado. (B) O novo pulso é de um magma mais leve que o líquido contido na metade superior da câmara. Deverá alojar-se no alto da câmara magmática. (C) O novo magma tem densidade intermediária em relação aos dois magmas sobrenatantes. O fluxo subirá e se espraiará no horizonte com densidade igual à sua

Processo formador de depósitos gerados por fluxo de magma novo em uma câmara magmática, hibridização de magmas, imiscibilidade de líquidos e sedimentação magmática

Uma câmara magmática com magma calciossilicático está parcialmente diferenciada, com cumulados na base e magmas sobrenatantes de densidades alta na base e baixa no topo. Esses magmas sobrenatantes são ricos em EGP, em S e em Cu e/ou Ni e/ou Co.

Ocorre um influxo de magma novo com densidade intermediária em relação aos magmas sobrenatantes. Esse magma novo que adentra a câmara magmática não contém, ou contém muito pouco, EGP, Cu, Ni e Co.

Devido à sua densidade intermediária, o magma novo causará turbulência dentro da câmara magmática até estabilizar em um horizonte com densidade igual à sua.

Durante o período de turbulência dentro da câmara magmática, o magma novo coletará rapidamente muito EGP, contidos nos magmas que existiam na câmara, procurando o equilíbrio químico conforme os coeficientes de partição elevados dos EGP.

Se for coletada uma quantidade grande de EGP, será formado um horizonte diferenciado ferromagnesiano, pegmatítico, rico em EGP, que será um depósito de EGP.

Conforme o desequilíbrio (fator R) entre o magma novo e os magmas sobrenatantes, poderá restar muito Cu, Ni e Co após os magmas silicáticos se equilibrarem. Esse excesso formará bolhas de sulfetos imiscíveis no líquido silicático.

Devido à sua densidade elevada, essas bolhas migrarão em direção à base da câmara, onde preencherão interstícios entre cristais cumulados ou formarão uma camada de sulfeto maciço.

A Fig. 3.8 mostra, de forma esquemática, todos os processos descritos nesta seção e na seção 3.2.3. Merensky e UG-2, horizontes de Bushveld ricos em EGP, são consequência da hibridização de magmas A, B e C, homogeneizados em uma "nuvem" de difusão (Fig. 3.7C). O magma X resultante da mistura dos magmas A e B (Figs. 3.8III e 3.6B) está dentro do domínio de saturação em sulfetos, logo as camadas de cristais precipitados terão sulfetos e EGP. No caso do UG-2, o magma X também está dentro do domínio da cromita (Fig. 3.6B), o que possibilitou a formação de um horizonte cromitítico com sulfetos e EGP.

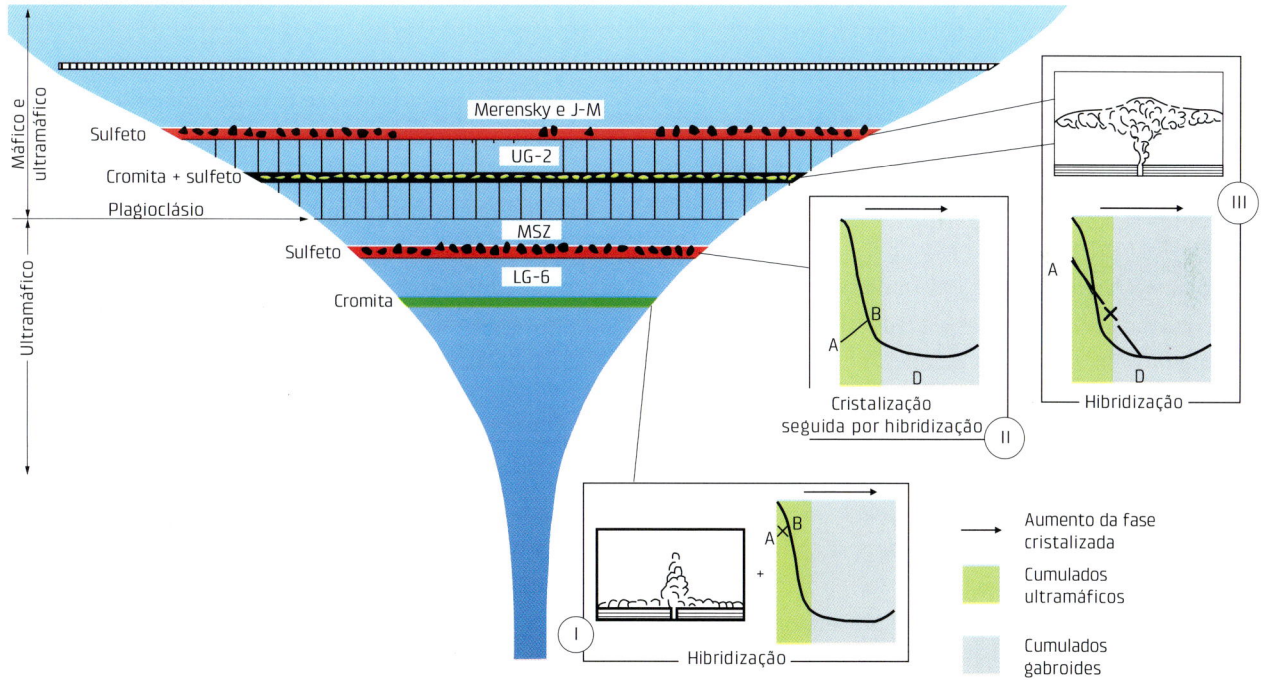

Fig. 3.8 Lacólito esquemático mostrando todos os processos de cristalização fracionada que originaram os horizontes Merensky (Bushveld) e J-M (Stillwater, EUA), com EGP associados a sulfetos em meio à banda críptica de silicatos; o horizonte UG-2 (Bushveld), com EGP associados a sulfetos em meio à banda críptica de cromita; os horizontes MSZ-LSZ (Grande Dique do Zimbábue), com sulfetos e EGP em meio à banda rítmica de silicatos; e o horizonte LG-6, um cromitito sem sulfetos nem EGP (Naldrett; Brugmann; Wilson, 1990)

ASSIMILAÇÃO DE SUBSTÂNCIAS DAS ROCHAS HOSPEDEIRAS – PROCESSO PLUTÔNICO ENDOMAGMÁTICO ABERTO

4

A maioria dos magmas ultrabásicos e ultramáficos possui conteúdos elevados de Ni, Cu e EGP e é desprovida ou possui muito pouco enxofre. Quando resfriam e cristalizam, os átomos de Ni e Cu geralmente passam a integrar as malhas cristalinas da olivina e dos piroxênios, além de cristalizarem pequenos volumes de sulfetos de Ni e de Cu, que assimilam os EGP. Quando esses magmas adquirem enxofre das encaixantes, por assimilação ou por infiltração do enxofre gaseificado, o enxofre adquirido rapidamente se liga ao Ni e ao Cu e cristaliza sulfetos de Ni e Cu, além de pirrotita ($Fe_{1-x}S$).

4.1 Depósitos vulcânicos de sulfetos de Ni e Cu em komatiítos

4.1.1 Komatiítos

Komatiítos são rochas ígneas ultramáficas e ultrabásicas caracterizadas por seus teores elevados de MgO, por serem praticamente desprovidas de enxofre, por conterem teores elevados de Ni, Cu e EGP, por frequentemente cristalizarem com *spinifex* (olivina e piroxênio que cristalizam com hábitos esqueletais e/ou aciculares) e por ocorrerem em cinturões de rochas verdes (*greenstone belts*) arqueanos e paleoproterozoicos. As rochas hospedeiras dos depósitos de Ni-Cu-EGP são komatiítos arqueanos ou proterozoicos metamorfoseados em graus variados, mas as texturas pseudomorfas e palimpsestas são bem preservadas na maioria dos depósitos, o que permite usar a nomenclatura de rochas ígneas. Arndt e Nisbet (1982) definiram komatiítos como rochas vulcânicas ultramáficas com ≥ 18% de MgO (livre de voláteis). Rochas vulcânicas máficas relacionadas petrogeneticamente, com 12% a 18% de MgO (livre de voláteis), foram definidas como basaltos komatiíticos, mas nenhuma recomendação foi feita para cumulados ou rochas intrusivas komatiíticas. A terminologia utilizada pela International Union of Geological Sciences (IUGS) para rochas ígneas máficas e ultramáficas define as rochas que são cumulados de granulação grossa (p.ex., gabro, piroxenito, peridotito e dunito) como plutônicas, e todos os equivalentes de grão fino (p.ex., basalto komatiítico) como vulcânicos. Porque os termos gabro, piroxenito, wehrlito, peridotito e dunito estão firmemente enraizados na literatura geológica, e a nomenclatura não deve envolver contextos genéticos, esses termos serão utilizados para identificar rochas cumuladas com mineralogia e texturas apropriadas, mas sem quaisquer relações com os contextos vulcânico ou subvulcânico.

Komatiítos se formam como consequência de um grau muito alto de fusão parcial nas bordas ou núcleos das plumas mantélicas (Campbell; Griffiths; Hill, 1989; Campbell; Griffiths, 1990). Basaltos komatiíticos podem se formar por cristalização fracionada de komatiítos, ser provenientes de partes periféricas de plumas mantélicas ou ser devidos a um grau moderado de fusão de plumas derivadas de uma camada intermediária do manto.

4.1.2 Geometria e localização dos depósitos de sulfetos de Ni e Cu em komatiítos

Depósitos de Ni e Cu em komatiítos com minérios tipo I ocorrem na base ou próximo da base do primeiro derrame emitido por um vulcão komatiítico (Fig. 4.1), formando corpos mineralizados com o denominado *minério de contato* (Fig. 4.2). Quando na base de outros derrames que não o primeiro, o minério é denominado *minério de cobertura*.

Quando as rochas sobre as quais o derrame migra contêm enxofre, há a incorporação do enxofre ao komatiíto por assimilação da rocha ou por sua infiltração como gás ou como fluido sulfuroso aquoso, formando bolhas de sulfetos de Ni e Cu que permanecem imiscíveis na lava komatiítica (Fig. 4.2A). Se muito sulfeto se formar, as bolhas coalescem e geram um magma metálico sulfídico que, por ser mais denso e de menor viscosidade que o magma komatiítico silicático, passa a

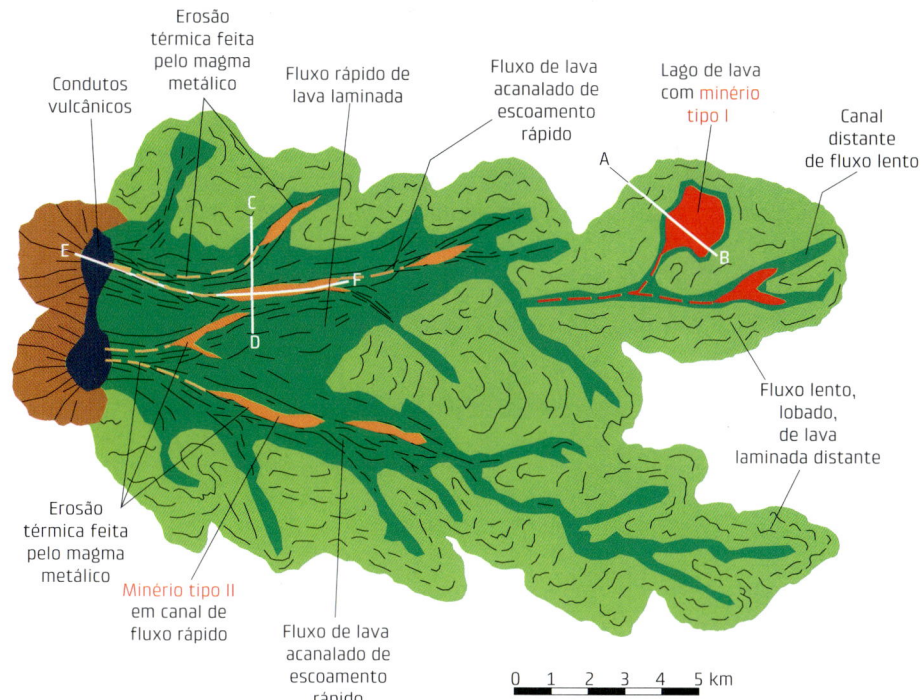

Fig. 4.1 Primeiro derrame de lava komatiítica ultrabásica (dunito ou peridotito komatiítico) e básica (basalto komatiítico)

migrar na base do derrame. Esse magma metálico erode o solo ou o substrato rochoso, escavando canais profundos, onde se desloca rapidamente (Fig. 4.1). Quando a velocidade de migração diminui porque o derrame alcança região plana, ou onde há alguma depressão topográfica, o sulfeto acumula, formando depósitos de sulfetos maciços, com mais de 80 vol.% de sulfeto. Se acumularem em depressões topográficas, formam depósito tipo I, com minérios estratiformes basais (Fig. 4.2A). Se acumularem em canais escavados, formam depósitos tipo II, com minérios acanalados estratiformes (Fig. 4.2B). Notar as posições, na Fig. 4.1, dos depósitos mostrados nas Figs. 4.2A,B (seções A-B e C-D).

Corpos mineralizados tipo I são constituídos por uma primeira porção, basal, de sulfeto maciço tipo Ia, com mais de 80 vol.% de sulfeto, que grada para cima para sulfeto intercumular tipo Ib (*net-textured sulphide*), com 80 vol.% a 40 vol.% de sulfeto, que grada para sulfeto disseminado no komatiíto tipo Ic (Fig. 4.2A), com 40 vol.% a 10 vol.% de sulfeto, cuja lavra nem sempre é econômica. Mineralizações tipo Id ocupam espaços *inter-pillows* e/ou constituem veios e vênulas de sulfetos formados pelo preenchimento de fraturas preexistentes nas rochas hospedeiras. Cada corpo mineralizado com minérios tipos Ia + Ib + Ic normalmente contém 2×10^6 t de minério, eventualmente com até 5×10^6 t, com teores de Ni entre 2% e 4%. Esses corpos são geralmente alongados, com 100 m a 2,5 km de comprimento e 50 m a 250 m de largura. Algumas vezes o magma sulfídico infiltra-se em fraturas, formando minério em forma de veios (veniforme) na base do minério maciço (Fig. 4.2A). Menos comum é a infiltração em meio a almofadas de lavas almofadadas (*pillow lavas*), formando minério *inter-pillow* (Fig. 4.2A).

Corpos mineralizados com minérios tipo II geralmente ocupam locais escavados pela erosão térmica feita pelo magma sulfídico. Minério tipo IIa, denominado "crescumulado", é constituído por sulfeto maciço em olivina komatiíto com olivina cristalizada *in situ*. Minério tipo IIb, geralmente denominado minério "empolado" ou "em bolhas" (*blebby mineralization*), é composto por películas de sulfeto que envolvem cristais cumulados de olivinas (Fig. 4.2B). Quando sulfetos preenchem espaços entre os cristais de olivina cumulados (Fig. 4.2B), o minério é denominado intersticial, e, quando a mineralização intersticial é granulada muito fina, o minério (ou mineralização) é denominado sulfeto disseminado ou "nublado" (*cloudy sulphide*), tipo IIc.

Minérios primários (não supergênicos) tipo I têm composição mineral relativamente simples com pirrotita-pentlandita-pirita, por vezes com pentlandita-pirita e raramente com pentlandita-pirita-millerita. Calcopirita, magnetita e cromita pobre em Al e rica em Fe (cromita "metalúrgica"), também denominada ferrocromita, são minerais sempre presentes em pequenas concentrações. A magnetita é abundante no minério maciço e no disseminado, enquanto a pirita é mais presente em minérios maciços. Cromitas pobres em Al e ricas em Fe são normalmente concentradas ao longo das margens superior, inferior e lateral dos minérios maciços tipo I. Os cristais de cromita geralmente são de granulação grossa (0,5 mm a 2,0 mm), euédricos e exibem bordas estreitas de magnetita cromífera.

A grande maioria das ocorrências de minerais de EGP se dá em zonas de alteração, em veios de sulfetos remobilizados ou em veios hidrotermais (Hudson; Donaldson, 1984), o que indica que a mobilização pós-magmática é

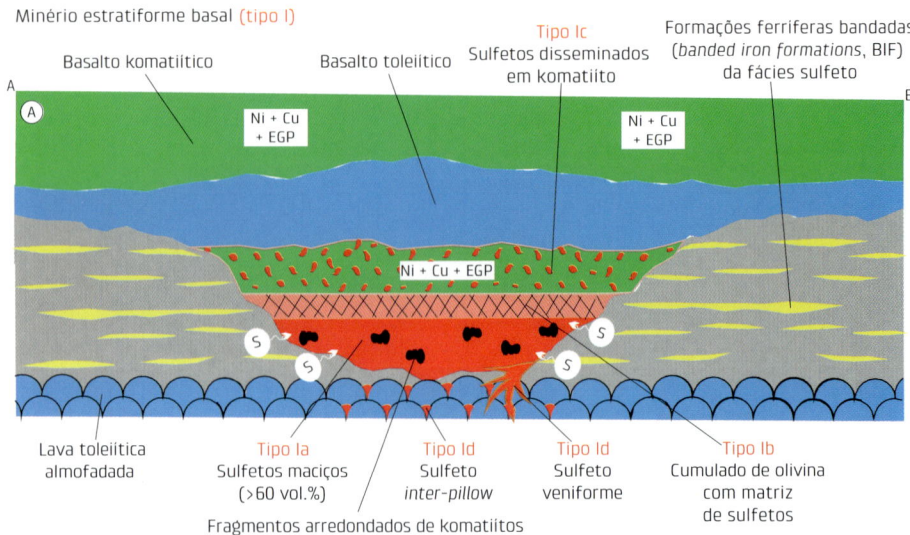

Fig. 4.2 Desenhos esquemáticos ilustrando os tipos de corpos mineralizados e de minérios que constituem os depósitos de sulfetos de Ni e Cu com EGP em komatiítos. Notar que o enxofre (S) é assimilado das rochas hospedeiras. (A) Corpos mineralizados tipo I, estratiformes lenticulares e basais (lagos de lava). (B) Corpos mineralizados tipo II, estratiformes acanalados

importante para cristalizar minerais de EGP (Keays; Sewell; Mitchell, 1981). A interação de fluidos hidrotermais ricos em Te, As e Sb com sulfetos maciços é também considerada um processo importante de liberação dos EGP dos sulfetos, com a subsequente cristalização de teluretos, arsenetos e antimonetos de EGP (Hudson; Donaldson, 1984).

Os valores de $\delta^{34}S$ geralmente são positivos, confirmando a origem não mantélica do enxofre, e são relativamente constantes em um distrito mineiro, mas variam bastante entre distritos. Essa variação é consequência da diferença entre as rochas hospedeiras dos corpos mineralizados, com diferentes conteúdos em sulfetos e com minerais de várias composições, com teores de enxofre diferentes. Os valores $\delta^{34}S$ dos minérios em Kambalda e Widgiemooltha (Austrália) variam de +1‰ a +4‰ (Groves; Barrett; McQueen, 1979), aqueles na faixa Thompson (Canadá) de +2,5‰ a +6‰ (Bleeker, 1990a, 1990b), aqueles em Raglan (Canadá) de +3‰ a +6‰ (Lesher, 1999), aqueles em Alexo (Canadá) de +4‰ a +6‰ (Naldrett, 1966) e aqueles em Fortaleza de Minas (Brasil), conhecido como O'Toole, de +5‰ a +7‰ (Choudhuri; Iyer; Krouse, 1997). Nas províncias de Langmuir e Windarra (Austrália) há alguns depósitos com minérios nos quais há alguns valores $\delta^{34}S$ negativos, provavelmente de sulfetos formados no manto, mas na maioria dos depósitos $\delta^{34}S$ varia de –2‰ a +2‰ (Seccombe et al., 1978; Groves; Barrett; McQueen, 1979).

4.1.3 Processo formador de depósitos vulcânicos de sulfetos de Ni, Cu e EGP em komatiítos

A sequência de eventos geológicos necessária para formar depósitos de sulfetos de Ni, Cu e EGP em vulcânicas komatiíticas (Fig. 4.3) inicia-se com a erupção de vulcão komatiítico, geralmente em ambiente submarino, com efusão de dunitos komatiíticos ricos em Ni, Cu e EGP e insaturados em enxofre (Fig. 4.3).

As efusões komatiíticas assimilam rochas ricas em enxofre, geralmente BIF da fácies sulfeto, escavando um canal de migração rápida da lava (Fig. 4.1).

A assimilação das rochas proporciona a ligação do enxofre nelas contido com Ni, Cu e EGP dos komatiítos, cristalizando bolhas de líquido sulfídico imiscíveis na lava silicática.

Enquanto o fluxo de lava é rápido e há poucas bolhas, essas bolhas são carreadas pela lava komatiítica e, por serem mais densas, acumulam-se na base do derrame.

Quando a velocidade do fluxo diminui e/ou a quantidade de bolhas aumenta, as bolhas coalescem, formando lava sulfídica que, por ser mais densa e menos viscosa que a lava silicática komatiítica, constitui um fluxo de lava sulfídica na base do derrame komatiítico (Fig. 4.3).

A migração dessa lava sulfídica continuará até a velocidade do derrame diminuir, proporcionando ao líquido sulfídico acumular-se no canal por ele escavado, formando depósitos alongados e acanalados de pirrotita, pentlandita e pirita tipo II (Fig. 4.2B).

Os depósitos tipo I, mais largos e estratiformes, constituem-se quando o líquido sulfídico se acumula em depressões topográficas (Fig. 4.2A).

Em ambos os casos, forma-se um corpo de sulfeto maciço, com pirrotita + pentlandita + pirita + calcopirita, na base da depressão topográfica ou do canal escavado, que é recoberto por um leito de bolhas de sulfetos em meio a silicatos e/ou por sulfetos cimentando silicatos. O corpo de sulfeto maciço é coberto por lavas com sulfetos disseminados em meio a silicatos, depois somente por lavas silicáticas.

Geralmente os EGP são segregados do líquido sulfídico para que o equilíbrio químico se restabeleça (os coeficientes de partição dos EGP são muito maiores que os de Ni, Cu e Fe) ou são segregados durante episódios tardios de alteração hidrotermal.

4.2 Depósitos de sulfetos de Ni e Cu em plutões máficos-ultramáficos diferenciados

4.2.1 Ambiente geotectônico

Os plutões são intrusões de ambientes continentais, sempre alojados em regiões tectonicamente estáveis. As dimensões variam de algumas centenas de metros, a exemplo de Americano do Brasil (GO) e Sally Malay (Austrália), a centenas de quilômetros, como Duluth (EUA).

4.2.2 Arquitetura dos depósitos minerais

Depósitos com sulfetos de Ni-Cu-EGP situam-se na base das intrusões máficas-ultramáficas, tanto daquelas bem diferenciadas e bandadas, com bandamento rítmico (Santa Rita, BA, Bushveld e Stillwater), quanto das sem bandamento rítmico (Americano do Brasil, Duluth e Sally Malay), entre outras. A maioria dos corpos mineralizados tem formas adaptadas ao contato na base do corpo principal da intrusão (Fig. 4.4) ou podem estar contidos em seus canais de alimentação ou em pequenas intrusões tardias, alojadas na base das intrusões maiores (Fig. 4.5). Os corpos mineralizados não têm formas definidas ("amas"), embora sejam geralmente estratiformes lenticulares, com espessuras de dezenas de metros e extensões laterais muito variadas, que podem alcançar mais de 1 km. Depósitos nos quais o minério está contido em canais de alimentação constituem estruturas denominadas conólitos, como é o caso de Limoeiro (PE). Depósitos com minérios disseminados

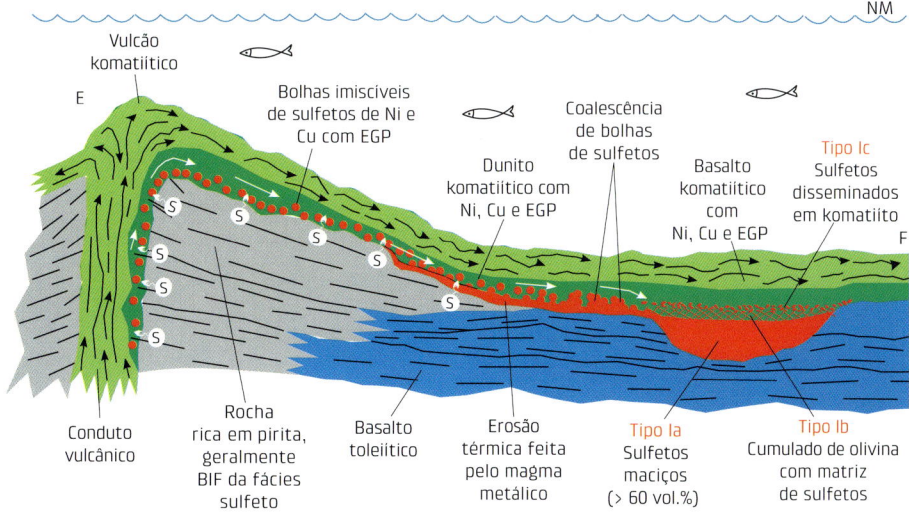

Fig. 4.3 Vulcão komatiítico submarino com efusão de dunito komatiítico insaturado em enxofre e com muito Ni, Cu e EGP, seguida por basalto komatiítico. Notar que o enxofre (S) é assimilado das rochas hospedeiras. Os derrames komatiíticos migram sobre rochas com sulfetos e as escavam por erosão térmica (assimilação), proporcionando a ligação do enxofre da rocha assimilada com Ni, Cu e EGP do komatiíto, cristalizando pentlandita, calcopirita, pirrotita e pirita. A lava sulfídica assim formada pode acumular em depressões topográficas, constituindo depósitos de sulfetos de Ni, Cu e EGP

ou na forma de veios de sulfetos maciços, denominados *off sets*, que avançam dentro das encaixantes, são comuns.

Geralmente os corpos mineralizados são lentes de sulfeto maciço ou disseminações de sulfeto, situadas no interior dos plutões, nos locais onde o magma ultrabásico está ou esteve em contato com encaixantes ricas em enxofre, como folhelhos piritosos, formações ferríferas da fácies sulfeto ou evaporitos. Se esse contato ocorre na base das intrusões, o minério sulfetado restringe-se a essa posição. Se, durante o alojamento do magma máfico-ultramáfico, o contato com a encaixante com enxofre ocorre no topo da câmara magmática (ou de um conólito), sulfetos de Ni e Cu cristalizam onde houver assimilação do enxofre e migram para a base, devido ao líquido sulfetado ser mais denso que o magma silicático. A depender do tempo decorrido entre a cristalização dos sulfetos e a solidificação do magma, todos os sulfetos poderão migrar até a base da intrusão ou, se a solidificação for rápida e não houver tempo suficiente para a migração até a base, permanecerão junto ao contato superior ou se distribuirão entre o contato superior e o basal. Em conólitos, quando os sulfetos cristalizam enquanto o magma está em movimento, eles podem cristalizar junto à encaixante rica em enxofre e ser carreados pelo magma até outro local, onde o deslocamento cessa devido ao resfriamento e à solidificação do magma.

Esses depósitos têm idades variadas, desde o Proterozoico até o Terciário, e podem estar contidos em grandes intrusões ou em pequenas intrusões tardias, que se alojam na base das intrusões maiores (Fig. 4.5).

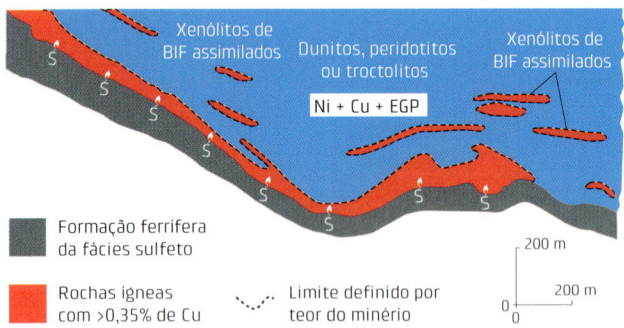

Fig. 4.4 Seção geológica de um complexo ígneo básico-ultrabásico diferenciado mineralizado com sulfetos de Ni, Cu e EGP. Notar que o minério se concentra na base da intrusão, em contato com formações ferríferas da fácies sulfeto, que alojam a intrusão. O enxofre (S) provindo das encaixantes liga-se a Ni e Cu da intrusão ígnea e cristaliza nos sulfetos de Ni e Cu (troctolito = gabro com olivina)

Os corpos mineralizados têm limites gradacionais e podem estar contidos em peridotitos, harzburgitos, piroxenitos, noritos, troctolitos ou anortositos com texturas cumulares ou, localmente, ofíticas, sempre associados a rochas encaixantes com enxofre. Os minérios podem ser maciços ou disseminados, compostos por pirrotita, pentlandita, calcopirita, cubanita, minerais com EGP e grafita. Análises de $\delta^{34}S$ dos sulfetos dos minérios desses depósitos sempre mostram valores positivos e elevados, acima de 5‰, diferentemente dos sulfetos de origem magmática, cujos valores de $\delta^{34}S$ são negativos, entre –5‰ e –15‰ (Fig. 4.6).

A saturação do magma em sulfetos é consequência da assimilação de componentes crustais (Thornett, 1981; Ripley; Al-Jassar, 1987; Lambert *et al.*, 1998; Mota e Silva; Ferreira Filho; Giustina, 2013), conclusão que converge com aquela obtida dos estudos de isótopos de enxofre (Fig. 4.3). Essa assimilação seria resultado ou da desvolatização do enxofre de rochas encaixantes, ou da assimilação de sulfetos e/ou sulfatos de evaporitos preexistentes na crosta. Geralmente a maior parte do enxofre necessário à deposição das zonas ricas em sulfetos migra das encaixantes como uma fase volátil de composição $H_2S + H_2O$. A proporção dessa fase volátil contida em diferentes posições da parte basal do complexo controla a quantidade de sulfeto que se forma no local. Em qualquer dos casos, a assimilação de voláteis e/ou de rochas seria seguida de um evento tipo fator R, com $R = M/S < 10.000$, em que M é a massa de magma silicático contido em uma câmara magmática, S é a fração de líquido sulfídico segregado de uma dada massa de magma silicático e fator R é o reequilíbrio da concentração de sulfetos no magma, com precipitação de líquido sulfetado caso a saturação seja alcançada. Essa assimilação pode ter

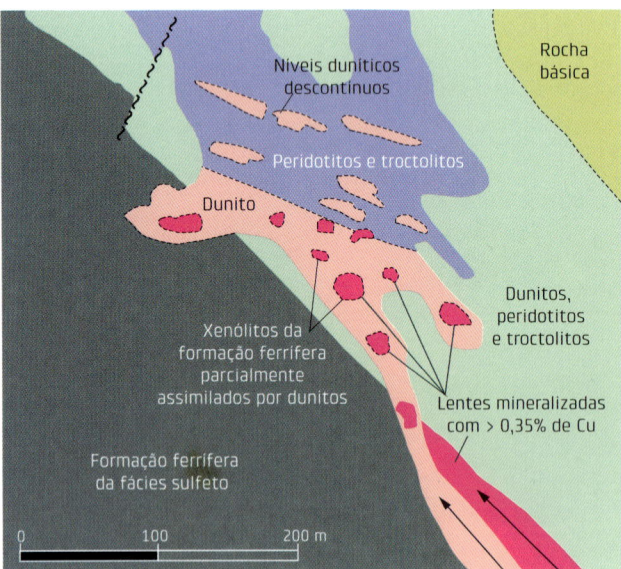

Fig. 4.5 Seção geológica mostrando uma intrusão tardia de peridotitos alojada na base de um complexo ígneo diferenciado. As rochas encaixantes são formações ferríferas da fácies sulfeto ou de qualquer rocha rica em sulfeto. O minério sulfetado de Ni-Cu formou-se em profundidade, com o enxofre provindo da assimilação, pelo magma da intrusão tardia, de rochas encaixantes ricas em pirita

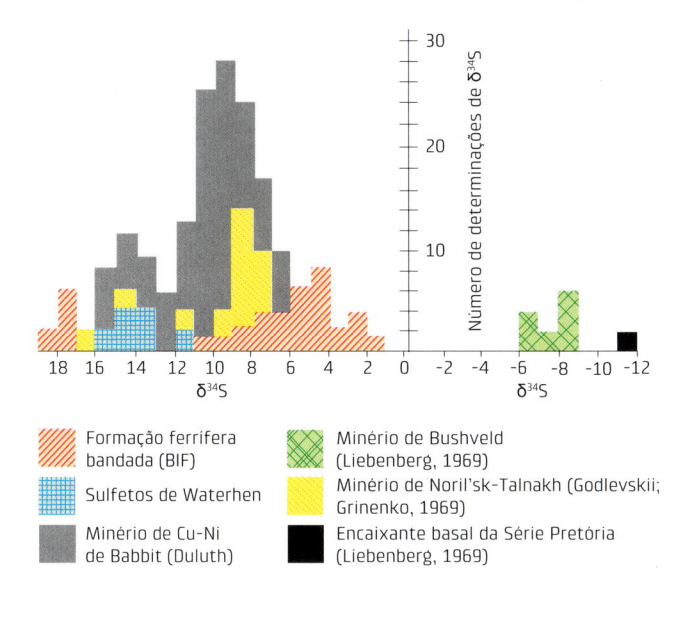

Fig. 4.6 Distribuição dos valores de $\delta^{34}S$ analisados nos minérios das minas de Ni-Cu Babbit e Waterhen, ambas no plutão Duluth (EUA), e das minas de Noril'sk-Talnakh (Rússia). Em todos os minérios o enxofre é pesado, com valores de $\delta^{34}S$ entre 6‰ e 16‰. São valores positivos e altos, típicos de enxofre de ambientes sedimentares, diferentes dos valores $\delta^{34}S$ negativos, característicos dos sulfetos formados com enxofre magmático, como nos minérios do plutão Bushveld (África do Sul)

ocorrido também nos condutos que levaram o magma até a câmara magmática do complexo, mas é certo que predominou ao nível dos contatos das intrusões.

4.2.3 Processo formador de depósitos plutônicos de sulfetos de Ni, Cu e EGP em plutões máficos-ultramáficos diferenciados

A sequência de eventos geológicos necessários para gerar depósitos de sulfetos de Ni, Cu e EGP em plutões com rochas máficas e ultramáficas inicia-se com a intrusão de plutão de magmas máficos e ultramáficos com lavas ricas em Ni, Cu e EGP e insaturadas em enxofre (Fig. 4.1).

Há o alojamento do plutão ao menos em parte em meio a rochas ricas em enxofre (BIF da fácies sulfeto, evaporitos e folhelhos piritosos são as mais comuns).

A assimilação das rochas com sulfeto proporciona a ligação do enxofre nelas contido com Ni, Cu e EGP dos magmas da intrusão, cristalizando sulfetos disseminados ou, eventualmente, lentes de sulfetos maciços.

No caso de plutões máficos-ultramáficos diferenciados, geralmente há a desvolatização das rochas encaixantes ou a assimilação de rochas com sulfeto onde estão em contato com o plutão. Normalmente a maior parte do enxofre necessário à deposição das zonas ricas em sulfetos provém das encaixantes como uma fase volátil de composição $H_2S + H_2O$. A proporção dessa fase volátil contida em diferentes posições em contato com o plutão controla a quantidade de sulfeto que se forma no local.

Se o contato do plutão com a encaixante com enxofre ocorre na base das intrusões, o minério sulfetado restringe-se a essa posição. Se, durante o alojamento do magma máfico-ultramáfico, o contato com a encaixante com enxofre ocorre no topo do plutão (câmara magmática ou um conólito), os sulfetos migram para a base, devido ao líquido sulfetado ser mais denso que o magma silicático. Se a solidificação for rápida e não houver tempo suficiente para a migração até a base, os sulfetos permanecerão junto ao contato superior ou se distribuirão entre o contato superior e o basal.

Em todos os casos formam-se corpos mineralizados com pirrotita + pentlandita + pirita + calcopirita. Não necessariamente todo plutão terá todos esses sulfetos, e as quantidades de cada um deles variam entre plutões.

Geralmente os EGP são segregados do líquido sulfídico para que o equilíbrio químico se restabeleça (os coeficientes de partição dos EGP são muito maiores que os de Ni, Cu e Fe) ou são segregados durante episódios tardios de alteração hidrotermal.

PROCESSO MINERALIZADOR HIDROTERMAL

5

5.1 Sistema hidrotermal geral

Depósitos hidrotermais formam-se quando fluidos aquosos ricos em sais são liberados de intrusões ígneas e precipitam sais que cristalizam minerais com valor econômico. Alojadas na litosfera, as intrusões ígneas liberam água magmática e desenvolvem *plumas hidrotermais* (Fig. 5.1), geralmente com a participação de gases, água conata, água meteórica ou água do mar. Em ambiente emerso, os plutões que geram plumas hidrotermais são granitos, ao passo que em ambiente imerso as plumas se formam a partir de intrusões que geram vulcões submarinos.

A *dimensão* da pluma hidrotermal depende da energia disponível (calor), de sua longevidade, do volume da intrusão, da quantidade disponível de fluidos e da porosidade e permeabilidade do meio rochoso onde a intrusão se aloja. Entre esses fatores, os mais importantes são a energia e o volume de fluido disponível. Mesmo quando um sistema é composto por um corpo ígneo de grande volume, capaz de fornecer uma grande quantidade de energia (calor) ao sistema, caso não haja água em quantidade suficiente essa energia será despendida apenas com a formação de uma auréola termometamórfica de dimensões reduzidas. A água é o veículo que transporta calor e solutos a grandes distâncias, possibilitando a formação de uma pluma hidrotermal importante, capaz de gerar depósitos minerais.

Embora esquematicamente representada com a forma de uma gota invertida, a *geometria* de uma pluma hidrotermal é função da porosidade e da permeabilidade do meio rochoso e também da geometria da intrusão emissora dos fluidos.

O *foco térmico de uma intrusão* é sua parte de maior temperatura. Geralmente se situa no núcleo da intrusão, onde os fluxos de rocha fundida param de subir e retornam, gerando uma corrente de convecção (Fig. 5.1). Conforme a intrusão se resfria, das bordas para o núcleo, o foco térmico desloca-se para maiores profundidades. A *posição da pluma* em relação à intrusão cogenética é função da posição do foco térmico da intrusão. A maior parte das plumas hidrotermais situa-se fora da intrusão. Os depósitos minerais formados dentro da pluma hidrotermal, porém fora da intrusão, são denominados *periféricos*, *perivulcânicos* ou *periplutônicos*.

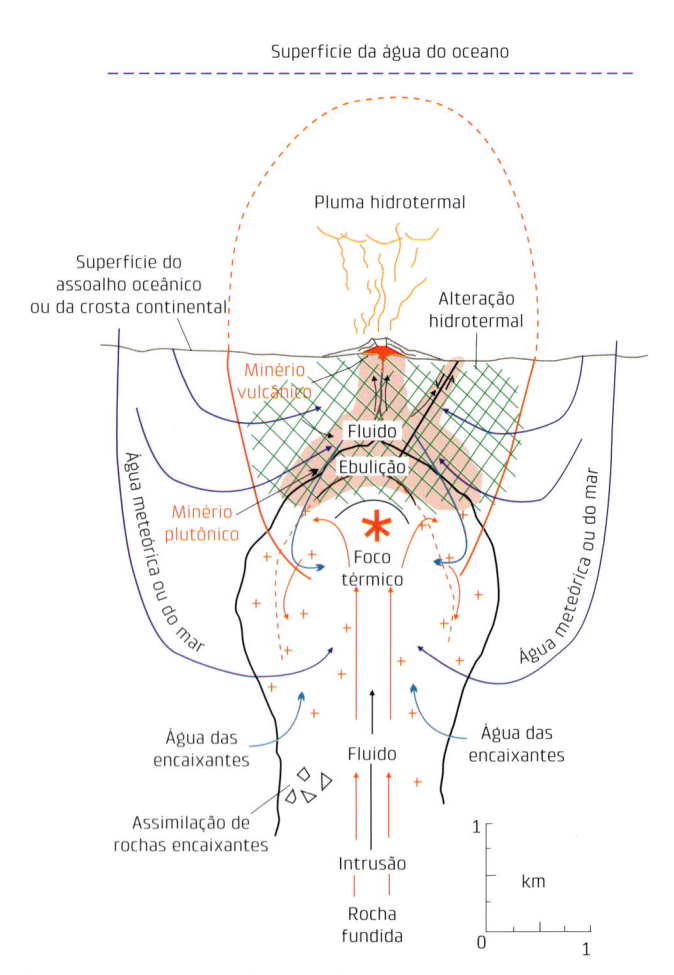

Fig. 5.1 Processo mineralizador hidrotermal geral. Esse processo geralmente se desenvolve em ambientes emersos, a partir de intrusões graníticas, mas também são comuns depósitos hidrotermais submarinos, relacionados geneticamente a vulcões submarinos

Conforme a parte externa da intrusão se cristaliza em direção ao núcleo, o foco térmico tende a se aprofundar, puxando a base da pluma hidrotermal também para baixo. Em fase avançada de cristalização, a maior parte da pluma hidrotermal estará dentro da intrusão, e os depósitos minerais, dentro da pluma, serão formados por minerais de minério disseminados na parte apical. Esses depósitos apicais disseminados são denominados *intraplutônicos* ou *vulcânicos próximos*.

Os depósitos hidrotermais formam-se a partir de corpos ígneos com composições muito variadas, em ambientes geológicos diversos. As composições dos corpos ígneos e dos ambientes onde o hidrotermalismo se desenvolve influenciam o tipo, a dimensão e a composição dos depósitos minerais.

5.2 Fluidos mineralizadores

A água é o principal componente dos fluidos mineralizadores e o solvente principal de praticamente todos os solutos existentes nos fluidos dos sistemas mineralizadores. Nesses sistemas sempre haverá substâncias dissolvidas na água, o que muda substancialmente suas propriedades, inclusive aumentando a temperatura do *ponto crítico*. Ela existe na natureza a temperaturas que variam entre a temperatura do ambiente superficial e cerca de 800 °C, quando incorporada em magmas. É claro que seu estado, sua densidade e sua composição mudam conforme o meio onde se encontra. A densidade é diretamente proporcional à capacidade de carregar solutos e varia desde a da água líquida até a do vapor d'água em superfície. Em se tratando de água como agente mineralizador, algumas observações são importantes:

a. Na maioria das vezes a água subterrânea será um fluido com temperatura e pressão elevadas, com densidade entre a da água e a do vapor na superfície.

b. Fluidos mineralizadores são soluções com salinidade (quantidade total de sais dissolvidos no fluido, expressa como "equivalente em NaCl") que pode ser muitas vezes maior que a da água do mar. Quando a água subterrânea for salina e entrar em ebulição, serão formados um líquido muito salino, denominado salmoura, e um fluido, ou vapor, com salinidade muito baixa (zona preta na Fig. 5.2). As salmouras são agentes mineralizadores importantes. Ao contrário do vapor, mais da metade da massa de uma salmoura pode ser constituída por sais dissolvidos.

c. A água pode ser mantida na forma líquida até atingir seu *ponto crítico*, que depende das composições e da quantidade de solutos que contiver. O ponto crítico da água pura (Fig. 5.2) está a 374 °C e 22,06 MPa (= 221 bars ou 218 atm), mas essa temperatura pode ser próxima de 500 °C quando a salinidade é elevada e a pressão litostática (pressão sobre o fluido causada pelo peso da coluna de rocha sobreposta) é maior que a hidrostática (pressão causada pela tendência da água a se vaporizar, ou pressão de vaporização). Acima do ponto crítico a superfície que separa líquido de vapor deixa de existir, ou seja, não é mais possível distinguir a fase líquido da fase vapor. Quando as condições de pressão e temperatura de um líquido se aproximam das do ponto crítico, as propriedades de sua fase líquido e de sua fase vapor convergem, resultando em uma única fase, denominada *fluido supercrítico*. A partir do ponto crítico a água não entrará em ebulição nem se a pressão baixar, nem se a temperatura aumentar. Ela permanecerá com aparência líquida, porém com densidade menor que 1,0 g/cm³. A Fig. 5.2 mostra os vários estados da água encontrada nos ambientes naturais. A maioria dos fluidos mineralizadores são misturas de água muito salina (salmouras) e de vapor. Esses fluidos mineralizadores (= capazes de formar minérios) serão classificados como *hidrotermais*, se forem fluidos aquosos quentes geneticamente relacionados a plutões e/ou a vulcões, e *hidatogênicos*, se não tiverem relação genética com

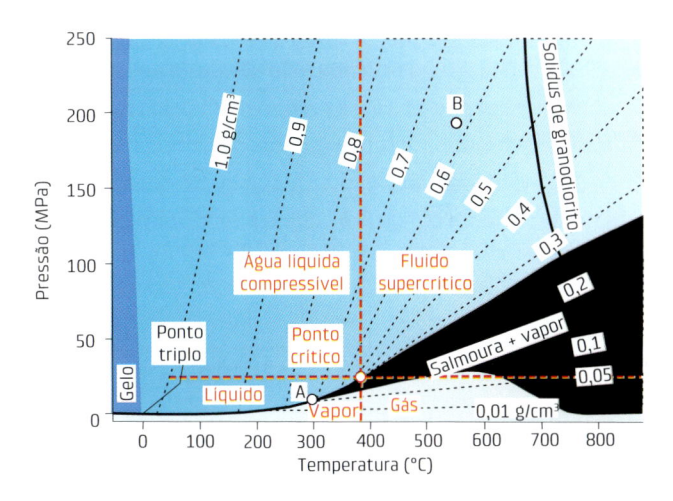

Fig. 5.2 Diagrama de fases da água, que mostra que as fases são dependentes da pressão e da temperatura do ambiente. Notar que a densidade da água varia, diminuindo conforme aumenta a temperatura, e seu estado muda. Nas condições em que se situa o ponto A (temperatura maior que 100 °C, mas com temperatura e pressão menores que as do ponto crítico), a água líquida entrará em ebulição e se tornará vapor caso a pressão for diminuída.
No domínio no qual se situa o ponto B, o dos *fluidos supercríticos*, o fluido não muda de estado (torna-se líquido ou vapor), porém fica gradativamente menos denso se a temperatura aumentar ou se a pressão diminuir. No domínio preto é possível a coexistência de salmouras (água muito salina) e vapor com salinidade muito baixa. Esse é o domínio da maioria dos fluidos mineralizadores aquosos, que geram os depósitos minerais classificados como hidrotermais ou como hidatogênicos

qualquer tipo de magmatismo. Fluidos hidrotermais e hidatogênicos são fluidos mineralizadores que geram depósitos distintos, em ambientes distintos, via processos distintos.

A temperatura, as pressões litostática e hidrostática e a solubilidade dos sais dissolvidos nos fluidos mineralizadores são as principais variáveis que influenciam a precipitação dos minerais de minério e de ganga e a formação das zonas de alteração. Na fase inicial, denominada ortomagmática (Fig. 5.3), a pluma hidrotermal contém quase que unicamente fluidos (gases e vapor) magmáticos, com temperaturas acima de 400 °C e salinidade acima de 15 vol.%. Gradativamente a composição evolui para a fase convectiva, na qual o fluido é predominantemente água meteórica ou do mar, a temperatura é menor que 400 °C e a salinidade é baixa, entre 5 vol.%. e 15 vol.%.

Na maioria dos casos, o fluido aquoso tem CO_2 e NaCl em solução, $MgCl_2$, $CaCl_2$ e KCl são frequentes e outros sais e gases, como CH_4, H_2, N_2, sulfatos e óxidos, principalmente, são pouco frequentes. A depender das condições de aprisionamento do fluido, essas substâncias ocorrem, dentro das inclusões, na forma líquida, gasosa ou sólida (halita, silvita, hematita, carbonatos e sulfatos são denominados *minerais derivados* ou *daughter minerals*). Os principais ânions gerados junto ao fluido aquoso segregado dos magmas graníticos são Cl^- e S^{2-}. O cloro é o principal complexante dos sistemas hidrotermais graníticos e é o responsável pelo transporte da maior parte dos metais. Magmas graníticos oxidados tipo I (mantélicos ou derivados da fusão de rochas ígneas) têm enxofre na forma de SO_2, que é pouco solúvel na fase silicática e integra os fluidos aquosos residuais. Esses fluidos são capacitados a cristalizar sulfetos em depósitos disseminados e/ou maciços, a depender da disponibilidade de metais. O cobre dos depósitos apicais (formados no ápice dos plutões) disseminados é transportado por soluções aquosas cloradas, sob a forma de $CuCl^0$, a temperaturas entre 300 °C e > 700 °C. O ouro é transportado como $AuCl_2^-$, a altas temperaturas, ou como $Au(HS)_2^-$, quando o fluido se resfria. A transição entre as soluções auríferas cloradas e as sulfurosas ocorre entre 350 °C e 460 °C e depende do pH e da razão H_2S/Cl do fluido original.

Soluções associadas aos magmas graníticos tipo I reduzidos, com salinidades de cerca de 5% de NaCl, temperaturas entre 300 °C e 700 °C e pressões entre 0,2 kb e 2 kb, transportam quantidades modestas de Cu (dezenas a centenas de ppm) em complexos clorados. A solubilidade do cobre cresce com o aumento da concentração de cloretos e com a diminuição de $f\,S_2$, mas não é afetada por $f\,O_2$. O Au é transportado sob a forma de $AuCl_2^-$ sempre em concentrações iguais, não importando a $f\,O_2$. Portanto, quantidades significativas de Au podem ser transportadas por fluidos magmáticos quentes, salinos, tanto em ambientes redutores quanto nos oxidados, enquanto o transporte do Cu é muito favorecido se o ambiente é oxidante. Logo, sistemas graníticos apicais disseminados (ou porfiríticos) reduzidos, com Cu-Au, geram depósitos com tanto Au quanto os sistemas oxidantes, mas com muito menos Cu.

Os magmas graníticos reduzidos tipo S (derivados da fusão de rochas sedimentares ou metassedimentares) têm até 2% de enxofre com a forma HS^-, solúvel na fase silicática. Esses magmas são mais aptos a gerar depósitos oxidados de Sn ou pequenos depósitos de cobre. O fluido aquoso supercrítico tem, também, flúor e boro em solução. Esses ânions tendem sempre a se concentrar nos últimos diferenciados dos magmas graníticos reduzidos (tipo S) e, na ausência de enxofre, são os complexantes mais comuns dos fluidos que geram depósitos de Sn e W.

As salinidades dos fluidos hidrotermais geneticamente relacionados a vulcões (vulcanogênicos) submarinos e da maioria dos depósitos tipo *volcanic hosted massive sulfide* (VHMS), medidas em inclusões fluidas primárias, variam entre 2% e 8% de NaCl equivalentes, mas na maior parte das vezes são próximas de 4%. Esse valor é igual ao da água do mar e ao dos fluidos hidrotermais relacionados às chaminés de "fumaça preta", nos exalitos das dorsais médio-oceânicas. A possibilidade de fluidos mineralizadores dos depósitos vulcanogênicos submarinos serem apenas água do mar, aquecida e enriquecida em metais, e H_2S é reforçada pelas concentrações isotópicas desses fluidos. Os valores conhecidos de δD variam entre −20‰ e +20‰,

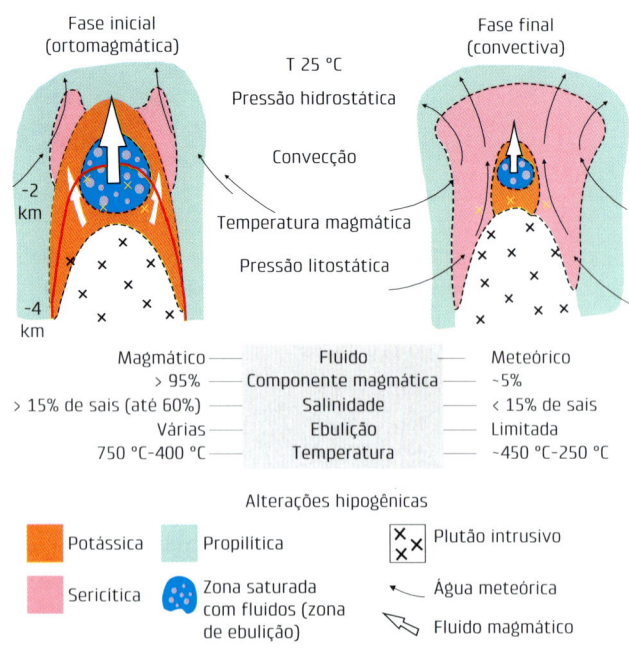

Fig. 5.3 Variações das propriedades dos fluidos de uma pluma hidrotermal conforme a pluma evolui no tempo

e os de $\delta^{18}O$, entre –8‰ e +4‰, muito diferentes daqueles dos fluidos magmáticos plutônicos.

As razões Zn/Pb dos minérios dos depósitos VHMS são sempre iguais às das rochas hospedeiras inalteradas. Cerca de um terço das rochas das zonas hidrotermalmente alteradas, com esmectitas ou com sericita/clorita, são esgotadas em Zn, Pb e Cu, e dois terços permanecem inalteradas ou são enriquecidas nesses elementos. O esgotamento em metais das rochas encaixantes é uma evidência direta de que o fluido hidrotermal era subsaturado desses metais e que esse fluido lixiviou esses metais das encaixantes. O enriquecimento em metais se acentua em direção ao corpo mineralizado, evidenciando a precipitação desses metais a partir do fluido saturado. Os valores de concentração em metais pesados dos fluidos VHMS são iguais àqueles medidos nos fluidos expelidos em vulcões das dorsais médio-oceânicas, o que sugere que o processo de enriquecimento em metais de ambos os fluidos foi o mesmo.

O H_2S hidrotermal dos depósitos vulcanogênicos hidrotermais submarinos, com $\delta^{34}S$ = +5 ± 3‰, parece ser derivado da mistura de dois tipos de H_2S: (a) H_2S (tipo 1), provindo da lixiviação dos sulfetos das rochas ou do lodo que constitui a base dos depósitos, que têm $\delta^{34}S$ = 0 ± 5‰; (b) H_2S (tipo 2), derivado da redução não bacteriana do SO_4^{2-} da água do mar, cujo $\delta^{34}S$ = +20‰, feita por minerais que têm Fe^{2+} e/ou por carbono orgânico.

O valor $\delta^{34}S$ do SO_4^{2-} da água do mar variou entre +10‰ e +30‰ durante o Proterozoico e o Fanerozoico, mas durante o Arqueano foi, provavelmente, da ordem de 2‰. Provavelmente, foram essas condições que causaram as diferenças observadas nos depósitos VHMS anteriores ao Mesoproterozoico em relação aos posteriores.

5.3 Depósitos hidrotermais associados a plutões (plutogênicos)

5.3.1 Depósitos apicais disseminados ou porfiríticos (= intrusion related) associados a granitos tipo I (mantélicos ou derivados da fusão de rochas ígneas)

Esses depósitos são formados no ápice das intrusões graníticas, e geralmente a maior parte da rocha mineralizada está na hospedeira do granito. Na maioria das vezes são de cobre, mas podem ser de molibdênio, ouro, estanho e berílio. Os depósitos de cobre e ouro associam-se geneticamente a granitos tipo I, de derivação ígnea, e os outros a granitos S, derivados da fusão de rochas sedimentares ou metassedimentares. São grandes, com centenas de milhões de toneladas de minério, têm formas condicionadas pela permeabilidade e porosidade das rochas e possuem teores relativamente baixos. Nos depósitos de cobre, os mais comuns, os teores variam entre 0,3% e 1,1%, e nos de ouro variam entre 0,2 ppm e 2,0 ppm.

Nos depósitos apicais de cobre, molibdênio e ouro, geneticamente sempre relacionados a granitos tipo I, geralmente as zonas de alteração hidrotermal distribuem-se como mostrado nas Figs. 5.4A,B.

A zona mais interna, e a primeira a se formar, é a zona potássica, seguida pela propilítica e depois pela sericítica (também denominada zona fílica), situada entre a zona

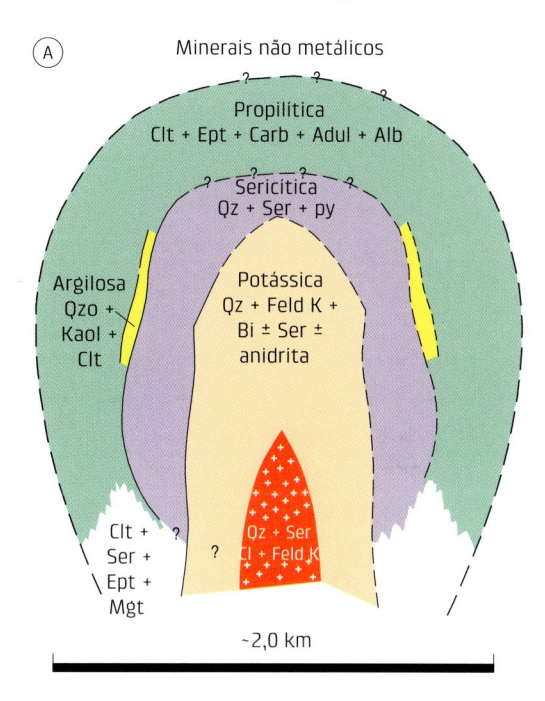

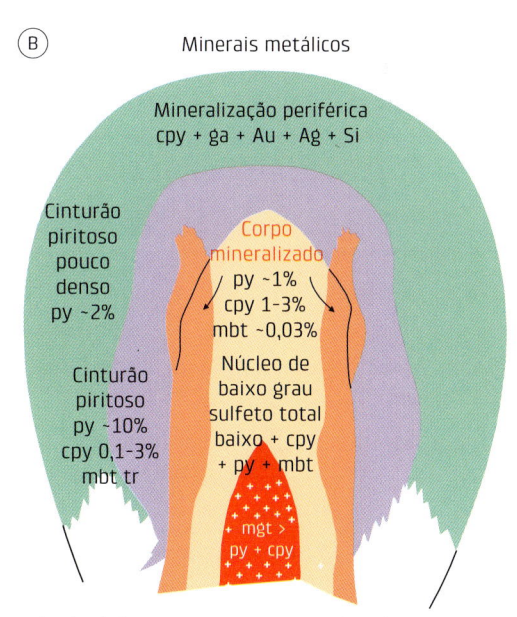

Fig. 5.4 Distribuição das zonas de alteração hidrotermal e da zona mineralizada no ápice de granitos tipo I, mineralizados com cobre ou com ouro. O processo completo de alteração (como ocorre na natureza) pode ser visto superpondo as duas figuras. Essas figuras são esquemáticas e, na natureza, é pouco comum que todas essas zonas ocorram no mesmo depósito e que sejam contínuas como mostrado nas figuras, envolvendo todo o plutão

potássica e a propilítica. A zona argílica é a última e pode ser retrogradacional, consumindo as zonas hidrotermais formadas anteriormente. Os minerais de minério, calcopirita ou ouro, ocorrem disseminados ou preenchendo uma rede densa de microvênulas na zona sericítica, que constitui o corpo mineralizado. A zona sericítica sempre contém entre 3 vol.% e 10 vol.% de pirita, constituindo o que é denominado cinturão piritoso. Nessa zona, junto à calcopirita ou eventualmente como único mineral de minério, pode ocorrer a molibdenita, caso em que os teores de Mo variam entre 0,01% e 3,0%.

Quando a pressão hidrostática de fluido supercrítico no ápice dos plutões tipo I ultrapassa a litostática, ocorre uma implosão (Fig. 5.5) e o fluido entra em ebulição. Essa implosão fratura a rocha, em um processo denominado fraturamento hidráulico, e simultaneamente causa a ebulição do fluido. A ebulição súbita do fluido proporciona a separação do fluido supercrítico em duas fases (zona preta na Fig. 5.2), uma fase vapor, desprovida de solutos, e um líquido residual, que concentra todos os solutos do líquido vaporizado, formando um fluido supersalino denominado salmoura. Por ser supersaturada, a salmoura precipita rapidamente o excesso de solutos que contém, cristalizando minerais que cimentam os fragmentos gerados pela implosão. Desse modo, forma-se uma brecha com fragmentos de rocha alterada cimentados por minerais que, quando de interesse econômico (com calcopirita ou ouro), constitui um corpo mineralizado grande, brechado, denominado *stockwork* (Fig. 5.5).

5.3.2 Depósitos apicais disseminados ou porfiríticos (= *intrusion related*) associados a granitos tipo S (derivados da fusão de rochas sedimentares ou metassedimentares)

Quando a mineralização apical disseminada se forma a partir de granitos tipo S ou tipo A, a geometria e a composição das zonas de alteração e da mineralização são distintas daquelas derivadas de granitos tipo I.

Os minerais de minério são predominantemente óxidos, o principal sendo a cassiterita-(Sn). Molibdenita, tantalita, berilo, bismutinita e wolframita são comuns. A pluma hidrotermal tende a gerar uma zona alterada com forma de capuz coincidente com a zona abrangida pela pluma hidrotermal (Fig. 5.6). O topo do granito é albitizado e algumas vezes mineralizado com topázio e quartzo (Fig. 5.6). Greisens são as rochas hidrotermais mais comuns, geneticamente associados a granitos tipo S. Formam-se acima da zona albitizada e topazificada, geralmente são mineralizados com cassiterita e são constituídos por quartzo, muscovita e cassiterita. Simultaneamente à formação de

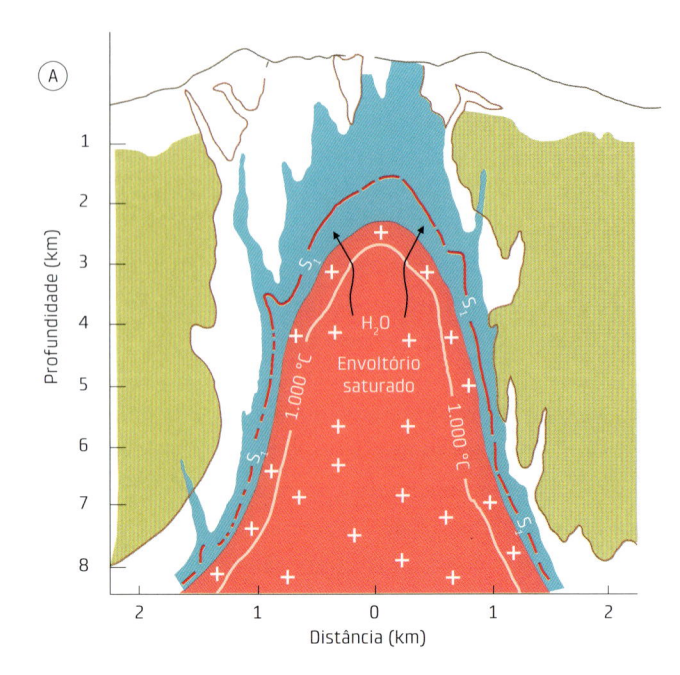

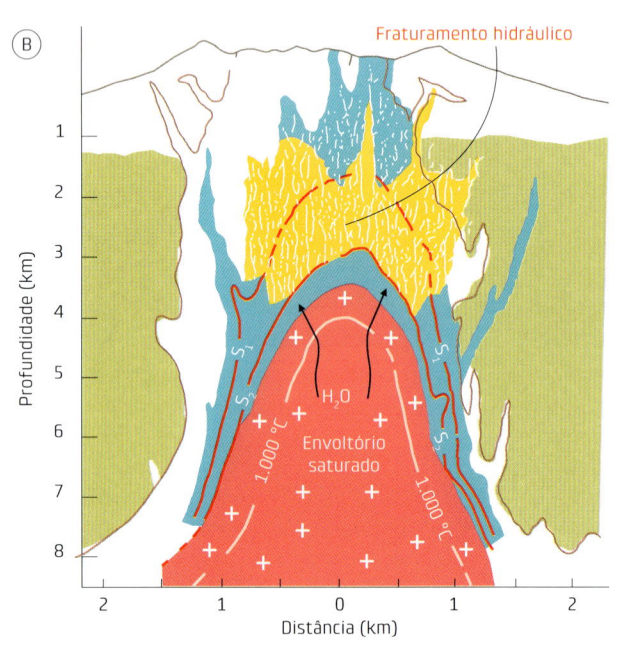

Fig. 5.5 Processo de fraturamento hidráulico no ápice de plutões graníticos. (A) Conforme o magma granítico se resfria e cristaliza, o fluido supercrítico é comprimido entre os cristais. (B) Quando a pressão do fluido ultrapassa a pressão de confinamento, ocorre uma implosão no ápice do plutão, gerando fraturamento hidráulico. A rocha fraturada é uma brecha que é cimentada por minerais precipitados de uma salmoura supersaturada (ver texto para mais detalhes)

greisens, a rocha hospedeira é fraturada e forma filões, denominados *filões de greisen*. Esses filões são preenchidos pelos mesmos minerais do greisen, mas diferenciam-se por constituir corpos mineralizados com teores elevados de Sn (cassiterita), Ta (tantalita) ou Be (berilo), a depender da distância até o foco térmico (Fig. 5.6). Os teores elevados dos filões de greisen e os teores baixos dos greisens fazem dos filões a parte que pode ser lavrada *in situ*.

filões (Fig. 5.7). A dimensão dos filões e a distância até o foco térmico variam bastante, mas a ordem ou sequência das ocorrências se mantém. A zonalidade apresentada na Fig. 5.7 é uma síntese das zonalidades estabelecidas a partir da observação de filões associados a muitos granitos em diversos locais do planeta. Em torno de um plutão ocorrem no máximo quatro zonas, não necessariamente contíguas, conforme ilustrado na figura. Nunca todas as zonas mostradas na Fig. 5.7 foram encontradas em torno de um único plutão.

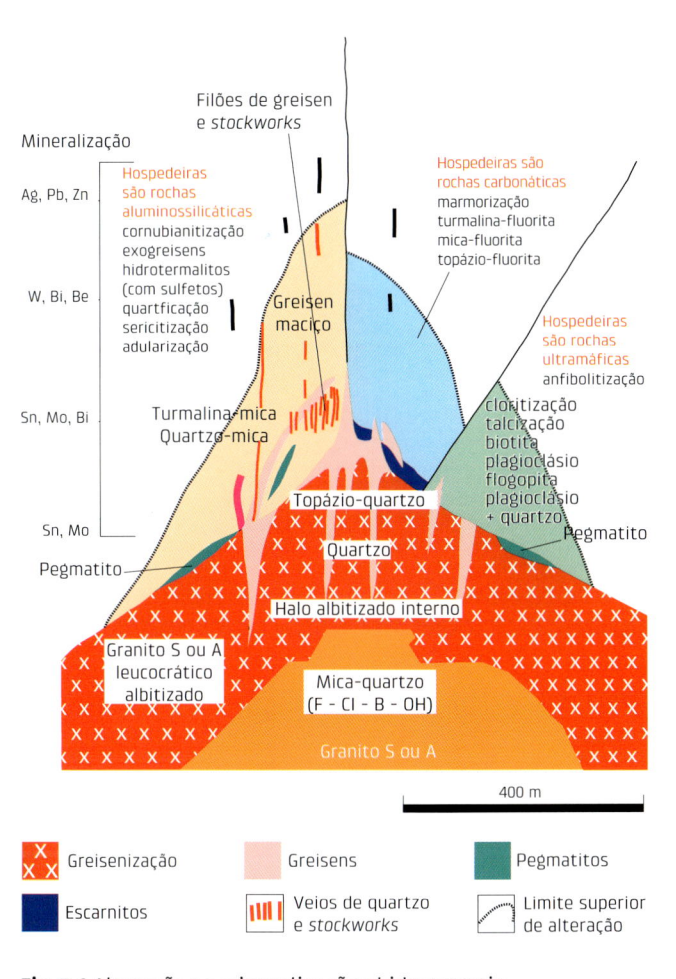

Fig. 5.6 Alterações e mineralizações hidrotermais geneticamente associadas a granitos tipo S. Notar que os greisens maciços e os filões de greisen sempre ocorrem juntos. A composição dos minerais de minério varia com a distância até o foco térmico da intrusão granítica. Diferentemente das zonas de alteração associadas aos granitos tipo I, as associadas aos granitos tipo S variam muito de composição e não ocorrem segundo uma sequência constante. De modo esquemático, a figura mostra as zonas de alteração hidrotermal formadas quando o granito está hospedado em rochas aluminossilicáticas (muscovita xistos), rochas carbonáticas e rochas ultramáficas

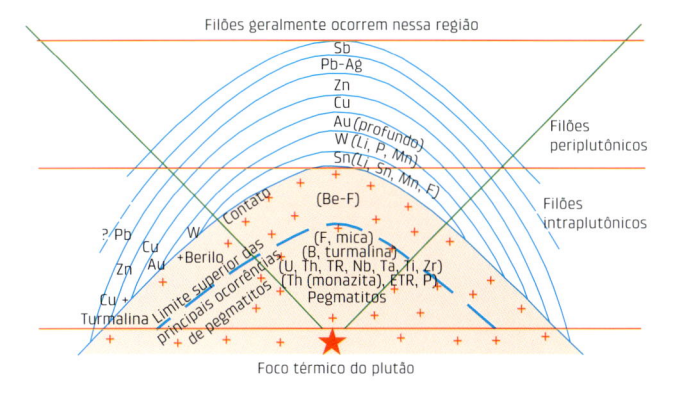

Fig. 5.7 Distribuição de filões hidrotermais em torno do foco térmico de um plutão granítico cogenético. Notar que, conforme varia a composição dos minerais de minério, o filão ocorre em uma determinada zona, dentro ou fora do plutão, que depende da distância até o foco térmico. A sequência que caracteriza essa zonalidade é constante, mas nunca todas essas zonas foram observadas em torno de um único plutão

5.3.3 Depósitos filoneanos hidrotermais plutogênicos associados a granitos tipo I (= *intrusion related*)

Filões hidrotermais são falhas e fraturas preenchidas por minerais cristalizados de fluidos hidrotermais. Como a percolação dos fluidos é fácil em falhas e fraturas, os filões podem ocorrer fora da região abrangida pela pluma hidrotermal formada por infiltração. A composição dos minerais de minério que preenchem os filões varia com a distância até o foco térmico do granito. Os filões podem ser intraplutônicos (no interior do plutão) ou periplutônicos (fora do plutão) e distribuem-se em zonas segundo uma ordem repetitiva, ou seja, que é sempre a mesma, independentemente do granito que gera os

A distribuição das zonas de alteração e das zonas mineralizadas dos filões hidrotermais associados a granitos tipo I (Fig. 5.8) é diferente daquela dos granitos tipo S (Fig. 5.6) e dos filões geneticamente relacionados a vulcões emersos. Os filões associados a granitos tipo S são essencialmente filões de greisen, mineralizados com óxidos e sempre desprovidos de metais preciosos (Au e Ag). Os filões plutogênicos tipo I são mineralizados com metais-base na zona abaixo do horizonte de ebulição e com metais preciosos acima da zona de ebulição (Fig. 5.8). Frequentemente a ebulição nesses filões é gradativa, e não repentina e explosiva, o que faz com que a mineralização de metais raros comece com teores baixos ($\approx$0,1 ppm a 0,5 ppm) e aumente gradativamente, até cerca de 20-30 ppm. Se a ebulição for abrupta, haverá fraturamento hidráulico e formação de *stockworks* e, na região brechada, os teores aumentarão bruscamente, podendo ultrapassar 50 ppm. As zonas de alteração propilítica, sericítica e argílica imitam as zonas de alteração associadas a depósitos apicais disseminados (Fig. 5.4), mas com geometria e distribuição distintas (Fig. 5.8).

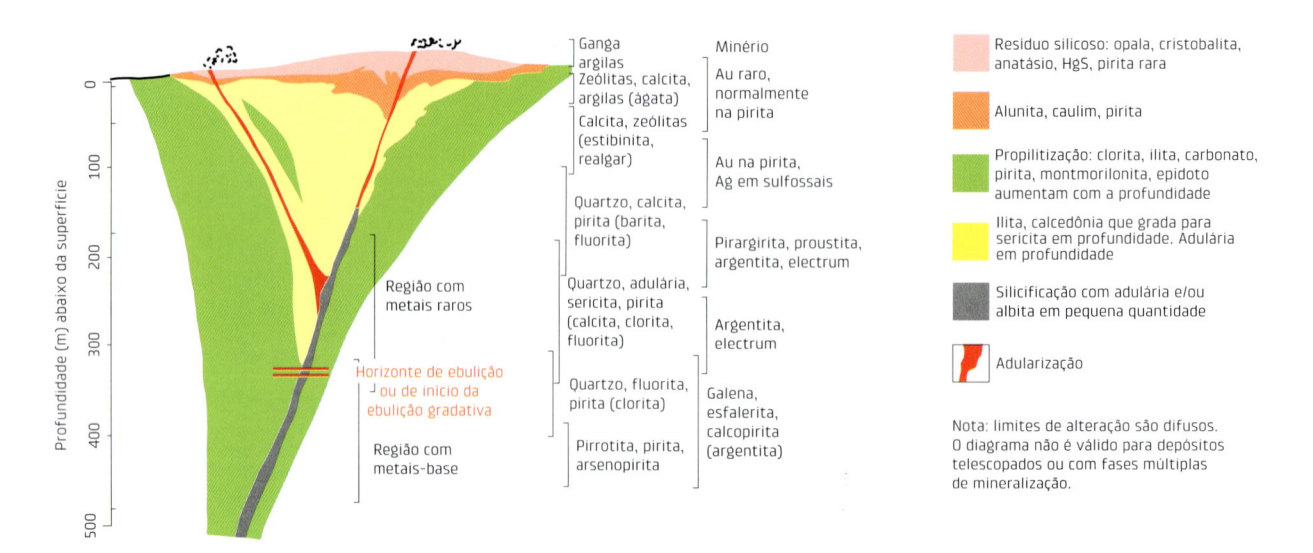

Fig. 5.8 Mineralizações e zonas de alteração relacionadas a filões hidrotermais plutogênicos associados a granitos tipo I. Notar a semelhança composicional dessas zonas de alteração hidrotermal com aquelas dos depósitos apicais disseminados (Fig. 5.4)

5.3.4 Processo mineralizador hidrotermal plutogênico

A sequência de eventos necessária para formar depósitos hidrotermais associados a plutões (hidrotermais plutogênicos) inicia-se com a intrusão de um granito portador de gases e fluidos aquosos supercríticos, eventualmente contendo cátions, que são metais-base quando o granito é tipo I, e Sn, W e Be quando o granito é tipo S. Eventualmente os cátions podem, também, ser coletados nas rochas hospedeiras do granito.

Os fluidos desse granito misturam-se com fluidos das rochas hospedeiras e são expelidos na zona apical do plutão, formando uma zona saturada em fluidos, genericamente denominada pluma hidrotermal.

Os fluidos supercríticos alteram o ápice do plutão granítico e as rochas hospedeiras do plutão englobadas pela pluma hidrotermal.

Se o granito for tipo I, formam-se zonas de alteração potássica, propilítica, sericítica (ou fílica) e argílica, nessa ordem (Figs. 5.9A-D).

Se o granito for tipo S, o ápice do plutão é albitizado e/ou topazificado e formam-se zonas de alteração cujas composições dependem da composição das rochas hospedeiras (Fig. 5.6). A alteração mais comum é a greisenificação, que transforma hospedeiras aluminossilicáticas em greisen, uma rocha hidrotermal composta por quartzo e muscovita, e forma filões de greisen. Outras alterações comuns são turmalinização, silicificação, adularização e sericitização.

Falhas que são percoladas por fluidos gerados pelos plutões formam filões que são preenchidos por quartzo com sulfetos de metais-base, se o granito é tipo I, ou por óxidos de Sn, W e Be, se o granito é tipo S. Esses filões distribuem-se em torno do ápice do plutão, próximo das bordas ou fora da pluma hidrotermal, em uma sequência constante (Fig. 5.7) na qual a composição do mineral de minério do filão depende da distância até o foco térmico.

As zonas de alteração e a mineralização são consequência da mudança de estado do fluido mineralizador exalado pelo plutão (Fig. 5.9E). No ápice do plutão, antes de entrar em ebulição, esse fluido é composto por fluido supercrítico com somente uma fase. Esse fluido gera a zona de alteração potássica. Com a ebulição e o consequente fraturamento hidráulico (Fig. 5.9A), o fluido separa-se numa fase saturada, hipersalina (salmoura), e outra fase vapor, com salinidade baixa. A fase vapor forma as zonas de alteração propilítica e, após misturar-se a água meteórica, forma a zona argílica (Figs. 5.9B,C,D). A salmoura precipita sua carga catiônica, cristalizando os sulfetos (calcopirita e pirita) que constituem o corpo mineralizado, e gera as zonas sericítica (ou fílica) e piritosa, entre a zona potássica e a propilítica. Após precipitar seus solutos, o fluido desce por gravidade até próximo ao foco térmico, onde é recarregado em sais e refaz o ciclo, com nova ebulição e nova precipitação. Esse processo de convecção irá se repetir enquanto o foco térmico prover a energia necessária. Se o granito é tipo S, o fluido hidrotermal forma a zona albitizada e/ou topazificada no ápice do plutão e a zona greisenizada e os filões de greisen na região abrangida pela pluma hidrotermal.

Se o fluido mineralizador encontrar falhas próximas ao plutão, ele passará a migrar segundo essas falhas e sua temperatura diminuirá conforme se distanciar do foco térmico. O fluido precipitará quartzo e metais, preenchendo a falha conforme os produtos de solubilidade dos solutos forem alcançados, à medida que a temperatura diminui. Sulfetos serão precipitados se o fluido for derivado de plutões tipo I, e óxidos precipitarão de fluidos derivados de plutões tipo S.

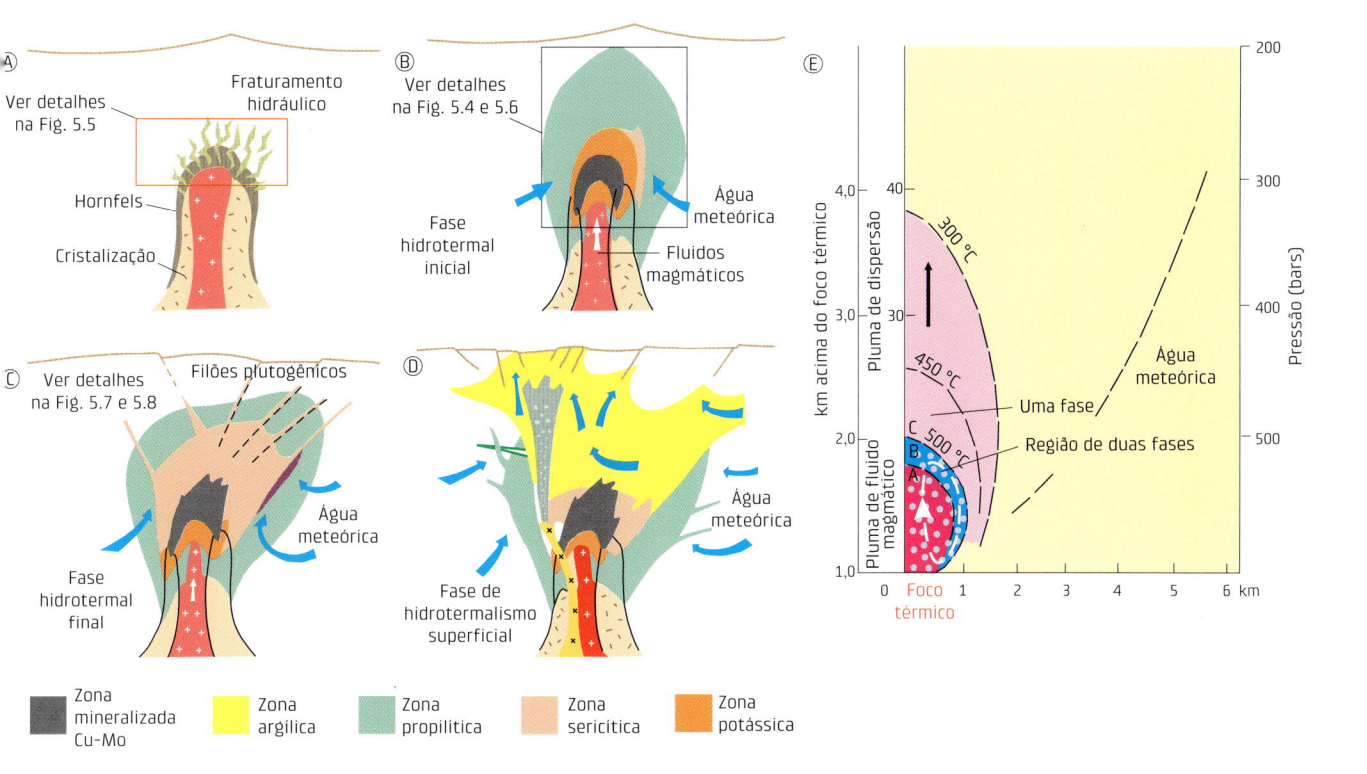

Fig. 5.9 Processo mineralizador hidrotermal plutogênico em granitos tipo I

5.4 Depósitos hidrotermais associados a vulcões (vulcanogênicos)

5.4.1 Depósitos vulcanogênicos filoneanos hidrotermais associados a vulcões emersos – depósitos epitermais (= *intrusion related*)

Esses filões diferenciam-se dos filões plutogênicos profundos pela composição mineral das zonas de alteração (Fig. 5.10). Essas zonas são essencialmente compostas por caulinita, quartzo, sericita e adulária, e a propilita é praticamente ausente nas proximidades dos veios mineralizados. Os filões de quartzo epigenéticos de alta e de baixa sulfetação formam depósitos de ouro com recursos muito grandes, podendo alcançar 1.200 t de Au metal.

Processo mineralizador hidrotermal filoneano vulcanogênico emerso

Os fluidos mineralizadores dos sistemas ígneos emersos diferenciam-se daqueles dos sistemas ígneos formados a grandes profundidades porque suas composições são fortemente influenciadas pela mistura com água meteórica e porque o gradiente térmico dos fluidos (= taxa de resfriamento) é rápido. O processo mineralizador evolui da seguinte forma (Fig. 5.11):

1) Nos sistemas ígneos emersos, os fluidos hidrotermais são exalados no ápice de plutões ou de vulcões, a temperaturas iguais ou maiores que 500 °C. São fluidos ácidos, com pHs próximos de 3, cuja presença é diagnosticada pela cristalização de alunita (sulfato de alumínio). Esses fluidos preenchem as falhas por eles percoladas com quartzo e ouro e alunitizam as rochas encaixantes do filão mineralizado. A alunita é instável a pHs neutros e, quando banhada por água meteórica, transforma-se em caulinita.

2) Ao se afastarem da zona de origem, esses fluidos misturam-se com água meteórica e/ou conata (água de formação) e resfriam-se rapidamente. Essa mistura neutraliza o pH, transforma a alunita em caulinita e cristaliza quartzo e ouro no veio e sericita e adulária nas encaixantes do veio.

3) Desde a origem até a neutralização do pH, esse fluido gera filões e *stockworks* de quartzo mineralizados com ouro e, eventualmente, com prata ou com mercúrio. Se formados em ambientes ácidos, os filões de quartzo com ouro são denominados filões ácido-sulfatados ou de alta sulfetação. Se formados em ambientes neutros, são denominados filões sericita-adulária ou de baixa sulfetação (Figs. 5.9 e 5.10).

5.4.2 Depósitos vulcanogênicos hidrotermais associados a vulcões submarinos

Vulcões submarinos geram as dorsais médio-oceânicas e, após formados, migram lateralmente conforme a placa oceânica cresce. Ao final das atividades explosiva e efusiva,

Fig. 5.10 Esquema geral de um veio hidrotermal geneticamente relacionado a vulcões emersos. Esse tipo de veio de quartzo com ouro (e prata) pode ser gerado em ambiente com pH ácido (ácido-sulfatado ou de alta sulfetação) ou neutro (sericita-adulária ou de baixa sulfetação). Genericamente são denominados veios de quartzo com ouro epigenéticos

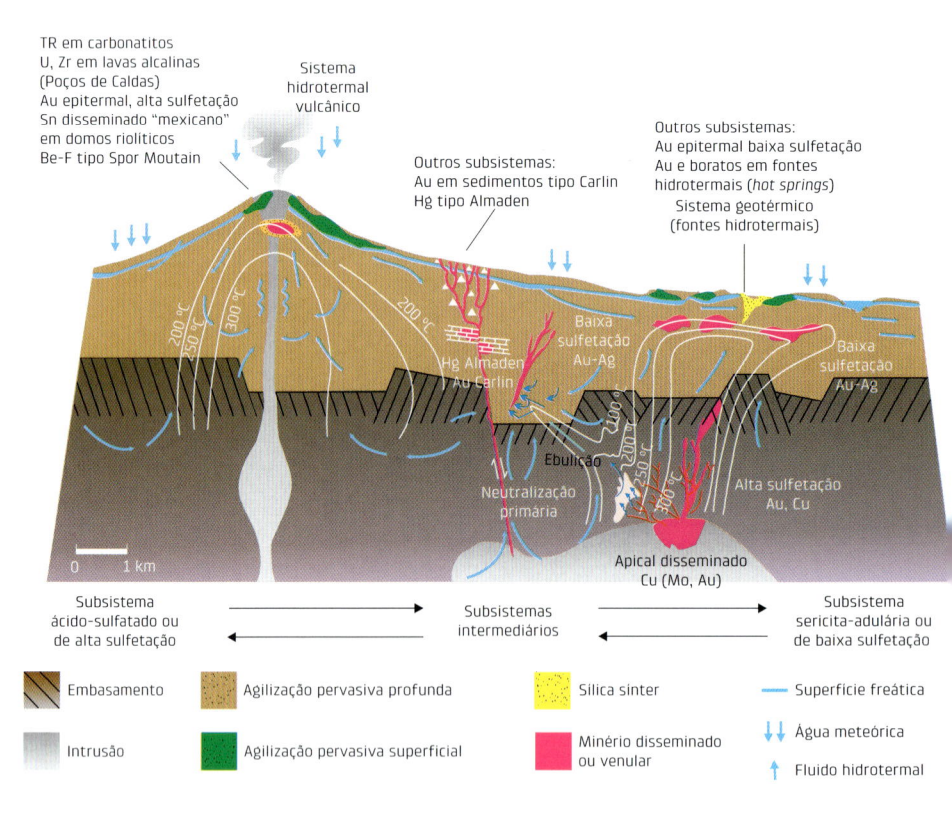

Fig. 5.11 Sistema ígneo emerso, mineralizado essencialmente com metais raros. O fluido mineralizador é ácido na origem e se neutraliza conforme se afasta das zonas com temperaturas elevadas

as câmaras magmáticas que originam esses vulcões exalam fluidos hidrotermais que sobem segundo o conduto vulcânico ou segundo falhas que chegam ao assoalho dos oceanos, em locais próximos dos vulcões (Fig. 5.12).

Na maioria das vezes a forma dos depósitos vulcanogênicos submarinos próximos e distantes é semelhante à de um cogumelo (Fig. 5.13), em que a parte superior é constituída por minérios maciços, estratiformes, compostos por sulfetos de cobre (calcopirita), zinco (esfalerita), chumbo (galena) e ferro (pirita e pirrotita), e a parte correspondente ao caule é formada por veios e vênulas preenchidos por sulfetos de cobre, zinco e ferro. Esse minério é denominado minério venulado ou *stringer*.

No minério maciço, geralmente o núcleo do corpo mineralizado estratiforme é de pirita maciça. Esse núcleo é coberto por minério denominado amarelo, constituído por calcopirita + pirita + pirrotita, recoberto pelo minério negro tipo 1, com pirita + esfalerita + galena, por sua vez recoberto por minério negro tipo 2, com esfalerita + galena + pirita ± barita. Na região central do conduto vulcânico, o minério *stringer* ou venulado contém calcopirita + pirita + pirrotita, que é envolvido por minério venulado com pirita + esfalerita + galena. Não somente as composições desses corpos mineralizados variam bastante em uma dada época, como também variam com a época na qual o depósito se formou. Depósitos formados no Arqueano são desprovidos de galena e possuem pouca esfalerita. Nos depósitos distantes o minério *stringer* pode não existir, e o minério maciço pode ser constituído por corpos mineralizados maiores, com mais galena e barita. Depósitos próximos e distantes são cobertos por formações ferríferas bandadas (BIF) da fácies Algoma, e/ou por chert, e/ou por barita sedimentar química, e/ou por sedimentos calciossilicáticos, e/ou por turmalinitos sedimentares químicos.

Os minerais hidrotermais não metálicos das zonas de alteração são clorita e epidoto, nos depósitos formados no Fanerozoico e no Cenozoico, e sericita e quartzo, nos depósitos mais antigos.

A forma de cogumelo, mais comum, muda conforme a topografia do assoalho oceânico onde a exalação ocorre e com o caminho seguido pelo fluido até atingir a superfície do oceano (Fig. 5.14).

Processo mineralizador hidrotermal submarino

Os eventos geológicos necessários à formação de depósitos vulcanogênicos hidrotermais submarinos são descritos a seguir.

No assoalho do oceano, nos locais próximos ou distantes onde ocorre a exalação hidrotermal, os fluidos vulcanogênicos misturam-se à água do mar para formar o fluido mineralizador (Fig. 5.15). Conforme acontece a exalação, o sistema torna-se convectivo, retroalimentando o fluido em cátions e ânions e proporcionando a construção de uma estrutura com forma de cogumelo (Fig. 5.13) que cresce enquanto o sistema de convecção está ativo.

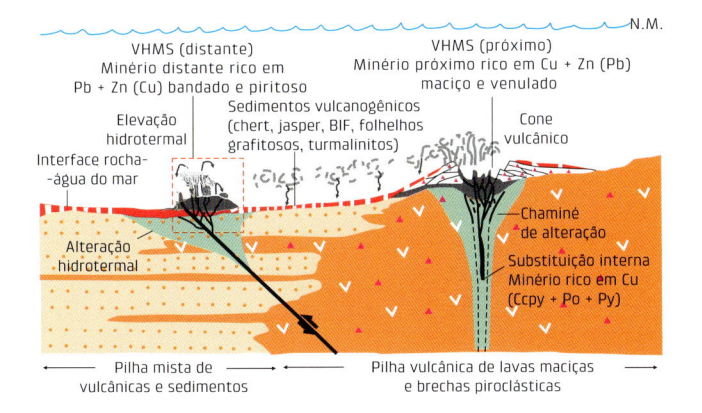

Fig. 5.12 Esquema mostrando locais onde os fluidos hidrotermais vulcânicos chegam ao assoalho oceânico e formam depósitos hidrotermais vulcanogênicos. Caso o depósito se forme no interior do edifício vulcânico, é denominado depósito *próximo*, e, caso se forme junto a exalitos distantes do vulcão, é chamado de depósito *distante*. Ambos são conhecidos como *volcanic hosted massive sulfide* (VHMS) ou simplesmente *volcanogenic massive sulfide* (VMS)

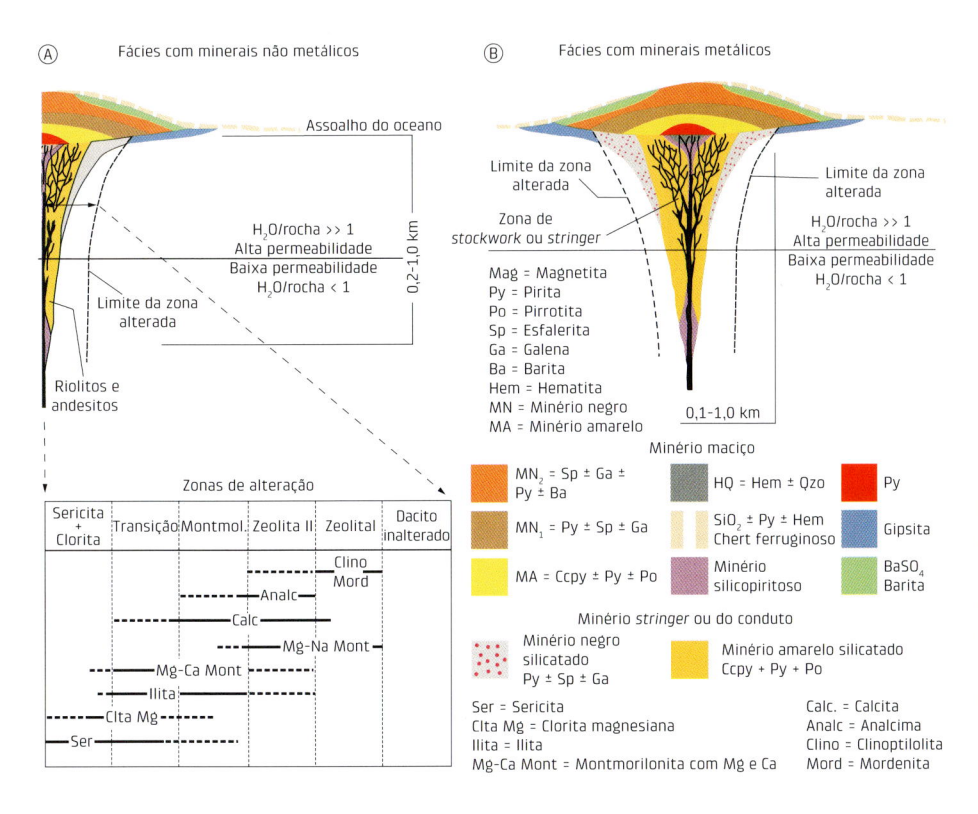

Fig. 5.13 Forma e composição dos depósitos vulcanogênicos hidrotermais submarinos próximos e distantes. (A) Distribuição dos minerais não metálicos nas respectivas zonas de alteração. (B) Distribuição dos minerais metálicos, que se superpõem aos não metálicos

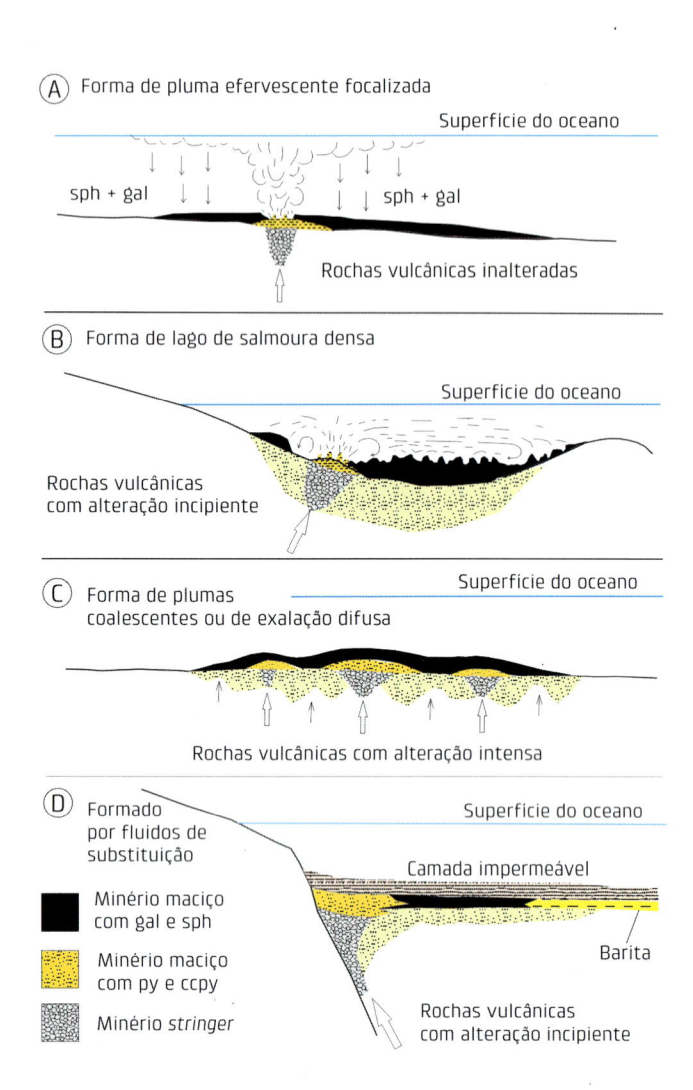

Fig. 5.14 Formas dos depósitos hidrotermais vulcanogênicos submarinos, condicionadas pela topografia do assoalho do oceano e pelo caminho de percolação do fluido até atingir o assoalho

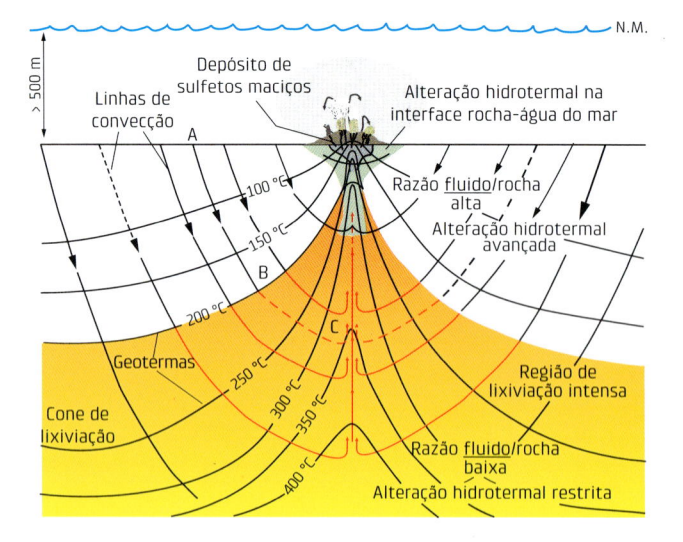

Fig. 5.15 Sistema de convecção submarino, que mistura fluidos vulcanogênicos com água do mar para formar o fluido mineralizador dos depósitos hidrotermais vulcanogênicos submarinos

Quando o fluido hidrotermal, com temperatura elevada e enriquecido em metais, sílica e enxofre, encontra o lodo do assoalho do oceano e a água do mar, inicia-se uma intensa troca de calor e matéria entre os dois líquidos, que continuará até que ambos se equilibrem física e quimicamente. A cada momento esse equilíbrio é alcançado após a precipitação e a cristalização de minerais de minério ou das zonas de alteração. Os tipos de mineralização formados pelas interações entre os fluidos dependem das velocidades com que ocorrem as transferências de massa e da nucleação dos minerais.

A precipitação de sais minerais termina quando acaba o desequilíbrio entre a concentração dos sais do fluido hidrotermal e a da água do mar, ou seja, quando ocorre a *homogeneização composicional* do fluido. O fluido mineralizador evolui em um ambiente de temperatura decrescente, o que proporciona a cristalização da variedade de metais que constitui os corpos mineralizados e as zonas de alteração. Os fluidos exalados chegarão ao assoalho do oceano na forma líquida e cristalizarão minerais, formando uma *elevação hidrotermal submarina* (Fig. 5.16), se a profundidade for, no mínimo, de 500 m, caso contrário entrarão em ebulição e precipitarão seus solutos no conduto vulcânico, formando um depósito filoneano.

Uma elevação hidrotermal submarina começa a se formar quando o sistema de convecção (Fig. 5.15) focaliza os fluidos aquecidos em uma fratura, ou região fraturada, nas rochas que fazem o assoalho do oceano. Têm início, então, a descarga hidrotermal focalizada e a formação de uma primeira chaminé (Fig. 5.16A). A estrutura é iniciada com a precipitação de um colar de anidrita em torno do orifício por onde ocorre a exalação hidrotermal. Conforme esse colar cresce para cima e se espessa, o fluido hidrotermal torna-se mais isolado do contato com a água do mar, aumentando a temperatura no interior da chaminé e iniciando a percolação através da parede de anidrita. Há, então, a substituição e a cimentação da anidrita por sulfetos de cobre, ferro e zinco. Após algum tempo, a precipitação desses sulfetos em meio à anidrita impermeabiliza as paredes da chaminé, o que restringe a precipitação de sulfetos ao núcleo da estrutura, revestindo os canais de saída dos fluidos no interior da chaminé. Externamente, a crosta de anidrita é substituída e revestida por pirita, pirrotita e esfalerita precipitadas dos fluidos emanados pela chaminé, que envolvem toda a estrutura. Ao final desse processo, a chaminé tem um núcleo de sulfeto maciço (calcopirita e cubanita) envolvido por uma crosta de sulfetos de cobre e ferro em matriz de anidrita que grada, em direção ao exterior, para anidrita misturada a pirita e esfalerita. O envoltório mais externo é de pirita, pirrotita e esfalerita intercrescidas com anidrita, precipitadas da "fumaça" exalada pela chaminé.

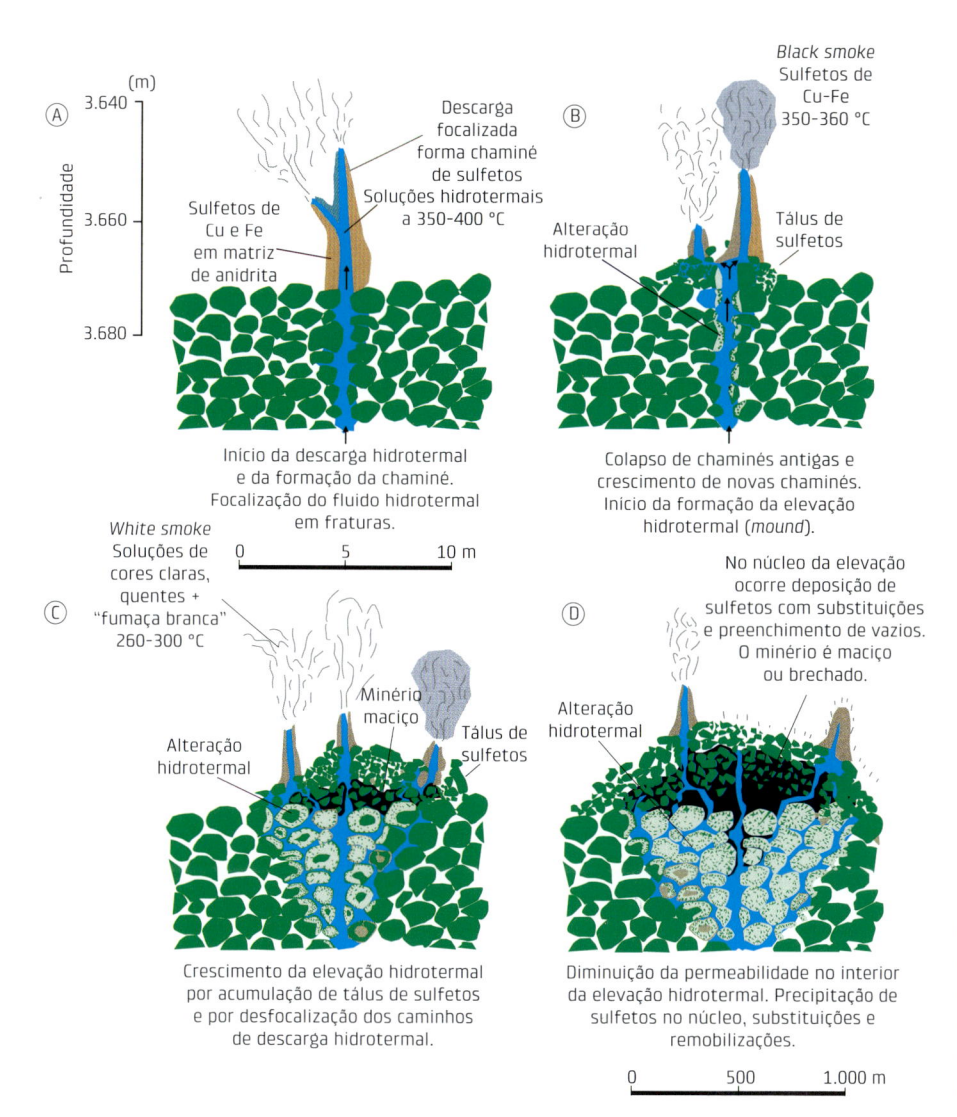

Fig. 5.16 Formação de uma elevação hidrotermal submarina, correspondente à formação de um depósito hidrotermal vulcanogênico submarino, mostrada em quatro etapas (ver texto para mais detalhes)

As chaminés crescem de 5 cm a 10 cm por dia e elevam-se até se tornarem mecanicamente instáveis, com cerca de 2 m de altura. Ocorre, então, o colapso da estrutura, que geralmente provoca a interrupção do fluxo pelo canal inicial e a ramificação desse canal. A descarga hidrotermal passa a acontecer em diversos pontos (Fig. 5.16B-C), proporcionando o crescimento concomitante de diversas chaminés, que desmoronam sempre que se tornam mecanicamente instáveis, acumulando sedimentos hidrotermais e formando um depósito de tálus de precipitados hidrotermais, que é denominado *elevação hidrotermal*. Conforme o tálus de sulfetos cresce (Fig. 5.16C), cada vez mais a descarga hidrotermal é desfocada, gerando várias novas saídas, e a permeabilidade do interior da estrutura diminui. Com isso, ocorre a precipitação de sulfetos no núcleo da estrutura, cimentando o tálus de sulfeto e remobilizando e substituindo precipitados antigos, o que gera um núcleo de sulfeto maciço (Fig. 5.16D). A expansão da estrutura e a multiplicação dos canais de descarga hidrotermal provocam o aumento gradual do volume de rochas afetado pelos fluidos quentes, formando zonas de alteração hidrotermal.

A depender da composição do fluido, varia o tipo de exalação em cada chaminé (Fig. 5.17). As chaminés que exalam "fumaça preta" (*black smoke*) têm uma fase particulada composta por nanopartículas de óxido de ferro com alguns microfragmentos de calcopirita e pirita. O exterior dessas chaminés é de anidrita misturada com sulfatos de cálcio e magnésio e sulfetos de cobre e ferro. O interior é composto por calcopirita e quantidades subordinadas de cubanita e bornita.

A "fumaça branca" (*white smoke*) é essencialmente sílica amorfa misturada a barita e pirita (Fig. 5.17). Esse tipo de exalação sai de chaminés mais largas e com superfícies mais irregulares que as chaminés que exalam "fumaça preta". Quando alongadas, são denominadas chaminés de "fumaça branca" (*white smoke chimneys*), e quando têm formas mais arredondadas são denominadas "bolas de neve" (*snowballs*) (Fig. 5.17). As chaminés de "fumaça branca" são depósitos de sulfetos entrecortados por condutos interconectados que emitem fluidos a 200-300 °C. São constituídas por tubos cujos orifícios proporcionam a entrada da água do mar e a mistura com os fluidos hidrotermais.

Black smoke chimney
Chaminé com "fumaça preta"
Exterior – anidrita (hidroxissulfato hidratado de Mg, gipso, esfalerita, pirita, pirrotita, wurtzita e covelita)
Interior – calcopirita (cubanita e bornita)

Black smoke
"Fumaça preta" de pirrotita (pirita + esfalerita)

Tálus – Esfalerita, pirrotita (pirita, calcopirita, wurtzita e enxofre)

White smoke chimney
Chaminé com "fumaça branca"
"Buracos de vermes" em matriz de sulfetos. Sílica amorfa, enxofre, pirita (barita, esfalerita, wurtzita, marcassita, coríndon ?)

White smoke
"Fumaça branca"
Sílica amorfa (barita e pirita)

Chaminé extinta
Interior – Esfalerita, enxofre, pirita (calcopirita, wurtzita, marcassita, galena, bornita, cubanita, calcocita)
Exterior – Sílica amorfa, barita, goethita, jarosita, natrojarosita, coríndon (?)

White smoke snowball
"Buracos de vermes" envolvendo núcleo de anidrita e pirita

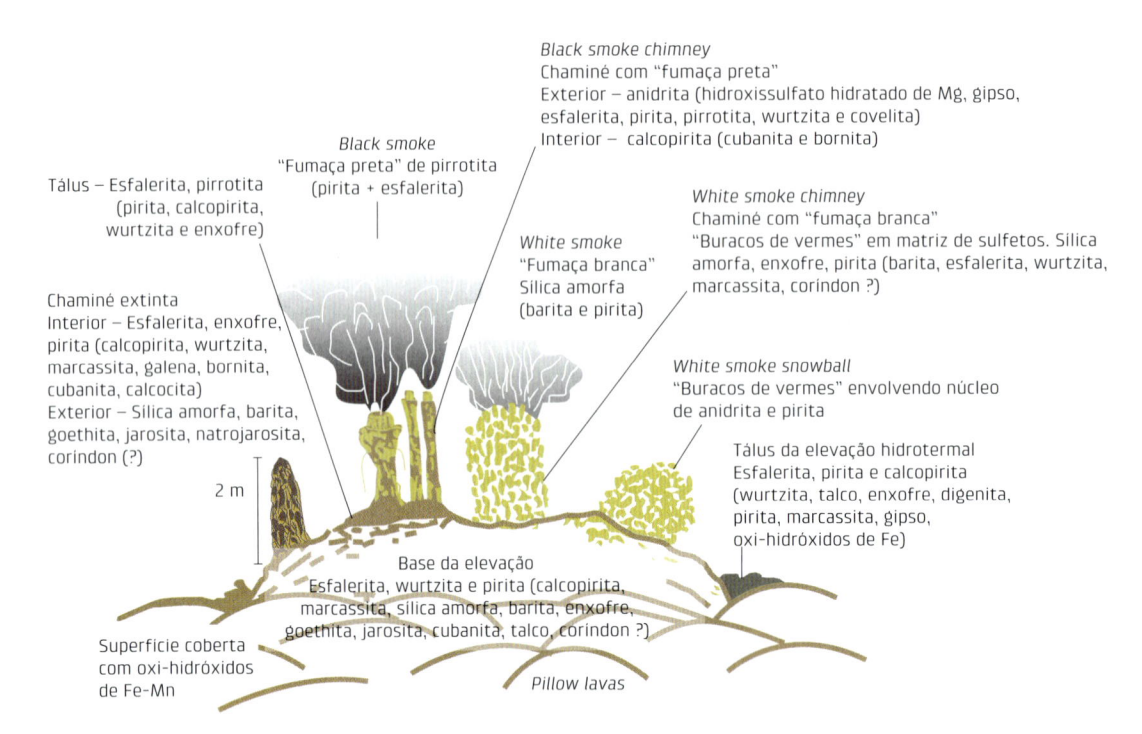

Tálus da elevação hidrotermal
Esfalerita, pirita e calcopirita (wurtzita, talco, enxofre, digenita, pirita, marcassita, gipso, oxi-hidróxidos de Fe)

2 m

Base da elevação
Esfalerita, wurtzita e pirita (calcopirita, marcassita, sílica amorfa, barita, enxofre, goethita, jarosita, cubanita, talco, coríndon ?)

Superfície coberta com oxi-hidróxidos de Fe-Mn

Pillow lavas

Fig. 5.17 Vários tipos de chaminés de exalação de fluidos hidrotermais submarinos que levam à formação de uma elevação hidrotermal, que corresponde à parte superior, maciça, dos corpos mineralizados dos depósitos hidrotermais vulcanogênicos submarinos (Fig. 5.13)

Esses tubos, ocupados por vermes gigantes quando cessa a exalação, estão em uma matriz sulfetada e são revestidos de sílica amorfa, enxofre e pirita. O núcleo dessas chaminés e das "bolas de neve" é composto por anidrita e pirita.

Quando o sistema hidrotermal termina, por falta de energia, a estrutura em forma de cogumelo (Fig. 5.13), típica dos depósitos hidrotermais submarinos, estará formada. Após a diagênese, a elevação hidrotermal torna-se a cúpula de minério maciço, situada no topo da estrutura com forma de cogumelo. O conjunto de veios e vênulas correspondentes aos canais de alimentação das chaminés de exalação (Figs. 5.13B, 5.16 e 5.17) constitui o minério venulado, ou minério *stringer*, correspondente ao caule da estrutura com forma de cogumelo.

5.5 Processo formador de depósitos escarníticos e depósitos disseminados plutogênicos em rochas carbonáticas

5.5.1 Depósitos escarníticos

Depósitos hidrotermais escarníticos formam-se quando qualquer rocha carbonática (calcários, margas e dolomitos) é atingida por fluidos hidrotermais emanados de algum granito (Fig. 5.1). Esses depósitos caracterizam-se pela presença de *escarnitos*, rochas metamorfo-metassomáticas constituídas essencialmente por piroxênios e granadas, formados pela reação de fluidos hidrotermais com rochas carbonáticas. Têm recursos importantes e composições variadas, os mais comuns sendo os depósitos de W (scheelita) e Mo. Os depósitos escarníticos de Fe e os de Cu são importantes pelas grandes dimensões de suas reservas. Os de Pb-Zn, de Mo e de Sn são menos comuns e pouco importantes.

A escarnitização gera zonas de alteração típicas, mostradas na Fig. 5.18. Junto ao granito, e algumas vezes em seu interior (endoescarnito de assimilação), a rocha hospedeira é inteiramente substituída por granada + piroxênio, caracterizando uma alteração pervasiva (= quando há substituição total da rocha alterada). Quando o escarnito é mineralizado, essa zona com granada e piroxênio é substituída por sulfetos, minerais de ferro, tungstênio (scheelita) etc. A zona com wollastonita situa-se após a zona com granada e piroxênio, e, marcando o limite da zona escarnitizada, as rochas carbonáticas são marmorizadas, gerando mármores com cores azulada, esverdeada e avermelhada. A margem externa da zona marmorizada é denominada *front* de marmorização.

Os depósitos escarníticos têm formas complexas, dependentes da reatividade dos fluidos, da porosidade e da permeabilidade secundárias das rochas carbonáticas afetadas pelos fluidos mineralizadores emitidos pelos granitos, e da distância entre o plutão e o local de formação do minério. Suas formas geralmente são adaptadas ao contato entre o granito e as rochas carbonáticas encaixantes.

Processo formador dos depósitos escarníticos
A gênese de um escarnito passa por três fases distintas, cada uma responsável pela formação de paragêneses específicas (Fig. 5.19):

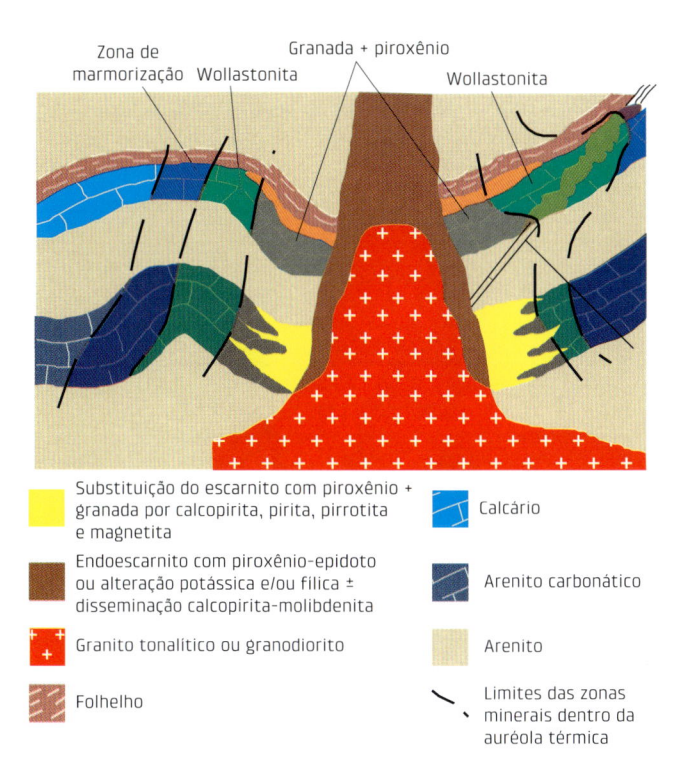

Fig. 5.18 Zonalidade das rochas escarníticas no interior da auréola térmica em contato com o granito. Esquema mostrando as relações entre depósitos escarníticos de cobre, as zonas de metamorfismo de contato e a intrusão ígnea. Notar a presença de endoescarnitos (no interior do plutão) a piroxênio-epidoto e/ou alteração potássica e/ou fílica, e de exoescarnitos (fora do plutão), onde estão os corpos mineralizados

1) O processo inicia-se com a formação de uma auréola termometamórfica. Os minerais consequentes dessas fases dependem das composições das rochas afetadas. Em rochas carbonáticas, esse metamorfismo tem como principal consequência a recristalização da calcita e da dolomita dos calcários, gerando um mármore. Caso os calcários sejam impuros, formam-se sobretudo talco, tremolita, wollastonita, diopsídio e forsterita, a depender do grau metamórfico e da composição das impurezas. Caso as encaixantes do plutão sejam margas, cristalizam-se, também, granadas, epidotos e idocrásio (vesuvianita).

2) Após o metamorfismo, o sistema é invadido por fluidos hidrotermais que geram minerais hidrotermais, durante fase de alteração denominada *progradacional*. Nessa fase, quando a temperatura do sistema hidrotermal aumenta, formam-se os escarnitos propriamente ditos. Os silicatos escarníticos mais comuns são as granadas, os piroxênios e os epidotos. Praticamente todos os grandes depósitos são zonados, e a distribuição geral das zonas, no sentido do plutão para as encaixantes (Fig. 5.18), é: (a) endoescarnito a piroxênio + plagioclásio; (b) exoescarnito com predomínio de granada sobre piroxênio; (c) exoescarnito com predomínio de piroxênio sobre granada; e (d) exoescarnito a wollastonita e/ou epidoto. As paragêneses da fase progradacional dos escarnitos podem ser divididas em assembleias de minerais oxidados, com ferro férrico, e assembleias de minerais reduzidos, com ferro ferroso. O estado de oxidação dos minerais varia conforme o tipo de minério que os depósitos contêm, e a definição do estado de oxidação do escarnito serve como fator identificador ("assinatura") do potencial metalogenético do depósito.

3) Após o sistema intrusivo atingir seu máximo de atividade, a temperatura começa a diminuir, o que permite o retorno da água expulsa das encaixantes durante a fase progradacional e a invasão do sistema por águas quentes que retornam ao plutão. Essa fase hidrotermal é denominada *retrogradacional* ou *de alteração* do escarnito. Formam-se minerais hidratados, sobretudo biotita, hornblenda, actinolita e epidoto, na maior parte das vezes junto aos contatos intrusivos ou entre camadas e ao longo dos principais canais de hidrotermalismo. O grau de substituição das paragêneses progradacionais pelas de alteração é muito variado. Junto aos depósitos de tungstênio, a alteração geralmente se limita a uma franja de endoescarnitos com piroxênio-plagioclásio-epidoto com uma quantidade importante de mirmequitos. Nos escarnitos mineralizados a cobre, ao contrário, a alteração é muito intensa, caracterizada principalmente pela sericitização das rochas. Além da sericita, formam-se quantidades importantes de tremolita-actinolita, argilas smectíticas, carbonatos, quartzo e óxidos de ferro, junto a quantidades menores de talco, epidoto e clorita. Nos depósitos de chumbo-zinco formam-se ilvaíta manganesífera, piroxenoides, anfibólios com pouco cálcio, e clorita. A mineralogia retrogradacional dos depósitos de molibdênio inclui a hornblenda, a actinolita e concentrações locais de epidoto.

A relação entre a composição dos magmas graníticos e a composição dos depósitos minerais escarníticos cogenéticos é mostrada na Fig. 5.20. Nessa figura, fica evidente a "especialização" de alguns magmas, cujas composições estão representadas por seus teores em SiO_2, FeO, Fe_2O_3, Na_2O e K_2O, e a composição dos minérios escarníticos. O conteúdo inicial em metais dos magmas talvez seja a condicionante mais importante da composição dos minérios que esse magma poderá gerar. Esse conteúdo é função

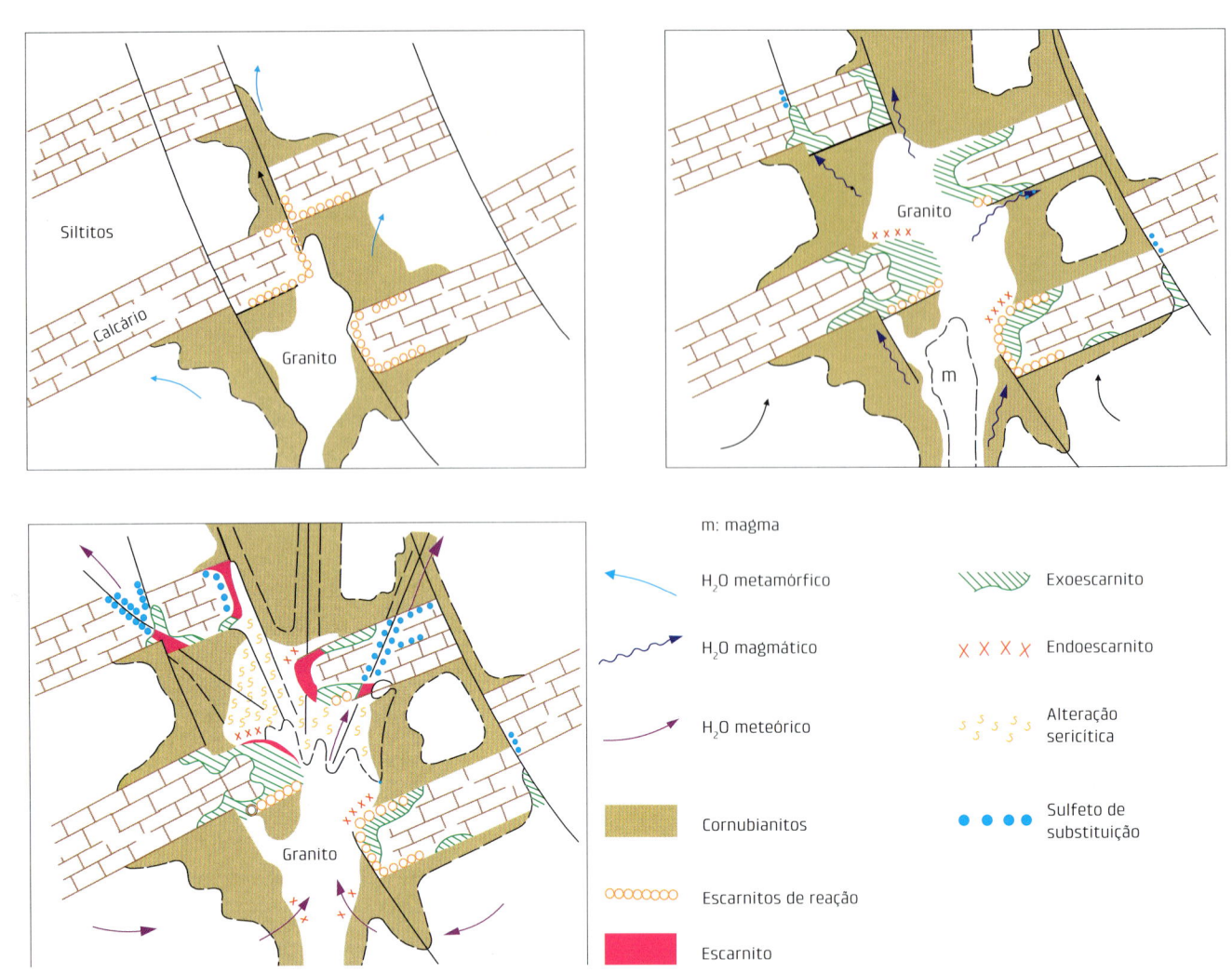

Fig. 5.19 Sequência de eventos que geram depósitos escarníticos. Embora a composição do fluido hidrotermal granítico seja muito modificada pela interação e mistura com os componentes da rocha carbonática (adição de CO_2, Ca e Mg), o processo é basicamente o mesmo observado nos depósitos porfiríticos e nos greisens. Formam-se inicialmente as zonas de alteração progradacional. Em seguida, com a extinção gradativa do sistema térmico, as paragêneses retrogradacionais são geradas pelo refluxo dos fluidos expulsos na fase progradacional. (A) Início do processo, causado pela intrusão de um plúton em meio a rochas carbonáticas. As transformações são essencialmente termometamórficas. (B) Fase de alteração progradacional, com formação de endo e exoescarnitos. (C) Refluxo dos fluidos expulsos durante a fase de aumento de temperatura do sistema hidrotermal. Os minerais formados na fase progradacional são recristalizados, constituindo uma nova paragênese, de baixa temperatura, que caracteriza a fase retrogradacional

sobretudo da composição do magma, do grau de fracionamento que sofreu antes da liberação da fase fluida e de seu estado de oxidação.

5.5.2 Depósitos disseminados tipo "manto" em rochas carbonáticas

Caso haja calcários, margas, folhelhos pretos e arenitos redutores dentro da pluma hidrotermal, mas fora da área atingida pelo termometamorfismo, podem formar-se depósitos plutogênicos periféricos com mineralizações disseminadas ou maciças em rochas sedimentares (Fig. 5.21). São depósitos economicamente importantes, entre os quais são conhecidos: (1) depósitos tipo Tintic, com sulfetos de Cu, Zn, Pb e Ag disseminados; (2) depósitos tipo *carbonate hosted Au-Ag*, com Au-Ag disseminados em rochas carbonatadas; (3) depósitos tipo Mount Bischoff, com Sn e sulfetos em dolomitos; e (4) depósitos tipo *high temperature, carbonate hosted, massive sulphide ore*, com sulfetos maciços de Cu-Pb-Zn-Au-Ag em rochas carbonatadas.

Processo formador dos depósitos disseminados ou maciços tipo "manto" em rochas carbonáticas

Os depósitos disseminados tipo "manto" (Fig. 5.21B) são depósitos filoneanos e estratiformes (Figs. 5.7 e 5.8) formados por fluidos graníticos que reagem com rochas carbonáticas e margas fora da zona termometamórfica (= auréola de metamorfismo de contato). Nesse caso, não se formam escarnitos porque não há energia suficiente para que as reações de escarnitização ocorram e porque, após a escarnitização, o fluido está destituído dos elementos de minérios que formam depósitos típicos de ambientes com temperaturas elevadas (W, Fe em magnetitas, Au e calcopirita), que ficam retidos nos depósitos escarníticos. Assim sendo, os principais depósitos disseminados tipo "manto" são depósitos filoneanos sobretudo com sulfetos de Zn, Pb e Cu em rochas carbonáticas.

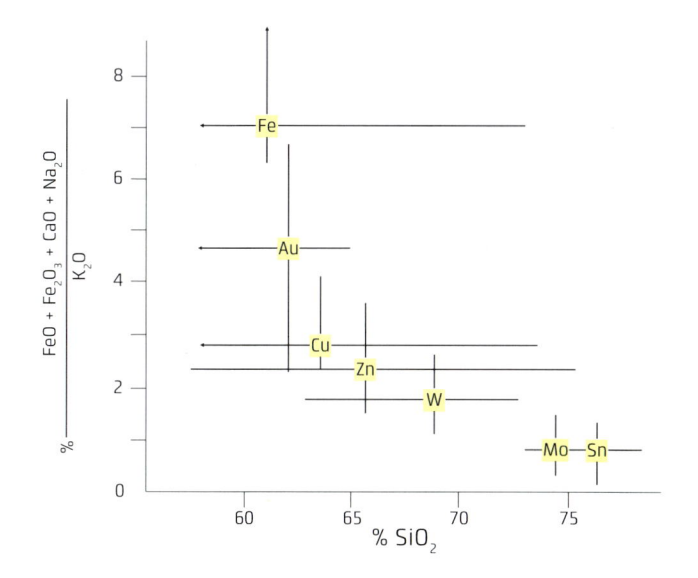

Fig. 5.20 Relação entre o conteúdo metálico (composição dos minérios) dos depósitos escarníticos e as composições dos plutões graníticos cogenéticos (Meinert, 1993)

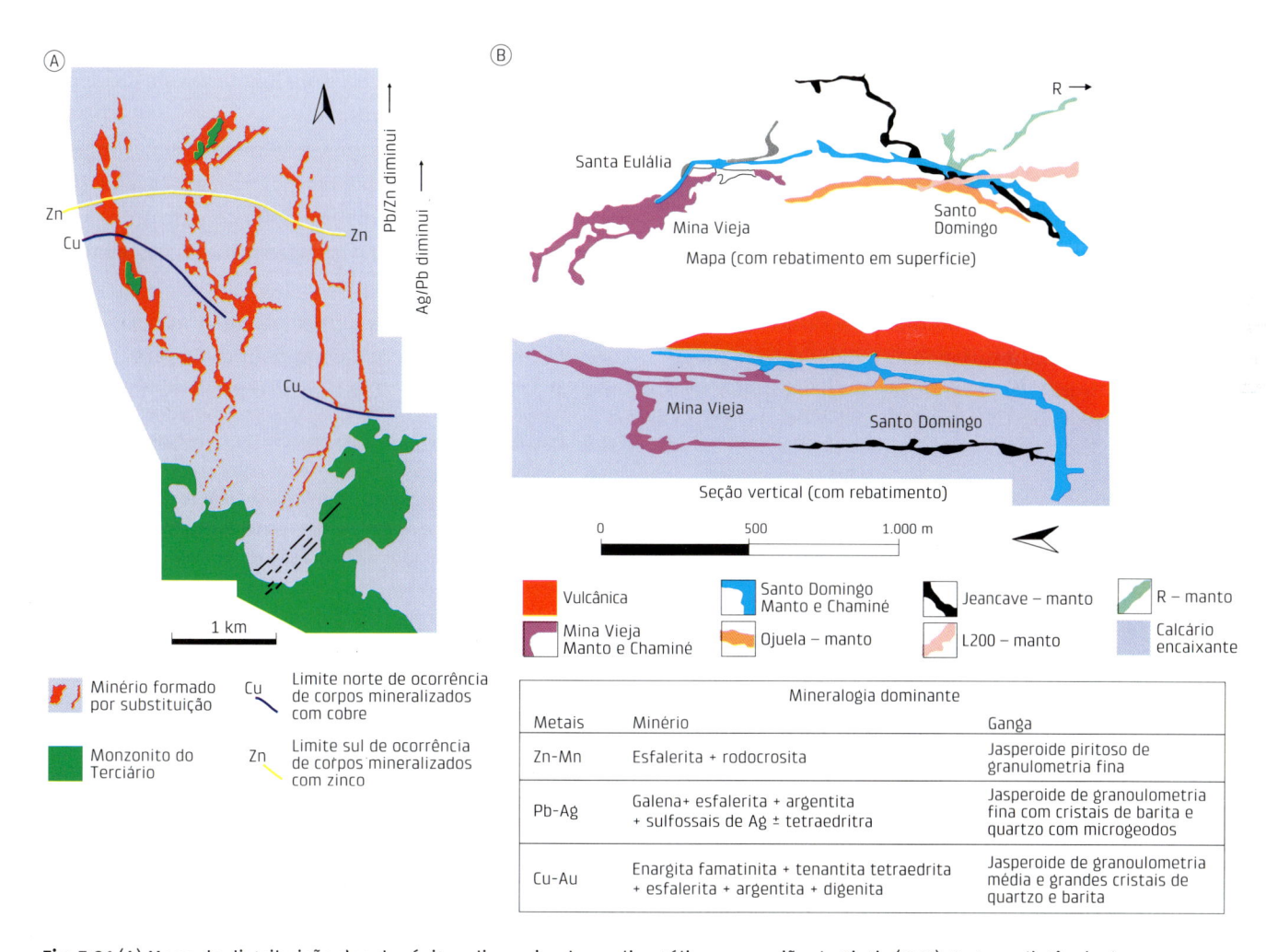

Mineralogia dominante		
Metais	Minério	Ganga
Zn-Mn	Esfalerita + rodocrosita	Jasperoide piritoso de granulometria fina
Pb-Ag	Galena + esfalerita + argentita + sulfossais de Ag ± tetraedrita	Jasperoide de granulometria fina com cristais de barita e quartzo com microgeodos
Cu-Au	Enargita famatinita + tenantita tetraedrita + esfalerita + argentita + digenita	Jasperoide de granulometria média e grandes cristais de quartzo e barita

Fig. 5.21 (A) Mapa de distribuição dos depósitos disseminados polimetálicos na região de Tintic (EUA). Notar a distância dos depósitos até a intrusão granítica e a distribuição regional zonada dos metais. (B) Corpos mineralizados, disseminados ou maciços, denominados tipo "manto", da mina de Cu, Pb, Zn e Ag (Au, Sn) de Santa Eulália (México), mostrados em planta e corte. Os corpos mineralizados horizontais são interligados por chaminés verticalizadas, também constituídas por minério

Processo mineralizador hidrotermal

PROCESSO MINERALIZADOR POR SUB-RESFRIAMENTO, FRANJA DE CRISTALIZAÇÃO COM ACUMULAÇÃO E DIFUSÃO IÔNICA DE LONGO ALCANCE – DEPÓSITOS PEGMATÍTICOS DE LÍTIO E BERÍLIO

6

Pegmatitos são rochas cujo processo formador é ainda pouco conhecido. A gênese de pegmatitos mistura características de depósitos hidrotermais e magmáticos (formados em câmaras magmáticas). Esse é o motivo pelo qual seu processo formador será discutido em capítulo separado.

6.1 Distribuição, geometria e composição dos pegmatitos

Pegmatitos são corpos rochosos caracterizados por serem formados por minerais grandes, com dimensões centimétricas a métricas. Possuem formas tabulares ou lenticulares, espessuras variando de poucos decímetros a várias dezenas de metros e comprimentos variando de poucos metros a algumas centenas de metros, podendo ultrapassar o quilômetro.

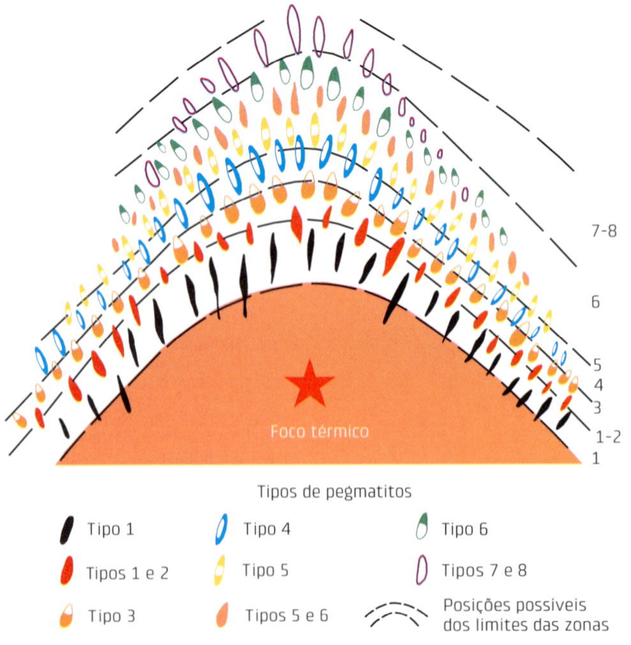

Os corpos pegmatíticos formam-se junto às regiões apicais das intrusões graníticas. Ocorrem dentro ou fora dos plútons e têm composições mineralógicas que variam com a distância até o foco térmico (Fig. 6.1), constituindo um tipo de *zonalidade regional* semelhante àquela dos filões plutogênicos periplutônicos.

Alguns poucos pegmatitos geralmente têm, também, *zonas internas*, caracterizadas por variações nas proporções de seus principais minerais constituintes e/ou pela presença de algumas espécies minerais específicas (Fig. 6.2). Vários autores propuseram modelos distintos de zonalidade interna dos pegmatitos, a maioria deles baseada nos minerais que compõem cada zona (Cameron et al., 1949; Norton, 1983; entre outros) ou na textura

Fig. 6.1 Esquema com a repartição espacial dos diversos tipos de pegmatitos de um mesmo campo, suas composições mineralógicas e suas posições em relação ao plutão granítico cogenético. As formas e as dimensões relativas dos corpos pegmatíticos representados na figura são proporcionais às formas e às dimensões observadas no campo. As linhas tracejadas são posições possíveis do contato granito-encaixante. Os tipos de pegmatitos representados na figura (*vide* legenda) são: (1) pegmatitos com pouca biotita, com textura granular, microclínio, plagioclásio e quartzo. (2) Pegmatitos a biotita e turmalina preta, com textura gráfica. (3) Pegmatitos a biotita, muscovita e turmalina preta. (4) Pegmatitos a muscovita e muita turmalina preta. (5) Pegmatitos a muscovita e quartzo. (6) Pegmatitos a berilo, com microclínio, quartzo, muscovita, berilo, ambligonita e espodumênio. Associam-se a greisenização e albitização moderadas. (7) Pegmatitos albitizados, com microclínio, que pode ser substituído quase completamente por albita (ou clevelandita), quartzo e muscovita. Apresentam greisenização local intensa e ocorrências de espodumênio e de berilo gema (água-marinha). (8) Veios de quartzo com pouco microclínio e muscovita e contatos muito turmalinizados. (9) Veios de quartzo. Notar que o contato entre o granito e as encaixantes pode cruzar um corpo pegmatítico (Varlamoff, 1958, p. 71)

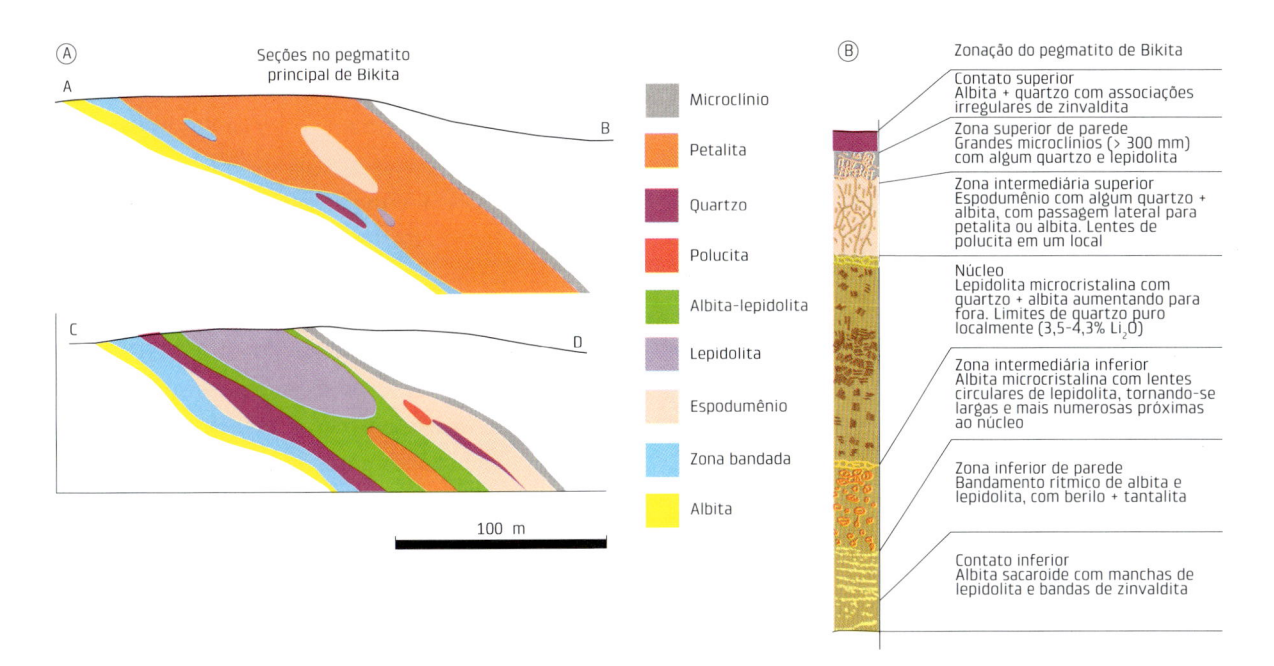

Fig. 6.2 (A) Exemplo de zonalidade interna em pegmatito. As duas seções são de um mesmo corpo pegmatítico, lavrado para lítio e berílio (família LCT = lítio – césio – tântalo), em Bikita, no Congo. (B) Detalhe da zonação interna do pegmatito de Bikita, da família LCT (Congo). Notar que a distribuição das zonas não é simétrica em relação ao núcleo ou aos contatos

e composição mineral de cada zona (Jahns; Burnham, 1969; Uebel, 1977).

Entre as muitas sequências de zonas internas propostas, a de Cameron *et al.* (1949) é uma das mais completas, embora contemple somente os pegmatitos da família LCT. Da margem (1) para o centro (11), a zonalidade interna proposta por Cameron *et al.* (1949) é:

1) Plagioclásio – quartzo – muscovita
2) Plagioclásio – quartzo
3) Quartzo – plagioclásio – pertita ± muscovita ± biotita
4) Pertita – quartzo
5) Pertita – quartzo – plagioclásio – ambligonita – espodumênio
6) Plagioclásio – quartzo – espodumênio
7) Quartzo – espodumênio
8) Lepidolita – plagioclásio – quartzo
9) Quartzo – microclínio
10) Microclínio – plagioclásio – micas litiníferas – quartzo
11) Quartzo

Nunca foram encontradas todas essas zonas em um único pegmatito. Essa sequência é completa e foi determinada por Cameron *et al.* (1949) a partir da descrição das zonas de diversos pegmatitos encontrados em vários locais dos Estados Unidos.

6.2 Composição mineralógica e interesse econômico dos pegmatitos

A grande maioria dos pegmatitos é lavrada por empresas cerâmicas que usam o feldspato (*microclínio*, *albita* e *ortoclásio*) como fundente ou para a confecção dos esmaltes cerâmicos. Os núcleos dos pegmatitos, quase sempre constituídos por *quartzo* maciço, são lavrados pelas indústrias de ligas de ferro-silício ou pela indústria de produtos óticos e piezoelétricos. A *muscovita* é lavrada pela indústria de refratários. Os poucos pegmatitos zonados das famílias LCT (lítio – césio – tântalo) e NYF (nióbio – *yttrium* – flúor), que possuem metais preciosos, são lavrados pelos minerais de lítio e de berílio que contêm, além dos feldspatos. Quando a concentração é relevante, também são lavrados os minerais de metais preciosos e/ou as gemas (turmalinas, esmeraldas e águas-marinhas).

O lítio, utilizado para a produção de baterias de carros e outros eletrônicos, e o berílio, usado nas indústrias aeroespacial, automotiva, de cerâmica avançada (mísseis e semicondutores) e de defesa (componentes de armas nucleares, mísseis, sistemas de orientação e sistemas óticos avançados), tornaram a lavra de pegmatitos tipo LCT de grande importância.

Os principais minerais de minério lavrados nos pegmatitos tipo LCT são:
- *minerais de lítio*: espodumênio, petalita, lepidolita, ambligonita e trifilita;
- *minerais de berílio*: berilo;
- *minerais de nióbio-tântalo*: columbita e tantalita;
- *minerais de tório e terras-raras*: monazita, torita, ortita, gadolinita e xenotímio;
- *gemas*: berilos azul (água-marinha), amarelo (heliodoro) e rosado (morganita), fenacita, topázio, espodumênio rosa (kunzita), turmalinas verde (dravita), vermelha (rubelita) e preta (schorlita) e raras safiras.

Pegmatitos da família NYF são muito mais raros e economicamente menos importantes, dado que seus principais elementos de minério (Nb, Y, F, Be, ETR, Sc, Ti, Zr, Th e U) existem em maiores concentrações e são produzidos com menor custo em outros tipos de depósitos.

Há pegmatitos mistos, com características das famílias LCT e NYF. Esses pegmatitos seriam formados, por exemplo, pela assimilação de rochas supracrustais não esgotadas por granitos subaluminosos a meta-aluminosos tipo A, tipicamente associados à família de pegmatitos NYF.

6.3 Processo formador dos pegmatitos

A gênese dos pegmatitos é motivo de debate há mais de um século. O que se sabe dessa gênese e os problemas relacionados a ela são apresentados a seguir.

A composição da grande maioria dos pegmatitos é igual à de um granito comum, muito próxima à do eutético de um magma constituído pela fusão de quartzo, feldspato, biotita ou muscovita e uma fração mínima de acessórios, tais como granada, turmalina e apatita. O problema é explicar por que pegmatitos e granitos possuem características tão distintas, quais sejam:

a. Os granitos cristalizam como plutões enormes com composições uniformes e texturas equigranulares ou porfiríticas. Embora a grande maioria dos pegmatitos possua exatamente a composição de um granito, eles geralmente ocorrem com a forma de dique, são pequenos (em relação à dimensão de granitos) e são macrogranulares, formados por cristais gigantes.

b. Pegmatitos ocorrem como segregações, situados no interior e próximo das margens das cúpulas dos plutões graníticos. Quando situados fora dos granitos, constituem diques hospedados em rochas metamórficas.

c. Granitos normalmente não são zonados. Raramente apresentam zonas difusas, em geral causadas por uma variação mais da granulometria (relacionada à variação da velocidade de cristalização) do que da composição mineral. Pegmatitos zonados são raros, mas quando apresentam zonas elas são nítidas, geralmente com contatos bem definidos e com composições mineralógicas distintas.

d. A grande maioria dos pegmatitos zonados não possui elementos (minerais) raros. Os poucos pegmatitos zonados com elementos raros possuem zonas caracterizadas pela presença de minerais exóticos, com Li, Be, Ta, Cs, ETR, U e outros.

e. A zonalidade dos pegmatitos manifesta-se em duas escalas: (1) zonalidade regional (Fig. 6.1), percebida devido à variação e ao aumento da complexidade da composição química com a distância do granito-fonte ou do foco térmico; (2) e zonalidade interna (Fig. 6.2), manifestada pela mudança da composição dos minerais e da textura no interior dos pegmatitos. Ercit (2005) observou que os distritos pegmatíticos da família NYF não são regionalmente zonados, mas a zonação interna desses pegmatitos é igual à dos da família LCT.

A presença de zonas nos pegmatitos é, exatamente, a maior diferença entre pegmatitos e granitos. Pegmatitos não zonados geralmente se associam genética e espacialmente a rochas metamórficas de alto grau, dos domínios da cianita, da silimanita e do espodumênio. Esses pegmatitos são gerados diretamente pela fusão parcial das rochas que os hospedam.

As composições das zonas dos pegmatitos são distintas e, ao contrário das zonas de alteração hidrotermal dos filões hidrotermais, a distribuição dessas zonas não é simétrica em relação ao plano axial dos corpos pegmatíticos (Fig. 6.2).

A grande maioria dos (raros) pegmatitos zonados é da família LCT, relacionada geneticamente a granitos tipo S, peraluminosos, enriquecidos em elementos alcalinos raros (Li e Be), boro, fósforo e estanho, com razões Nb/Ta anormalmente baixas. Os muito raros pegmatitos da família NYF associam-se geneticamente a granitos tipo A (anorogênicos ou gerados no interior de placas continentais). Esses pegmatitos são enriquecidos em ETR pesados e flúor e possuem razões Nb/Ta elevadas.

Entre os pegmatitos da família LCT, aqueles com berilo (mineral com Be) e os com espodumênio + petalita (minerais com Li) predominam largamente. Por esse motivo, os processos genéticos foram desenvolvidos para explicar os dois tipos mais comuns de pegmatitos: (a) os comuns ($\geq$ 98% do total), zonados ou não e não mineralizados com elementos (minerais) raros; e (b) os pegmatitos com Be e Li ($\leq$ 2% do total), da família LCT.

As simulações genéticas indicam que os pegmatitos da família LCT derivam de magmas graníticos e são situados na região apical dos plutões (câmaras magmáticas), ao passo que os da família NYF derivam de magmas situados no interior dos plutões.

A possibilidade de os pegmatitos serem gerados a partir da cristalização fracionada de um magma granítico foi aventada por Jahns (1953), endossando hipótese proposta por Cameron et al. (1949). Segundo Jahns (1953), os pegmatitos seriam o produto da cristalização sequencial de fusões graníticas a partir dos contatos com as hospedeiras em direção ao núcleo. O aumento da dimensão dos cristais em direção ao núcleo seria consequência da diminuição da viscosidade do magma e do aumento correspondente da tendência à difusão dos íons, ambos consequência da elevação da concentração de elementos fundentes (*flux elements*) nos magmas. Ou seja, a dimensão dos cristais aumentaria devido à diminuição da viscosidade do magma causada pela concentração de elementos fundentes, e não *unicamente* pela presença de água. A água está envolvida no processo, mas com participação secundária, menor que a que tem normalmente nos sistemas mineralizadores hidrotermais.

Problemas ainda mal compreendidos sobre os pegmatitos são os que causam a zonalidade composicional regional (Fig. 6.1) e determinam quais fatores controlam a distribuição espacial dos pegmatitos com composições distintas. Vários autores (London, 2005, 2014) consideram que a variação da composição dos pegmatitos é consequência direta do fracionamento do magma (plutão ou câmara magmática) do qual deriva cada corpo pegmatítico. De acordo com essa hipótese, a emissão contínua ou episódica de fluxos de magma cada vez mais diferenciado produziria a zonalidade regional, com pegmatitos mais fracionados quanto mais distantes estiverem da fonte de magma. Para que esse processo gere a zonalidade regional, é necessário: (a) que haja um conduto aberto entre o pegmatito e o plutão que contém o magma original; e (b) que os corpos pegmatíticos que configuram uma zonalidade estejam interconectados. Nenhuma evidência de campo ou experimental indica que essas condições ocorrem nas províncias pegmatíticas zonadas conhecidas. Ao contrário, a maior parte das evidências de campo indica que: (a) os diques pegmatíticos geneticamente relacionados que formam uma dada província zonada são produzidos e alojados nas rochas hospedeiras em um único pulso magmático; (b) cada porção de magma (que forma um corpo pegmatítico) progressivamente se desprende e se individualiza por estiramento e adelgaçamento (*necking down*) conforme se afasta da fonte, antes de a cristalização ter começado; e (c) o fracionamento de cada corpo pegmatítico faz-se a partir de uma porção de magma confinada.

Se a composição química de cada pegmatito deriva do fracionamento progressivo de sua fonte de magma granítico, então o sistema com diques pegmatíticos precisa permanecer aberto e conectado durante um período de tempo comparável ao necessário para a solidificação do magma granítico parental (entre 10^3 e 10^4 anos). Isso é incompatível com o que se concluiu a partir de todos os experimentos feitos até o presente.

Assim sendo, aventam-se duas possibilidades. A primeira é que os pegmatitos de uma província herdariam sua zonalidade composicional espacial de uma fonte magmática zonada. Hildreth (1979) identificou esse processo como causador da zonalidade regional de riolitos, que seriam originados em uma câmara magmática de grandes dimensões. A segunda possibilidade é que a variação composicional dos riolitos seria consequência da concentração dos cristais fracionados (com composições distintas) carregados pelo magma. A composição dos pegmatitos, por outro lado, seria consequência somente da estratificação da fase líquida contida na câmara magmática. O processo de segregação sequencial dessas fases líquidas resta ser explicado.

É sabido que a solubilidade dos minerais componentes de um granito em fluidos hidrotermais é limitada. Mesmo a pressões muito elevadas, equivalentes às da base da crosta continental, não há um *continuum* entre uma fusão silicática com a composição de um granito e um fluido hidrotermal coexistente. Isso implica ser pouco provável que os pegmatitos sejam cristalizados diretamente de uma fase fluida hidrotermal. Todavia, é muito provável que eles sejam o resultado da cristalização de um magma granítico em presença de uma fase fluida abundante. Strong (1990) sugere que o fluido aquoso gerado durante a "segunda ebulição" de um magma granítico diferenciado, rico em Be, B, Li e P, entrará em ebulição a cerca de 650 °C e 1.250 bars. Essa ebulição, denominada "terceira ebulição", geraria fluidos altamente salinos enriquecidos em Be, B, Li e P. A cristalização do magma granítico diferenciado, concomitante à precipitação de minerais derivados desse fluido, geraria os pegmatitos.

London (2014), baseado na composição e na salinidade de inclusões fluidas de aluminossilicatos de lítio (petalita, espodumênio e eucriptita) e no diagrama de fases desses minerais, deduziu quais seriam as temperaturas e as pressões (profundidades) de gênese dos pegmatitos da família LCT. Os pegmatitos com espodumênio e quartzo devem formar-se a profundidades menores que 6 km e temperaturas entre 350 °C e 400 °C. Os pegmatitos ricos em minerais litiníferos, nos quais o espodumênio (± petalita) é uma fase primária, seriam formados a profundidades entre 7 km e 9 km e temperaturas próximas de 500 °C (Fig. 6.3). Os pegmatitos com berilo seriam gerados a maior profundidade, a mais de 9 km abaixo da superfície, a temperaturas não definidas. Os pegmatitos quartzo-feldspáticos (que fornecem matéria-prima cerâmica), sem minerais exóticos, seriam os mais profundos, formados logo acima da cúpula do granito-fonte, onde as segregações pegmatíticas devem coalescer (Fig. 6.3).

Segundo London (2014), o desenvolvimento, no interior de um dique pegmatítico, de uma sequência de zonas com composições minerais distintas depende da ação individual e/ou da interação de quatro processos. Esses processos são particularmente válidos para magmas graníticos aquosos ricos em H_2O, B, P e F, as denominadas

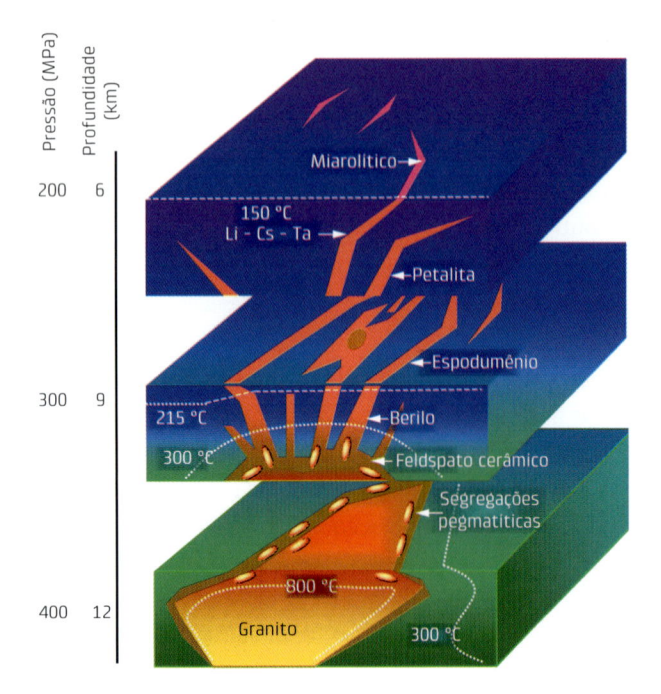

Fig. 6.3 Zonalidade regional de um grupo de pegmatitos cogenéticos da família LCT. As segregações desses pegmatitos ocorrem somente nas regiões apicais dos plutões. As segregações que coalescem logo acima das cúpulas dos granitos formam pegmatitos a quartzo-feldspato (pegmatitos cerâmicos), sem metais raros. Fora da auréola térmica do plutão ocorrem, sucessivamente, os pegmatitos a berilo, a espodumênio (± petalita) e a petalita (± espodumênio) e, mais distantes, os pegmatitos miarolíticos, com espodumênio e quartzo. As linhas tracejadas são isotermas que mostram as temperaturas das rochas hospedeiras dos pegmatitos, devidas ao gradiente térmico (não são as temperaturas dos magmas)

substâncias fundentes ou de fluxo (*fluxing components*), e em Li, Be e Cs, os metais alcalinos raros. Em todos os casos nos quais foram mensuradas ou calculadas as concentrações totais dessas substâncias nos magmas pegmatíticos, a concentração total de óxidos de metais alcalinos foi sempre menor que 1% e a de fundentes foi sempre menor que 2%.

Os vários processos responsáveis pela zonalidade interna observada nos pegmatitos devem desenvolver-se isolada ou simultaneamente, com participação maior ou menor de cada um deles conforme a composição do magma e o local de alojamento do dique que originará o pegmatito, e são os seguintes:

a. Processo de sub-resfriamento (*undercooling*). Quando são resfriados rapidamente a temperaturas abaixo das temperaturas de seus *liquidus*, os magmas não se solidificam imediatamente (= *undercooling process*, sinônimo de *supercooling process*, é o processo que permite diminuir a temperatura de um líquido, ou gás, abaixo da temperatura de início da cristalização sem que o fluido se solidifique).

b. Cristalização fracionada em condições *subsolidus*, a temperatura constante (*subsolidus isothermal fractional crystallization*). Esse é um processo no qual magmas com a composição do eutético, em estado *subsolidus*, cristalizam-se sequencialmente, em vez de cristalizar homogeneamente, como acontece normalmente nos pontos eutéticos.

c. Formação de franja de fusão com acumulação (*boundary layer pile-up*) de metais raros e, simultaneamente, desenvolvimento, por refino, de zonas com composições químicas e minerais distintas (*constitutional zone refining*).

d. Difusão química, iônica, de longo alcance (*far-field chemical diffusion*), responsável pela difusão de íons, particularmente de álcalis e de alcalinos terrosos, através do magma granítico.

O sub-resfriamento é particularmente importante para a formação das zonas internas dos pegmatitos e de suas texturas por duas razões. A primeira é que os diques que se transformam em pegmatitos são pequenos corpos de magma granítico cuja temperatura é muito próxima ou igual à temperatura mínima de cristalização do magma. Esses diques hospedam-se em rochas cujas temperaturas são centenas de graus mais baixas que a temperatura do *solidus* do magma granítico, o que causa o abaixamento abrupto da temperatura do magma para temperaturas abaixo da do *liquidus*, tendo como consequência o sub-resfriamento. A segunda razão é que a cristalização em um magma começa quando ele se torna saturado em componentes formadores dos cristais. Na maioria dos sistemas ígneos, a saturação em seus componentes é alcançada e a cristalização inicia-se devido ao sub-resfriamento, consequente da difusão de calor para fora do sistema. Nos magmas graníticos, ao contrário, a viscosidade elevada e a baixa difusibilidade dos íons com potenciais iônicos elevados (= alta carga e pequeno raio iônico) impedem a nucleação e o crescimento dos cristais de aluminossilicatos.

Os experimentos feitos revelaram que os pegmatitos cristalizam a temperaturas próximas de 450 °C, ou seja, após um sub-resfriamento de aproximadamente 200 °C a 250 °C. Sob essas condições, o magma torna-se uma "pré-rocha", ou seja, um material com viscosidade e resistência semelhantes às do vidro, o que elimina a sedimentação de cristais e a convecção de líquidos como processos de formação das zonas. Por esse motivo, os magmas formadores de pegmatitos permanecem homogêneos e saturados em cátions de elementos alcalinos raros e comuns.

Quando a cristalização se inicia nos diques de magma granítico sub-resfriado, os cristais crescem orientados perpendicularmente aos contatos, porque o sub-resfriamento começa e é maior nas margens e progride e diminui de intensidade das margens em direção à região axial. Com frequência, também, cristais das rochas hospedeiras atuam, nos contatos do dique, como germes de cristalização do magma. Devido à maior viscosidade, os magmas graníticos são mais propensos a permanecer no estado metaestável sub-resfriado que os outros magmas, motivo pelo qual os pegmatitos são preponderantemente de composição granítica. A origem dos pegmatitos é consequência, portanto, da estabilidade do estado metaestável (sub-resfriado) do magma e do fato de a cristalização começar a partir de um magma saturado, cuja saturação é alcançada e mantida pelo sub-resfriamento.

Em magmas com temperaturas homogêneas menores que a do *liquidus*, a cristalização é fracionada e sequencial (*subsolidus isothermal fractional crystallization*) em vez de simultânea, como normalmente acontece nos pontos eutéticos. Cameron *et al.* (1949), London (2008) e London e Morgan (2012) observaram que nas margens dos pegmatitos zonados a basicidade do plagioclásio é próxima de An$_{10}$, ao passo que no centro é An$_2$. Os índices de fracionamento (p.ex., K/Rb ou K/Cs) também diminuem gradacionalmente da margem para o centro dos pegmatitos, embora não haja evidências de que o magma tenha diminuído de temperatura. Em todos os experimentos feitos com magmas graníticos sub-resfriados, mantidos em temperatura homogênea, sempre foi observado que a cristalização é sequencial, com resultado igual ao da cristalização fracionada seguida de precipitação, como acontece com magmas em câmaras magmáticas. Experimentos indicaram que a zonação observada nos pegmatitos é igual àquela obtida a partir da cristalização sequencial de magmas sub-resfriados, em estado *subsolidus* e temperatura homogênea.

London *et al.* (1989) mostraram que a fusão de um fragmento de vidro cuja composição é igual à do magma que gerou o pegmatito Tanco (EUA) (rico em Li, Rb, Cs, B, P e F) começa a cerca de 550 °C e progride da borda para o núcleo do fragmento. Nesse processo forma-se uma franja, junto ao *front* de fusão, na qual se acumulam os componentes que não cabem (são incompatíveis) nas malhas cristalinas do quartzo e dos feldspatos (= *boundary layer pile-up*). No processo inverso, conforme o magma cristaliza a partir do estado sub-resfriado (vítreo), os primeiros minerais que cristalizam são quartzo e feldspato. À medida que cristalizam, devido à alta concentração de fundentes (H$_2$O, B, P e F) no material *subsolidus*, forma-se uma franja de cristalização líquida (*boundary liquid layer*), ou *front* de cristalização (equivalente à franja de fusão). Nessa franja acumulam-se os elementos incompatíveis e os metais raros (Li, Cs, Be, Nb, Ta etc.), junto aos fundentes, por não caberem nas malhas cristalinas dos minerais cristalizados (Fig. 6.4A).

Conforme a cristalização progride, a franja de cristalização avança em direção ao núcleo do dique e a concentração dos elementos incompatíveis aumenta junto à franja (= *constitutional zone refining*), devido à transferência dos elementos compatíveis (Si, Al, K, Na e Ca) para os cristais (Fig. 6.4B). Quando não houver mais elementos compatíveis na franja de cristalização e/ou quando as concentrações, nessa franja, de um conjunto de elementos necessários à formação de um dado mineral atingirem valores adequados, os minerais raros dos pegmatitos cristalizarão sequencialmente (Fig. 6.4C), gerando as zonas internas dos pegmatitos. Como todos os cristais crescem em direção ao líquido (= franja de cristalização), todos crescerão sem impedimentos, tornando-se cristais gigantes.

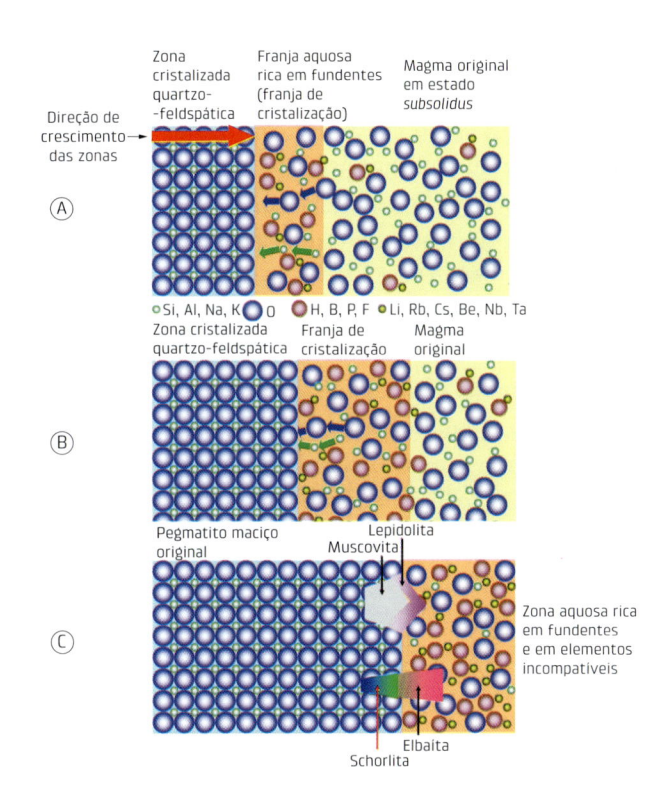

Fig. 6.4 Representação esquemática do início e da evolução do processo de cristalização de zonas com composições minerais distintas em um pegmatito a partir da formação de franja de fusão com acumulação (= *boundary layer pile-up*) de metais raros (= *constitutional zone refining*). (A) O magma, em estado *subsolidus*, começa a cristalizar quartzo e feldspato. Devido à elevada concentração de fundentes, forma-se uma franja líquida junto ao *front* de cristalização na qual se acumulam os fundentes e os elementos incompatíveis. (B) Conforme a cristalização progride, aumenta a concentração (residual) de elementos raros e de fundentes na franja de cristalização, em virtude da transferência de elementos compatíveis para os cristais. (C) Devido à progressão da franja de cristalização em direção ao núcleo do dique, os cristais de minerais de elementos raros (e fundentes) começam a cristalizar sequencialmente, conforme é alcançada a concentração necessária dos elementos químicos que os compõem, formando as zonas internas dos pegmatitos (London, 2014)

É claro que de um mesmo magma inicial poderão ser gerados pegmatitos com zonas diferentes, a depender da dimensão do dique, do fracionamento do magma que o preenche e do grau de acumulação de elementos raros na franja de cristalização.

Experimentos feitos por Acosta-Vigil *et al.* (2006) e Acosta-Vigil, London e Morgan (2006) mostraram que, durante a fusão de cristais para formar magmas graníticos hidratados, a difusão química opera em duas escalas: (a) a difusão local, que ocorre na interface entre o mineral e o magma, cria gradientes químicos no magma como consequência da dissolução de componentes do cristal e suas migrações (difusões) para fora, da borda do cristal para o magma; e (b) a difusão química, iônica, de longo alcance (*far-field chemical diffusion*), por outro lado, é a difusão diferenciada de íons (= diferente para cada íon) em todo o volume de magma existente. Esta última difusão é derivada do gradiente químico local e se faz em direção ou distanciando-se do local onde o gradiente químico local ocorre, junto à interface cristal-magma. Por exemplo: quando um vidro com composição granítica se funde em presença de água, o Na migra em direção ao *front* de fusão, enquanto o K migra na direção oposta, o que gera um gradiente de concentração em que a concentração aumenta com a distância do *front* de fusão de modo a manter o balanço de carga com o Al. Ao contrário, quando feldspatos começam a cristalizar em um magma granítico, a migração diferencial do Na e do K abrange todo o magma. A concentração de Na em um lado do corpo de magma (dique), cristalizando uma camada de albita, induz a concentração de K no lado oposto, cristalizando uma camada de feldspato K. Os mesmos experimentos mostraram que: (a) as difusividades do Si e do Al são baixas (= deslocam-se muito pouco durante a cristalização do magma) em relação às do Na e do K (que se deslocam muito); e (b) os metais raros, ou seja, praticamente todos os elementos de elevado potencial iônico, possuem difusividades ainda menores que as do Si, Al, Ta e P. Isso explica a separação em zonas diferentes de albita com metais raros, em um lado, e de feldspato K, também com metais raros (mas não necessariamente os mesmos), do outro lado de um pegmatito, formando zonas distintas e assimétricas em relação à zona axial do pegmatito. Nesse processo, o Si e o Al praticamente não migram e, em um lado do dique, recebem e ligam-se ao Na e cristalizam albita, enquanto do outro lado recebem K e cristalizam feldspato K.

A difusão explica também o gigantismo dos cristais dos pegmatitos. Para que os cristais cresçam muito, é necessário que a agregação de elementos nas bordas dos minerais que estão cristalizando seja rápida, isto é, que a difusão do magma em direção à interface cristal-magma seja rápida (London, 2009). Isso ocorre porque a difusão de longo alcance é rápida e opera no magma sobrepondo-se às difusões lentas do Si e do Al. Ou seja, o mineral que está crescendo sempre terá Si e Al junto ao *front* de cristalização e "receberá" Na e K rapidamente, provenientes de todo o magma, o que possibilitará o crescimento rápido e o consequente gigantismo dos cristais.

DESVOLATIZAÇÃO METAMÓRFICA E EPISSIENITIZAÇÃO RELACIONADAS ÀS ZONAS DE CISALHAMENTO – PROCESSO HIDATOGÊNICO METAMÓRFICO

7

7.1 Hidrotermalismo × hidatogenia

Serão considerados *hidatogênicos* todos os processos que causam precipitação de minerais como consequência da circulação de *água não magmática, que desloca substâncias das rochas e precipita minerais dessas substâncias, concentrando-os em ambientes geológicos diversos, formando alterações e/ou mineralizações e/ou minérios hidatogênicos*. O *processo hidatogênico* será adotado por ser considerado importante separar o *processo hidrotermal*, de ambiente magmático, do qual participam fluidos quentes ao menos em parte derivados de um magma, daquele com fluidos quentes provindos de qualquer outra fonte que não um magma. Essa diferença é importante tanto quando o objetivo é a compreensão dos processos metalogenéticos como quando se visa encontrar depósitos minerais, dado que processos hidatogênicos se desenvolvem em ambientes geológicos muito diferentes daqueles dos processos hidrotermais. Depósitos constituídos pela circulação de água meteórica fria, formados na superfície da litosfera, serão postos em categorias distintas, a dos depósitos sedimentares e a dos depósitos supergênicos. O termo *depósito hidrotermal* restará, portanto, reservado aos depósitos em cuja gênese a água magmática (água juvenil) teve participação decisiva.

7.2 Depósitos de ouro em zonas de cisalhamento em regiões metamorfizadas

7.2.1 Formas, composições minerais e características físico-químicas

A forma das zonas de cisalhamento e dos depósitos nelas contidos muda conforme o grau metamórfico, a composição e a ruptibilidade ou ductibilidade das rochas. Zonas de cisalhamento em rochas rúpteis (rochas ígneas, rochas sedimentares clásticas etc.) são mais permeáveis e mais ramificadas, ao contrário das rochas dúcteis (xistos, folhelhos etc.), que são pouco permeáveis e menos ramificadas (Fig. 7.1). Assim sendo, as zonas mineralizadas em ambientes rúpteis e dúcteis serão muito diferentes em dimensão, volume, composição dos minérios e alterações hidatogênicas relacionadas.

Em meio a rochas ígneas (ou metaígneas) ricas em ferro (basaltos, komatiítos, dioritos), cada ramo da zona cisalhada será um veio de quartzo com ouro e com hospedeiras carbonatadas (Fig. 7.2). As zonas de alteração que margeiam o veio de quartzo com ouro da mina Hunt (Fig. 7.2) são um exemplo desse tipo de alteração, embora raramente todas as zonas observadas nessa mina coexistam nas encaixantes de outros depósitos do mesmo tipo. *Os carbonatos são as alterações mais típicas dessa categoria de depósitos, sempre presentes nas paragêneses de alteração hipogênicas nos graus incipiente e fraco*. Têm seus teores em Fe, Mg e Ca diretamente controlados pelas rochas hospedeiras dos filões, variando desde *sideritas* até *calcitas*, gradando com *dolomitas* e *ankeritas*. Misturam-se ao quartzo dos filões e constituem, volumetricamente, a maior parte dos minerais hipogênicos das zonas de alteração mais próximas aos contatos. *Nos terrenos de grau metamórfico médio, o carbonato hipogênico restringe-se ao interior dos filões e, invariavelmente, é a calcita*. A partir do limite superior do grau médio, as paragêneses de alteração hipogênicas têm ampla variedade de *silicatos cálcicos, como anfibólios, clinopiroxênios da série diopsídio-hedenbergita, epidoto e grossulária*.

Se as hospedeiras forem formações ferríferas bandadas não deformadas (Fig. 7.3A), o veio de quartzo que preenche a zona cisalhada será margeado por zonas de alteração com granadas, cloritas e sulfetos de ferro e arsênio (pirita, pirrotita e arsenopirita). Se forem deformadas (Figs. 7.3B,C),

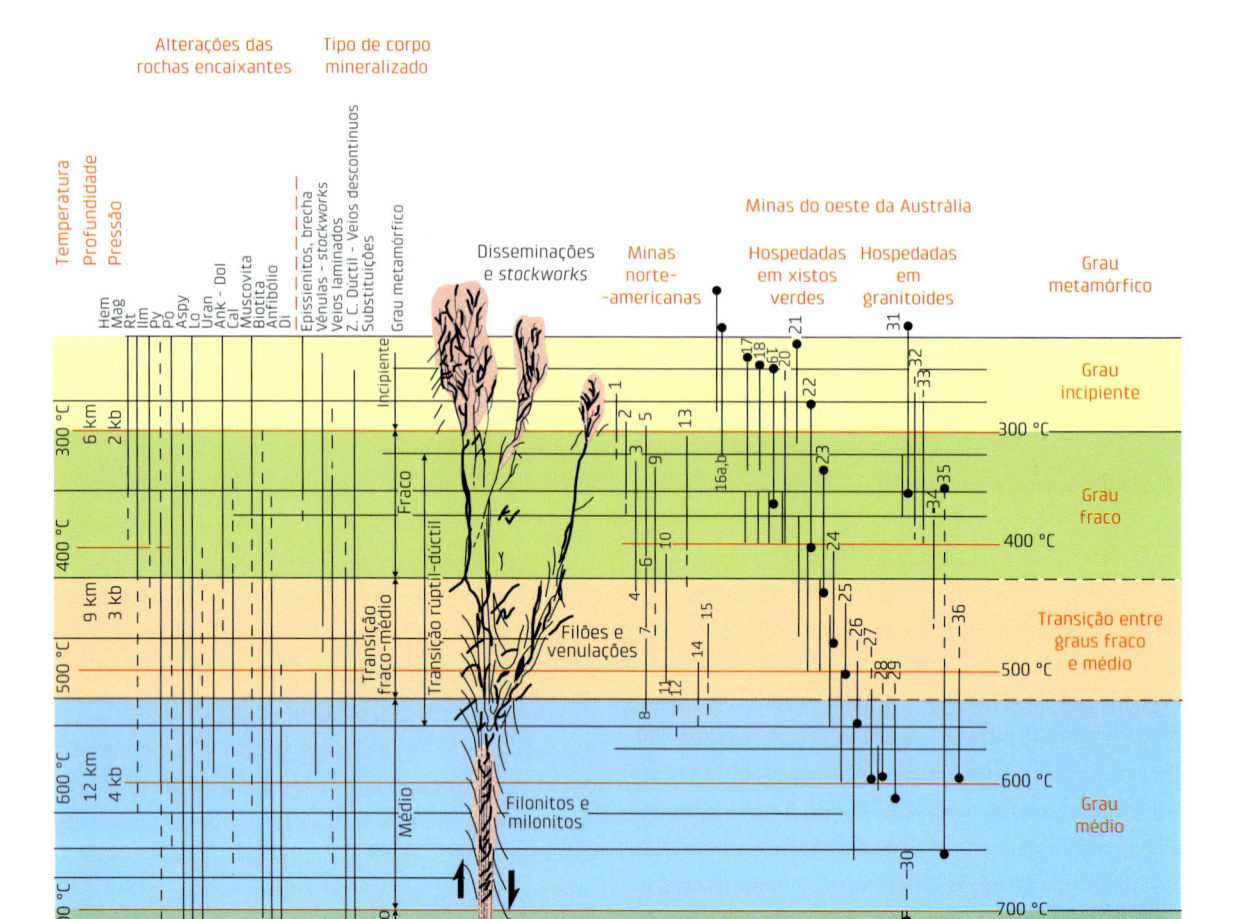

Fig. 7.1 Diagrama composto que ilustra a correlação entre a composição mineral relacionada à alteração hipogênica das zonas de cisalhamento mineralizadas com ouro, a morfologia dos corpos mineralizados e a variação dos graus metamórficos das regiões onde estão os depósitos. À direita, as linhas verticais mostram a variação da temperatura das paragêneses das zonas alteradas e dos minérios de diversas minas identificadas por números (*vide* legenda). À esquerda, estão indicadas as condições físicas (pressão, temperatura, profundidade) nas quais os depósitos se formaram, os tipos de filões e os minerais silicatados, carbonatados e metálicos que constituem as paragêneses das zonas de alteração hipogênicas e os minérios. Abreviações: hem = hematita, mag = magnetita, rt = rutilo, ilm = ilmenita, py = pirita, po = pirrotita, aspy = arsenopirita, lo = loelingita, ank = ankerita, dol = dolomita, cal = calcita, di = diopsídio e uran = uraninita. Depósitos minerais: América do Norte: 1. Ross, 2. Kirkland Lake, 3. Dome, 4. Hollinger--McIntyre, 5. Couchenor-Willans, 6. Campbell, 7. Dickenson, 8. Madsen, 9. Geralton, 10. Doyon, 11. Bousquet, 12. Musselwhite, 13. Sigma--Lamaque, 14. Lupin, 15. Detour. Oeste da Austrália: 16a. Wiluna (primeira fase), 16b. Wiluna (última fase), 17. Lance Field, 18. Golden Mile, 19. Mont Charlotte, 20. Harbour Lights, 21. Sons of Gwalia, 22. Hunt, 23. Victory-Defiance, 24. North Royal, 25. Crown-Mararoa, 26. Scotia, 27. Fraser's, 28. Nevoria, 29. Marvel Loch, 30. Griffin's Find, 31. Lady Beautiful, 32. Granny Smith, 33. Porphyry, 34. Great Eastern, 35. Westonia. Brasil: 36. Lagoa Real (BA) (modificado de McCuaig e Kerrich, 1998)

o quartzo do veio original, pré-deformação, juntamente com o ouro se deslocarão para as regiões axiais das dobras, onde geralmente são laminados pela reativação do cisalhamento. A principal alteração das encaixantes continuará a ser sulfetada.

7.2.2 Processo formador dos depósitos de ouro em zonas de cisalhamento em ambientes metamórficos

O fluido mineralizador dos depósitos de ouro em zonas de cisalhamento em ambientes metamórficos é aquoso, com SiO_2, CO_2 e ouro. Fluidos vindos de grande profundidade, liberados durante a granulitização de rochas que ocorre na base da crosta em ambientes de subducção (Fig. 7.4, fluido 4), geralmente são ricos em CO_2. Isso acontece porque a gênese de granulitos envolve a liberação de grandes volumes de CO_2, uma parcela dos quais deve ser focalizada nas partes racinais de falhas que atingem a base da crosta e migrar em direção à superfície. Se houver ouro nesses ambientes *de alto grau metamórfico* (T > 550 °C), provavelmente será transportado como $AuCl_2$.

O CO_2, junto a S e Au, geralmente é derivado da espilitização de rochas ultramáficas (komatiíticas) e máficas, sobretudo arqueanas, de regiões de cinturões de rochas

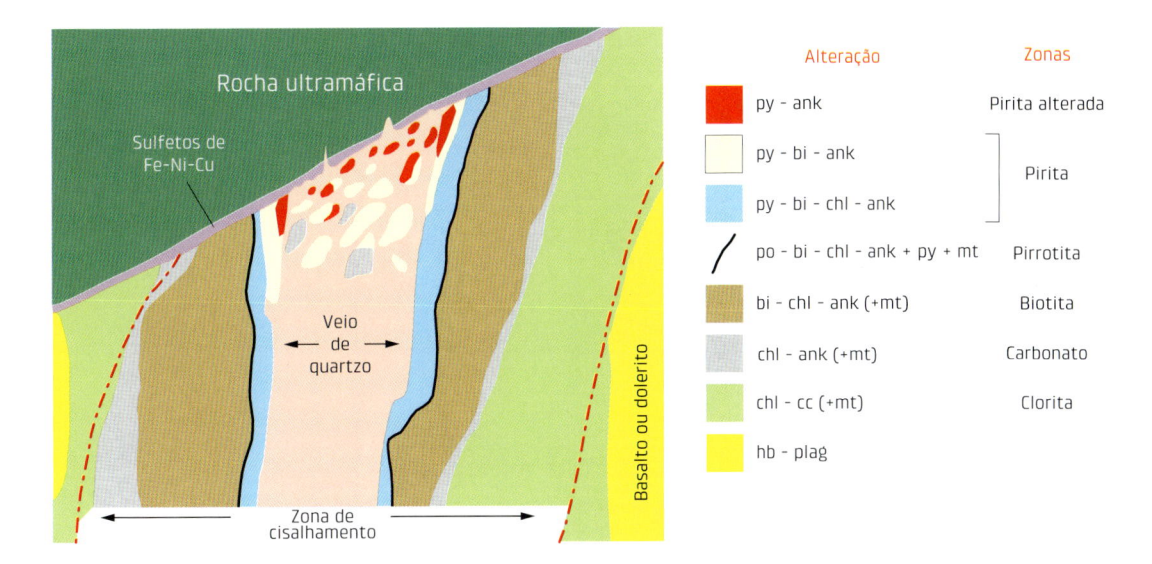

Fig. 7.2 Seção esquemática da mina Hunt (Austrália), de ouro em zona de cisalhamento, mostrando as zonas de alteração hipogênicas associadas ao veio de quartzo mineralizado. Todas as paragêneses têm ao menos um mineral carbonático, o que é característico das alterações hipogênicas desse tipo de depósito. Abreviações: ank = ankerita, bi = biotita, cc = calcita, chl = clorita, hb = hornblenda, mt = muscovita, plag = plagioclásio, po = pirrotita e py = pirita (Neall; Phillips, 1987)

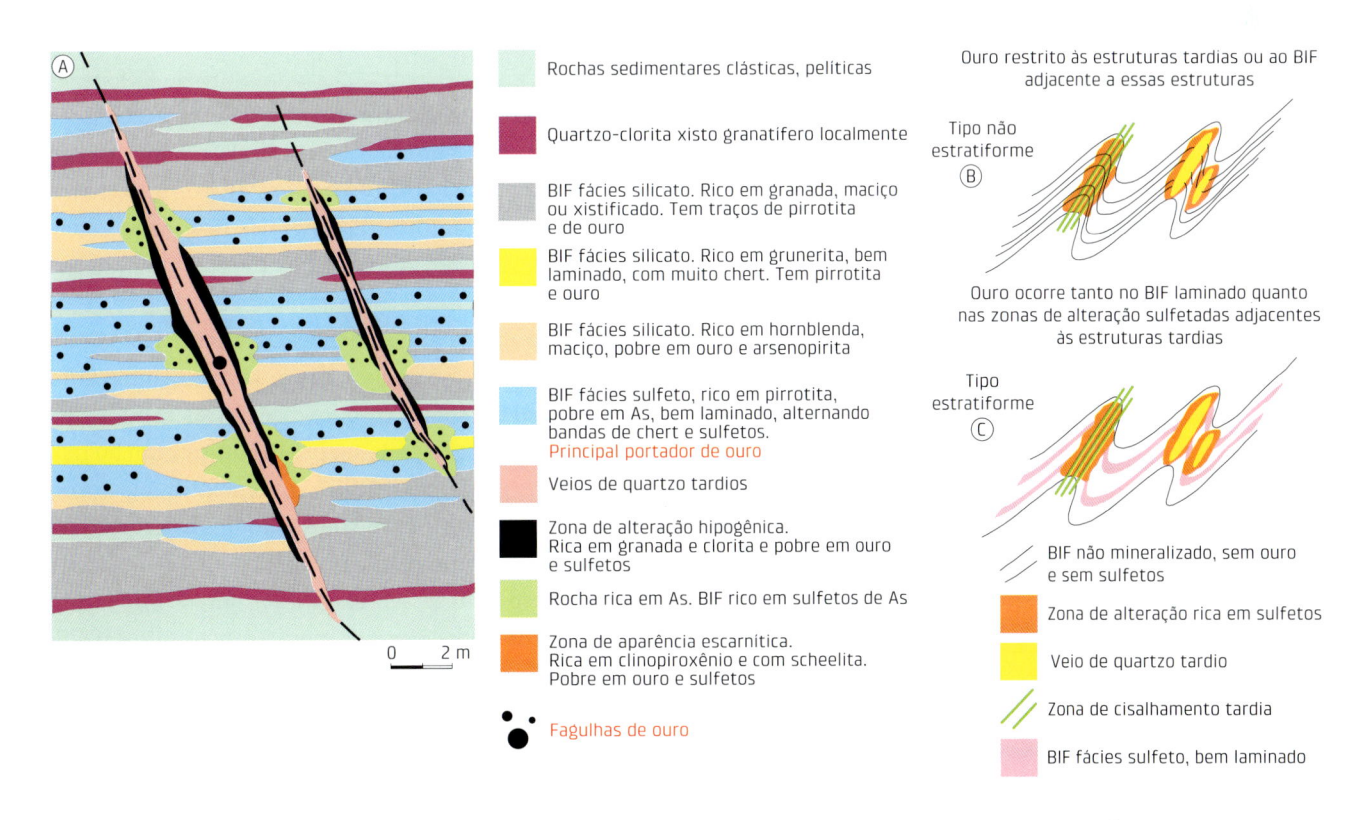

Fig. 7.3 (A) Esquema dos tipos de depósitos de ouro formados em zonas de cisalhamento que cortam formações ferríferas bandadas. Esquema do corpo mineralizado da mina Lupin, do subsistema metamórfico dinâmico, com minério de ouro em veios de quartzo, dentro e nas adjacências das zonas de cisalhamento, e também nas camadas de formação ferrífera fácies sulfeto. Notar a formação de bolsões ricos em ouro nos locais onde a zona de cisalhamento corta camadas da formação ferrífera aurífera. Nesse caso, conforme a alteração hidatogênica aumenta, o bandamento original do BIF tende a desaparecer e, na zona de cruzamento da ZC com o BIF, formam-se bolsões de pirita aurífera cada vez com mais pirita, à medida que diminui a distância até o cruzamento. (B) Depósitos de ouro *não estratiforme*, em regiões metamorfizadas e deformadas, ocorrem nas adjacências dos veios de quartzo que ocupam a zona axial de dobras. (C) Depósitos como o mostrado na figura (B), porém gerados em meio a formações ferríferas bandadas previamente mineralizadas com ouro. Nesse caso, há ouro junto aos veios de quartzo e também nas camadas sulfídicas das formações ferríferas (Kerswill, 1993)

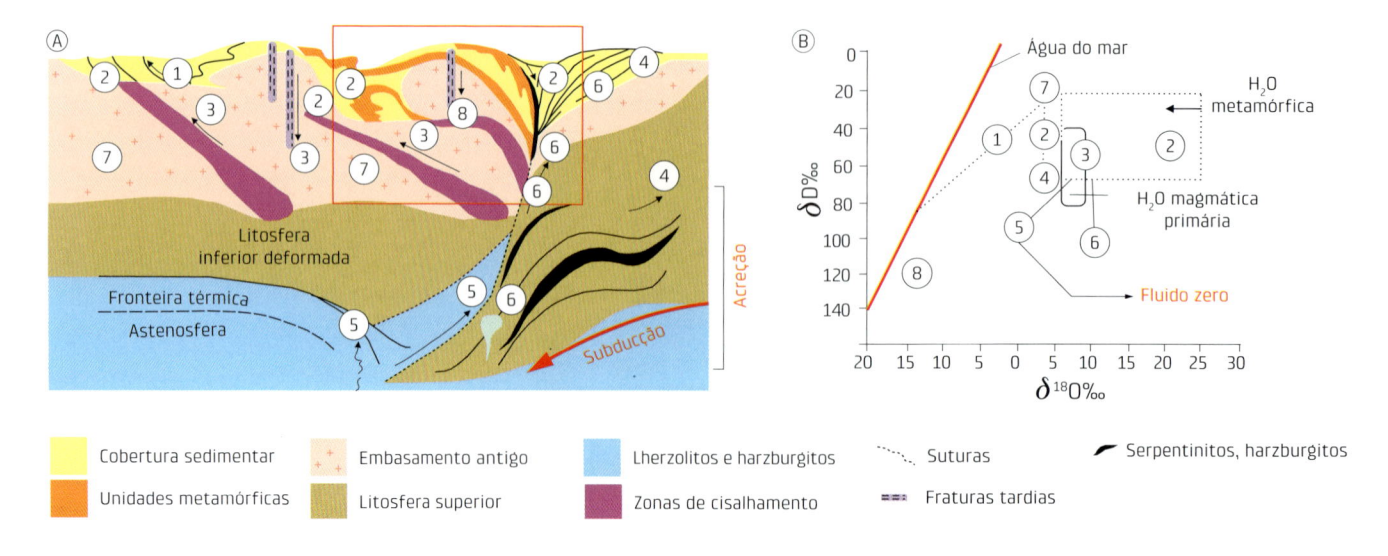

Fig. 7.4 Diagrama esquemático que ilustra os locais de gênese de fluidos que existem em um ambiente orogênico transpressivo, acrescional e/ou colisional. Fluido (1): águas expelidas de rochas supracrustais, que migram segundo as zonas de cisalhamento de baixo ângulo. Fluido (2): fluidos sintectônicos oxidantes. Fluido (3): fluidos metamórficos provindos de embasamentos antigos. Fluido (4): fluidos metamórficos provindos da desidratação de litosferas oceânicas subduzidas, que seriam os principais agentes mineralizadores das zonas de cisalhamento. Fluido (5): voláteis, provindos do manto superior, liberados pela descompressão tarditectônica que ocorre sobre a região de sutura. Fluido (6): fluidos magmáticos provindos de trondhjemitos originados da fusão da litosfera subduzida. Fluido (7): salmouras provindas de unidades supracrustais que descem ao embasamento durante a fase extensional. Fluido (8): fluidos meteóricos provindos da superfície (McCuaig; Kerrich, 1998)

verdes (Fig. 7.6A) que são deformados após a inversão tectônica do sistema (Fig. 7.6B). Adicionalmente, CO_2 também é liberado durante o metamorfismo de rochas carbonosas, sobretudo de margas carbonosas.

Os fluidos metamórficos finais do sistema hidatogênico, geneticamente relacionados aos depósitos em zona de cisalhamento de regiões metamorfizadas, resultam da desvolatização causada pelo metamorfismo, em condições de P e T correspondentes à transição entre os graus fraco e médio (Figs. 7.5 e 7.6C,G,H,J) e, em casos menos frequentes, do grau médio para o forte (Figs. 7.6D,E,F), de sequências supracrustais de origens marinhas acrescidas em margens continentais convergentes (= os folhelhos e margas carbonosas). Nesse tipo de ambiente (Figs. 7.5 e 7.6), na região com paragêneses de menor temperatura (grau metamórfico fraco, ou xisto verde), os minerais hidratados recristalizam-se para fases menos hidratadas (grau metamórfico médio, ou anfibolito). Os fluidos liberados nessa transformação (= desidratação) são denominados fluidos de desvolatização. Esses fluidos deslocam-se em direção às regiões menos aquecidas, infiltrando-se através das rochas ou focalizados em canais de maior permeabilidade, como as falhas e zonas de cisalhamento (Fig. 7.5).

O CO_2 derivado da granulitização que ocorre em regiões de subducção (Fig. 7.4) pode juntar-se ao CO_2, ao H_2O, ao S e ao Au derivados da desvolatização de rochas vulcânicas básicas e ultrabásicas (Fig. 7.5) espilitizadas do assoalho oceânico (Fig. 7.6A) e do metamorfismo de rochas sedimentares carbonosas, tectonizadas e metamorfizadas. Essas rochas são consumidas na subducção e assimiladas pelos magmas de anatexia. Parte dessa mistura de fluidos, em estado supercrítico, infiltra-se nas rochas e ascende por zonas de cisalhamento.

O fluido de desvolatização rico em Au, As, S, CO_2 e metais se desloca por infiltração e segundo descontinuidades das rochas em direção às regiões menos quentes e de menor pressão. A migração continuará e os fluidos serão dispersos, sem que algum depósito mineral seja gerado, se não ocorrerem fenômenos que desestabilizem o fluido e causem a precipitação do ouro e de outros solutos.

A desestabilização pode ser provocada por um ou mais dos seguintes processos: (a) Resfriamento do fluido e precipitação dos solutos conforme seus produtos de solubilidade sejam sequencialmente atingidos. Este parece ser o principal processo de desestabilização dos fluidos mineralizadores dos ambientes de graus metamórficos alto e médio, nos quais o fluido contém complexos clorados (tipo $AuCl_2^-$). Em graus metamórficos fraco e incipiente, os complexos clorados são instáveis e o ouro passa a migrar ligado a tiossulfetos, com a composição $Au(HS)_2^-$. (b) Oxidação dos fluidos e precipitação de substâncias que são estáveis em solução somente quando reduzidas. (c) Redução dos fluidos e precipitação de substâncias que são estáveis em solução somente na forma oxidada. (d) Aumento do pH dos fluidos, principalmente quando houver complexos clorados em solução. (e) Diminuição da ΣS (= precipitação de sulfetos nos filões e nas encaixantes) dos fluidos, sobretudo em fluidos que tenham tiossulfetos ($Au(HS)_2^-$) em solução.

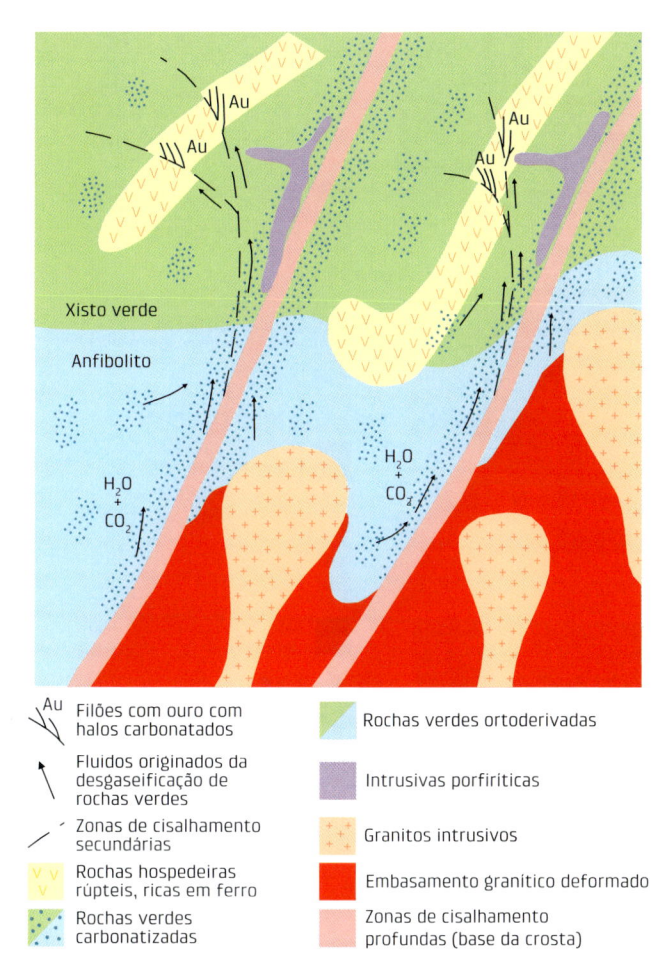

Fig. 7.5 Esquema geral da migração dos fluidos das zonas de mais alto para as de mais baixo grau metamórfico. Esses fluidos são gerados pela recristalização metamórfica de minerais hidratados em minerais menos hidratados. Se focalizados em falhas, esses fluidos poderão migrar até terem seus solutos desestabilizados e gerar depósitos minerais. Depósitos formados desse modo são considerados como de zona de cisalhamento, do subsistema metamórfico dinamotermal

A *precipitação de sulfetos* causa a precipitação de Au e As em rochas ricas em minerais com ferro, principalmente nas zonas axiais de dobras e nos ápices de anticlinais, assim como em falhas e zonas de cisalhamento nos locais onde cruzam rochas ricas em minerais com ferro. Em todos esses locais, o ouro é desestabilizado e precipita junto com pirita segundo a reação:

Fe^{2+} (de mineral das rochas encaixantes com ferro) + $2Au(HS)_2^-$ (fluido mineralizador) + $2H_2$ → FeS_2 (pirita) + Au^0 (Au livre) + $2H_2S$

Os metais algumas vezes transportados junto com o ouro, principalmente As, Pb, Cu e Zn, precipitam como microinclusões de galena, esfalerita e calcopirita no interior dos agregados metamórficos de pirita.

Devido à elevação da temperatura, em meio a rochas carbonosas (metafolhelhos carbonosos, grafita xistos etc.), ao mesmo tempo que precipitam ouro e pirita forma-se metano segundo a reação:

$$2C + 2H_2O \rightarrow CH_4 + CO_2$$

Os pulsos fluidos subsequentes serão reduzidos pela presença do CH_4, o que também contribui para a precipitação do ouro (Field; Kerrich; Kyser, 1998). Simultaneamente à precipitação do ouro e da pirita precipitam carbonatos, que perfazem a alteração hidatogênica típica dos depósitos de ouro associados a zonas de cisalhamento (denominados *orogenic gold*).

A diminuição da temperatura e da salinidade e o aumento do pH dos fluidos também causam a precipitação da sílica junto aos sulfetos, carbonatos e mica. Ao final desse processo, a zona de estará preenchida por quartzo e carbonato, as encaixantes estarão carbonatadas, silicificadas e muscovitizadas e o ouro estará livre no filão de quartzo e/ou nas encaixantes.

O avanço das isógradas do metamorfismo poderá fazer com que depósitos formados como anteriormente descrito sejam submetidos a temperaturas maiores, correspondentes às condições metamórficas dos graus médio e alto (Fig. 7.6D). O aumento da temperatura causará, inicialmente, a destruição dos carbonatos e a dispersão do CO_2. O depósito passará a ser de pirita e ouro junto ao quartzo, sem encaixantes carbonatadas. A persistência de temperaturas elevadas ou o aumento da temperatura poderá causar a destruição dos sulfetos e a dispersão do enxofre (Figs. 7.6E,F). Nesse grau de metamorfismo, a pirita será transformada em pirrotita e, em alguns locais, será parcialmente ustulada, e as encaixantes serão xistificadas ou gnaissificadas. As rochas hospedeiras que constituem o halo de alteração hidatogênica hipogênica serão também xistificadas, gerando xistos a biotita, muscovita, cordierita, silimanita e feldspato K, com características diferentes de xistos para- ou ortoderivados (Phillips; De Nooy, 1988).

7.2.3 Processo formador dos depósitos de ouro em zonas de cisalhamento contidas em rochas com composição granítica

Em *zonas de cisalhamento que cruzam rochas granitoides*, o metassomatismo de K e CO_2 enriquece o fluido em H_2, o que diminui o pH e causa a precipitação de cátions, sobretudo do ouro. A oxidação dos fluidos e o metassomatismo de K e CO_2 são os principais processos desestabilizadores das soluções que mineralizam os depósitos filoneanos metamórficos em granitoides. Concomitantemente às reações que causam a precipitação do ouro, uma série de reações de hidrólise, envolvendo o CO_2 do fluido metamórfico, gera carbonatos e muscovita dentro dos veios de quartzo

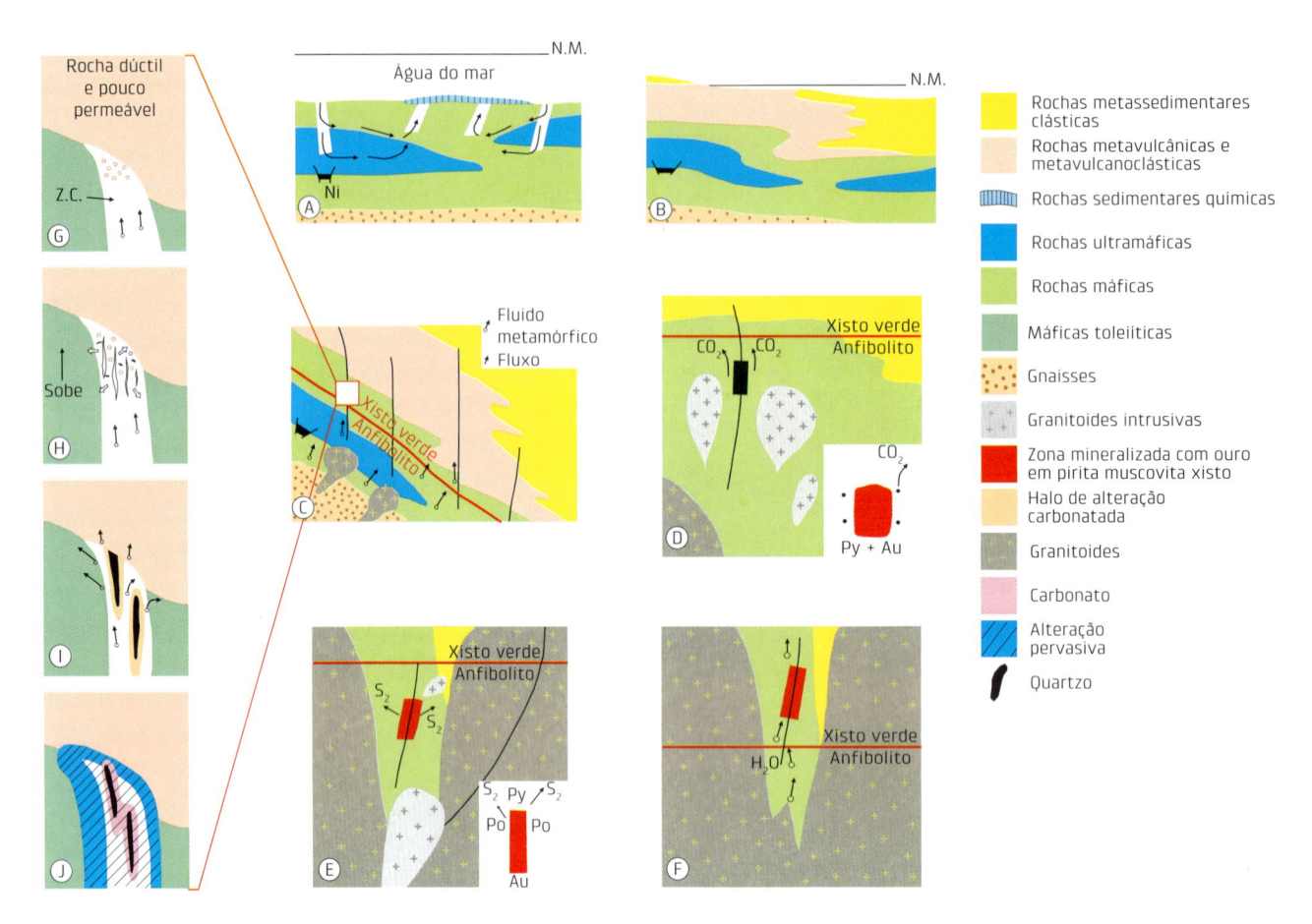

Fig. 7.6 Sequência do processo de gênese dos fluidos e dos depósitos minerais em zonas de cisalhamento de ambientes metamorfizados (modificado de Phillips, 1984, e Phillips e De Nooy, 1988). (A) Espilitização. (B) Soerguimento e deformação de uma sequência vulcânica como a dos cinturões de rochas verdes, com rochas máficas e ultramáficas. (C) O metamorfismo para o grau médio (fácies anfibolito) de rochas máficas e ultramáficas espilitizadas que estavam metamorfizadas nos graus incipiente e baixo (fácies xisto verde) desidrata e desvolatiza os minerais, liberando grandes volumes de H_2O, CO_2 e S que devem somar-se aos fluidos vindos de zonas mais profundas. (D) Caso o depósito seja submetido a temperaturas mais elevadas, iguais ou maiores do que as do grau médio, ocorrerá a desvolatização do sistema, inicialmente com a perda de CO_2. (E) A persistência de temperaturas elevadas causa perda de enxofre, bem como transformação da pirita em pirrotita e da paragênese silicatada hipogênica em um xisto. (F) Após a transformação, extinto o sistema metamórfico e diminuída a temperatura, poderá ocorrer um retrocesso nas reações metamórficas, devido à invasão do sistema por águas conatas ou meteóricas de baixa temperatura. (G) A diminuição de permeabilidade das zonas de cisalhamento pode ser causada, por exemplo, pela presença de uma rocha mais dúctil, menos competente. (H) A diminuição da velocidade de migração dos fluidos concentra e aumenta a pressão das fases fluidas, o que (I) facilita a reação com os silicatos de ferro, Ca e Mg das rochas encaixantes e a formação de um halo carbonatado. A diminuição da temperatura e da salinidade dos fluidos causa a precipitação da sílica junto aos sulfetos, carbonatos e mica. (J) Ao final desse processo, a zona de cisalhamento estará preenchida por quartzo e carbonato, as encaixantes estarão carbonatadas, silicificadas e muscovitizadas e o ouro estará livre no quartzo do filão e/ou nas rochas hospedeiras

e nas encaixantes. Uma dessas reações, provavelmente a principal, seria:

$$3(Mg,Fe)_4Al_2Si_2O_{10}(OH)_8 +$$
Clorita aluminosa
$$6Ca_2Al_3Si_3O_{12}(OH) + 6SiO_2 +$$
Epidoto   Sílica
$$24CO_2 + 10K^+ \rightarrow 10KAl_3Si_3(OH)_2 +$$
Muscovita
$$+ 12Ca(Mg,Fe)(CO_3)_2 + 10H^+$$
Dolomita ferrífera
(causa diminuição do pH e precipita ouro)

Essa reação, que provoca metassomatismo de K e CO_2, seria a mais comum, capaz de gerar as zonas de alteração nas hospedeiras graníticas dos depósitos filoneanos metamórficos de ouro hospedados em granito.

Deve ser ressaltado que os filões metamorfogênicos de ouro em rochas granitoides são difíceis de diferenciar dos veios hidrotermais plutogênicos (*intrusion related*). Os fluidos mineralizadores que formam os depósitos de ouro classificados como *intrusion related* são, também, fluidos de baixa salinidade, ricos em CO_2, e associam-se geneticamente a granitoides, mais precisamente a plutões graníticos derivados de magmas reduzidos.

7.2.4 Processo mecânico formador dos depósitos hidatogênicos metamórficos em zonas de cisalhamento e das zonalidades da alteração hidatogênica hipogênica desses depósitos

Microestruturas formadas por dissoluções e deslocamentos devidos a deslizamentos sob pressão dirigida observados nos depósitos minerais de zonas de cisalhamento indicam ambientes confinados sob alta pressão e pressões de fluido supra-hidrostáticas. Nessas condições, os sistemas de falhas conjugadas geram situações nas quais a pressão de fluidos pode variar localmente. Com a ativação de um sistema de cisalhamento, as fraturas de extensão propagam-se e a pressão de fluidos P_f (Fig. 7.7A) sobe até um máximo em t_1, quando P_f se iguala a $\sigma_3 + T$ (tensão de ruptura da rocha). Até ocorrer a ruptura, em t_2, a pressão de fluido dentro da falha (pressão em regime supralitostático) é maior que na rocha hospedeira (pressão de confinamento ou litostática). Nessa fase o fluido é pressionado para dentro das encaixantes (Fig. 7.7B), onde ele pode reagir (sulfetação, carbonatação, muscovitização, silicificação etc.) e gerar halos de alteração hidatogênica hipogênica. A ruptura da falha principal, em t_2, abre espaço (fraturamento hidráulico) e inverte a direção do fluxo de fluido, tornando a pressão de fluido na falha conjugada menor do que a das rochas encaixantes (pressão em regime sublitostático). A partir de t_2 até t_3, quando ocorre a reversão no sentido de percolação do fluido, o fluido sairá das encaixantes em direção à falha (Fig. 7.7C). A repetição e a alternância de períodos com atividade tectônica e períodos de calmaria tectônica causam a repetição desse processo e a ação de fluxos sucessivos, que geram veios bandados e/ou progressivamente deformados.

7.3 Depósitos de urânio em epissienitos em zonas de cisalhamento de regiões metamorfizadas

7.3.1 Sienito, epissienito e epissienitização

Denomina-se epissienitização a transformação de uma rocha com composição granitoide em outra com composição sienítica, devido à dissolução da sílica e à cristalização de albita. A essa nova rocha dá-se o nome de epissienito, para diferenciá-la dos sienitos ígneos. É comum que rochas epissienitizadas sejam mineralizadas em urânio e em estanho. Discute-se muito se a mineralização e a epissienitização de uma rocha são um processo único ou se são dois processos distintos. Leroy (1978), Cathelineau (1986) e González-Casado et al. (1996) consideram que a epissienitização e a mineralização são consequência de um processo

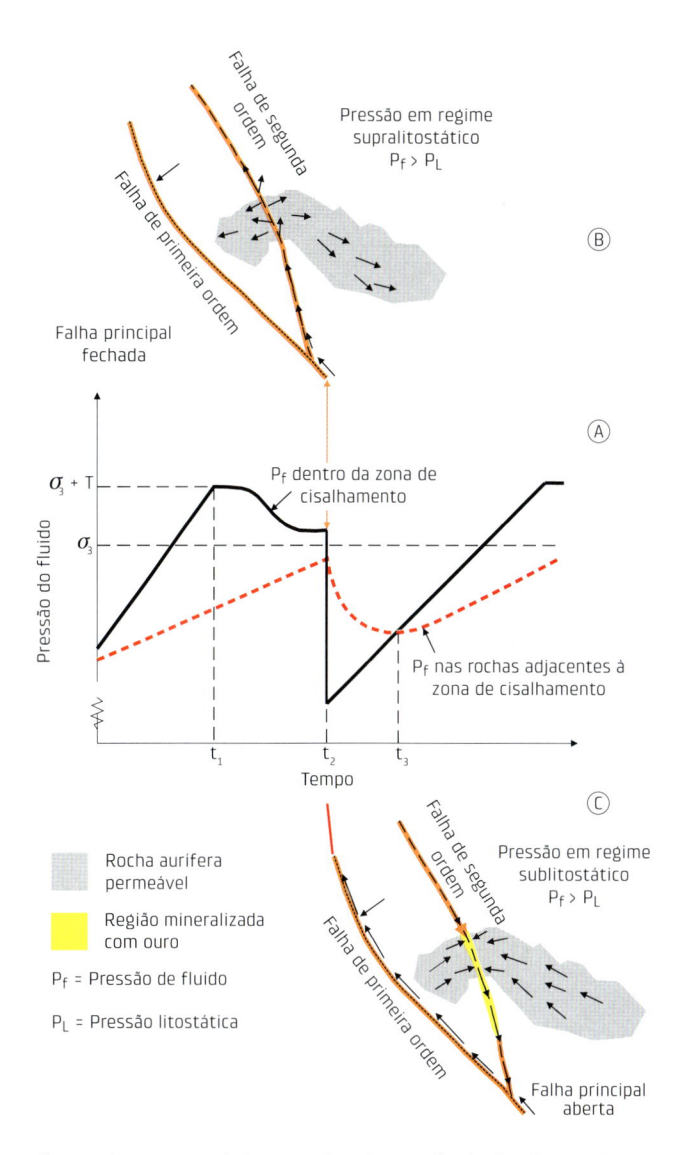

Fig. 7.7 Sistema mecânico gerador da sequência dos fluxos de fluidos e das zonalidades da alteração em torno de depósitos formados em zonas de cisalhamento (Hodgson, 1989). (A) Em regime supralitostático, até t_2, a pressão de fluidos na falha é maior do que nas encaixantes. Em regime sublitostático, entre t_2 e t_3, o processo será invertido. (B) Migração dos fluidos da falha para as encaixantes, causando as alterações hidatogênicas hipogênicas. (C) Após o rompimento da rocha, o sentido de migração do fluido se inverte, indo da rocha para a falha. A repetição desse processo causa a formação das zonas de alteração em torno dos depósitos filoneanos dinamotermais

único, porém ainda relacionado a episódios de distensão crustal e alojamento de diques máficos e/ou ultramáficos. Outros autores consideram a epissienitização um processo tardimagmático ou deutérico (Charoy; Pollard, 1989; Recio et al., 1997; Costi et al., 2002), e outros a consideram consequência da infiltração, ebulição e condensação de água meteórica (Turpin; Leroy; Sheppard, 1990) e que a contribuição desse processo à mineralização seria somente estrutural, gerando porosidade. Petersson, Whitehouse e Eliasson (2001) e Cuney e Kyser (2008) consideram que a mineralização é tardia em relação à epissienitização e que seria consequência de extensão crustal e da intrusão de diques básicos.

7.3.2 Depósitos hidatogênicos metamórficos de urânio em epissienitos

Os epissienitos são rochas compostas essencialmente por albita + aegerina-augita + andradita + hematita. Quando mineralizados, a uraninita é o mineral de minério do depósito. A paragênese dos epissienitos muda conforme a composição da rocha original e a intensidade do metassomatismo. A alteração tardia dos epissienitos, causada pelo refluxo de água quente, pode gerar prehnita, calcita e biotita.

Os depósitos de urânio em epissienitos formam-se em zonas de cisalhamento em condições metamórficas de grau médio a alto. Os fluidos mineralizadores, com temperaturas entre 500 °C e 550 °C e a pressões de cerca de 4 kb (Lobato et al., 1983; Lobato; Fyfe, 1990), causam uma série de reações metassomáticas que transformam profundamente as rochas cisalhadas por eles percoladas. O metassomatismo gera uma série de corpos tabulares, com dimensões de até 1.000 m de comprimento, 100 m de largura e mais de 350 m de extensão em profundidade, de epissienitos mineralizados com petchblenda (Fig. 7.8).

Nos depósitos de urânio em epissienitos, as salinidades dos fluidos variam de 0 a 20% equivalentes em peso de NaCl. Os valores de $\delta^{18}O$ da fase fluida variam entre −0,8 e +7,3 nos albititos não mineralizados e entre −3,7 e +2,6 nos mineralizados. As razões isotópicas mais leves são compatíveis com água meteórica ou com águas-marinhas conatas, aprisionadas em sedimentos e remobilizadas pelo sistema termodinâmico local. Esse fluido lixivia SiO_2, K_2O, Rb e Ba dos gnaisses e milonitos e os enriquece em Na_2O, Fe_2O_3, Sr, Pb, V e U (Lobato; Fyfe, 1990).

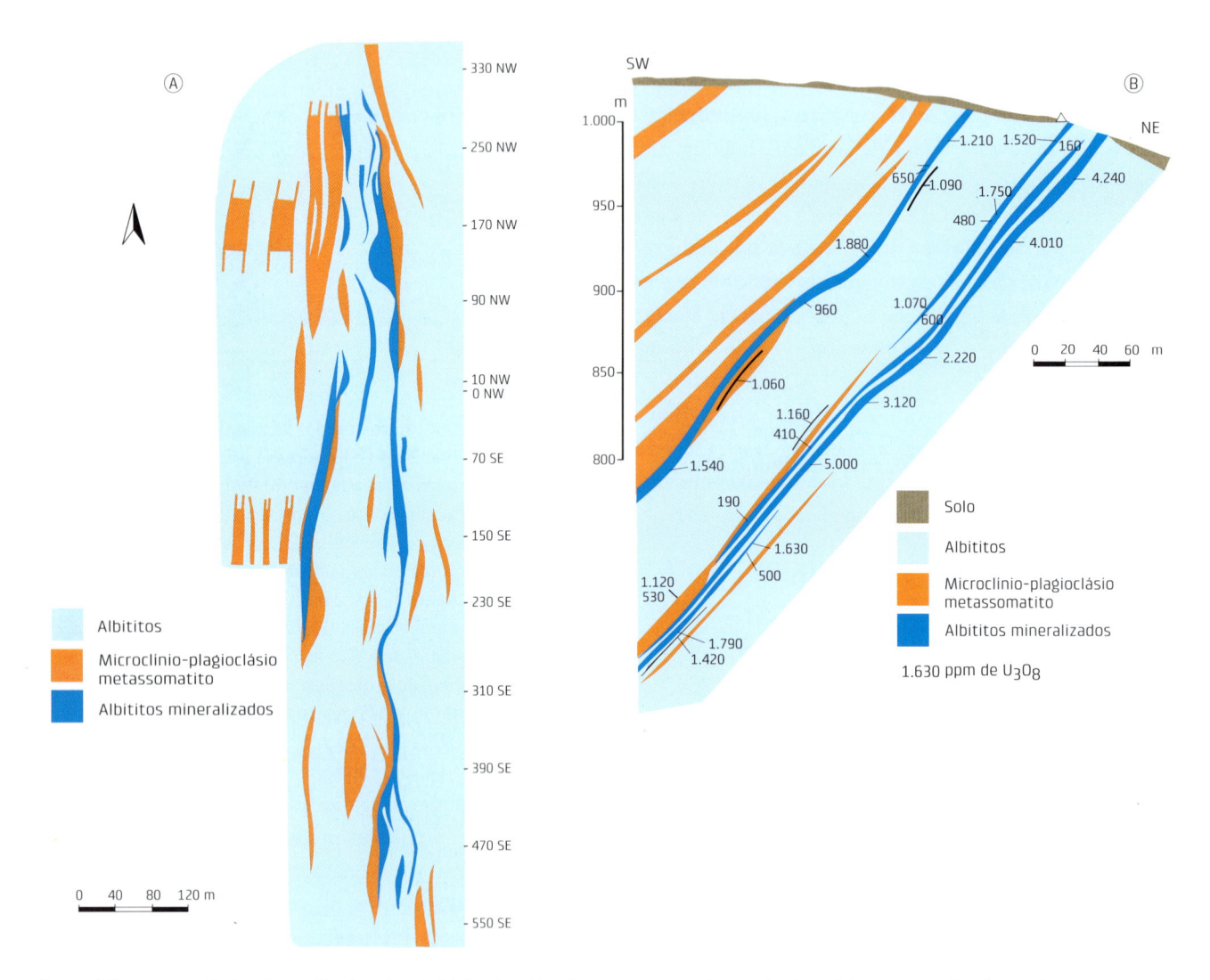

Fig. 7.8 (A) Mapa geológico da região da mina Rabicha, localizada em Lagoa Real, Estado da Bahia, mostrando alguns dos corpos mineralizados do depósito de urânio em epissienitos. O minério, constituído por albititos (considerados epissienitos) ricos em uraninita, está em meio a albititos não mineralizados. Toda a região está em uma zona de cisalhamento na qual houve a percolação de fluidos metassomáticos que transformaram gnaisses em albititos ou epissienitos. (B) Seção geológica na área mineralizada da mina Rabicha (Lobato; Fyfe, 1990)

7.3.3 Processo geológico formador dos depósitos hidatogênicos metamórficos de urânio em epissienitos – depósitos de Margnac (França) e de Lagoa Real (BA, Brasil)

As condições de gênese dos depósitos de urânio em epissienitos em Margnac e Lagoa Real são (Leroy, 1978):

Fase progradacional

Fluidos exalados aquosos ricos em CO_2 sobem em direção à superfície via zona de cisalhamento em um granito a duas micas com elevado teor de fundo em urânio. Esses fluidos, com temperaturas entre 350 °C e 400 °C, lixiviam o quartzo e o urânio do granito e formam epissienito feldspático com muitas cavidades, em consequência da lixiviação do quartzo. O feldspato potássico é transformado em albita segundo a reação:

$$\text{Feldspato K} + Na^+ \rightarrow \text{albita} + K^+ + Ca^{2+}$$

O *front* metamórfico desvolatiza anfibólios e biotitas, gerando um fluido rico em Na_2O, Fe_2O_3, Sr, Pb, V e U. Esse fluido lixivia o quartzo dos gnaisses encaixantes, destrói os anfibólios e cristaliza albita, aegerina-augita, andradita e hematita-magnetita.

O fluido com CO_2 transporta urânio em soluções carbônicas, em que o urânio está em solução como carbonato $UO_2(CO_3)_2^{2-}$.

Quando as soluções ricas em carbonato de urânio encontram as cavidades de dissolução (e/ou os espaços gerados pelo cisalhamento), ocorre descompressão e a solução entra em ebulição progressiva (não explosiva). Nesse momento, feldspato é transformado em muscovita, e a solução com carbonato de uranila é desestabilizada segundo a reação:

$$UO_2(CO_3)_2^{2-} + 2H^+ \rightarrow 2HCO_3^- + UO_2^{2+} \text{ (em solução)}$$

Essa reação é iniciada a temperaturas da ordem de 300 °C, devido ao aumento do pH do meio simultaneamente à precipitação de calcita.

O UO_2^{2+} é reduzido e precipita como UO_2 (= petchblenda). Como pirita precipita junto do urânio, presume-se que os agentes redutores sejam complexos sulfurosos, embora hidrocarbonetos também possam desempenhar o mesmo papel.

Durante a ebulição, muito CO_2 escapa do ambiente e a temperatura diminui, o que causa precipitação de marcassita e quartzo microcristalino a temperaturas entre 330 °C e 140 °C.

O abaixamento da temperatura também provoca a transformação da petchblenda em coffinita e a precipitação de barita e fluorita.

A hornblenda da rocha granitoide original é substituída por grossulária/andradita e/ou Fe-hedenbergita por óxidos de ferro:

$$\text{Hornblenda} + O_2 + SiO_2 \rightarrow \text{grossulária/andradita} + \text{Fe-hedenbergita} + \text{magnetita} + \text{fluido} + \text{uraninita}$$

Cristalização de piroxênio (aegerina) e anfibólio sódicos.

Fase retrogradacional

Recristalização retrógrada da aegerina segundo as reações:

$$\text{Aegerina-augita} + H_2O \rightarrow \text{hornblenda} + SiO_2$$
$$\text{Aegerina-augita} + \text{fluido} \rightarrow \text{prehnita} + \text{magnetita}$$

Recristalização retrógrada da andradita:

$$\text{Andradita} + CO_2 \rightarrow SiO_2 + 3CaCO_3 + 1/4\ Fe_2O_3 + 1/2Fe_3 + 1/8O_2$$

Novas evidências petrográficas, de química mineral, litogeoquímicas, geocronológicas, de análises LA-ICP-MS (*laser ablation inductively coupled plasma mass spectrometry*), de microscopia de inclusões fluidas e de análises de inclusões sólidas obtidas e publicadas por Chaves et al. (2007) e Chaves (2011, 2013) indicam que o que foi considerado epissienito em Lagoa Real (Lobato; Fyfe, 1990) é um sienito sódico insaturado (desprovido de quartzo), tardiorogênico, metamorfizado a 1.904 ± 44 Ma (U-Pb em zircões, com LA-ICP-MS), que pertence a um magmatismo máfico-félsico gerado nos estágios finais da Orogênese Orosiriana, no que hoje é o Bloco Paramirim. Esse sienito teria sido gerado pela diferenciação e cristalização fracionada de um magma cuja composição seria a de um diorito alcalino. Segundo Chaves (2011, 2013), as rochas sieníticas, ricas não apenas em albita, mas também em titanita uranífera (mineral-fonte do urânio), solidificaram-se e deformaram-se simultaneamente ao desenvolvimento de zonas de cisalhamento dúcteis orosirianas. As reações metamórficas, que incluem recristalização de minerais da fase magmática, levaram à precipitação de uraninita (1.868 ± 69 Ma; U-Pb com LA-ICP-MS) sob controle redox. Uma segunda geração de uraninitas teria ocorrido durante a reativação das zonas de cisalhamento e o metamorfismo promovidos pela Orogênese Brasiliana (605 ± 170 Ma; U-Pb com LA-ICP-MS). Segundo Chaves (2011, 2013), portanto, em Lagoa Real não haveria epissienitos. As rochas mineralizadas originais seriam sienitos (rochas ígneas) ricos em titanita uranífera. Os eventos de cisalhamento teriam retrabalhado essa rocha e fluidos metamórficos teriam retirado o urânio da titanita, que foi recristalizado como uraninita. Caso comprovado esse novo modelo, Lagoa Real continuará a ser um depósito de urânio geneticamente associado a zonas de cisalhamento, porém não do tipo urânio em epissienitos, e sim um depósito de *urânio em sienito uranífero recristalizado por episódios de cisalhamento*.

7.3.4 Outros processos geológicos formadores dos depósitos hidatogênicos metamórficos de urânio em epissienitos

Mina de urânio Okrouhlá Radoun (Boêmia, República Tcheca)

Dolníček et al. (2014) estudaram a mina de urânio Okrouhlá Radoun, alojada em zona de cisalhamento. Estudos de inclusões fluidas e de isótopos permitiram concluir que, antes da mineralização, rochas graníticas tiveram seus minerais máficos cloritizados a temperaturas menores que 230 °C. O quartzo foi lixiviado e o feldspato K foi albitizado a temperaturas entre 50 °C e 140 °C, por fluidos oxidantes, alcalinos e ricos em Na, o que gerou epissienitos. Na sequência, os fluidos precipitaram uraninita e coffinita.

Fluidos tardios, cujas composições são as de salmouras ricas em Na, Ca e Cl, precipitaram carbonato e sulfetos de metais-base, também a temperaturas entre 50 °C e 140 °C. Os autores concluíram que três fluidos contribuíram para formar o depósito: (a) água meteórica local; (b) salmouras aquosas ricas em Na-Ca e Cl; e (c) fluidos aquosos com SO_4, NO_3, Cl e HCO_3.

Mina de urânio e fosfato Itataia (CE, Brasil)

Itataia, no Estado do Ceará, é o maior depósito de urânio conhecido na América do Sul, com 142.500 t de minério com teor médio de 0,19% de U_3O_8, além de possuir 18 Mt de minério de fosfato com teor médio de 26,35% de P_2O_5 (Mendonça et al., 1985). É, também, um depósito de urânio em epissienitos, porém formado a partir de paragnaisses com grandes lentes de mármore (Mendonça et al., 1985). O gnaisse e os mármores alojam várias apófises graníticas e pegmatíticas.

A mineralização ocorre de diversos modos: (a) grandes corpos mineralizados, com dezenas de metros de espessura, de colofanitos maciços associados a mármores; (b) *stockworks* nos quais os colofanitos preenchem fraturas no mármore; (c) disseminações de colofana e/ou apatita em epissienitos e, subordinadamente, em rochas calciossilicáticas, mármores e gnaisses; (d) material pulverulento, escuro, carbonoso e zirconífero, que cimenta brechas. O principal mineral de minério é a colofana uranífera. O colofanito (rocha composta por apatita amorfocoloidal, de origem sedimentar, típica das fosforitas), principal tipo de minério, é constituído por mais de 80% de colofana, junto a zirconita, titanita, calcita, pirita, ankerita, rutilo e quartzo. Quando alterado, o colofanito tem montmorilonita, caulinita e sericita.

Estudos de inclusões fluidas mostraram que as apatitas do colofanito se formaram a temperaturas menores que 50 °C, muito inferiores àquelas de formação dos epissienitos, estimadas entre 500 °C e 550 °C. Notou-se, também, uma relação direta entre o teor de Na_2O e o de U_3O_8 das rochas, assim como a ausência de correlação entre os teores de U_3O_8 e os de fosfato. Essas informações levaram Mendonça et al. (1985) a relacionarem a mineralização uranífera com a epissienitização e a não vincularem a gênese do depósito à remobilização, pelo metamorfismo e/ou magmatismo tardios, de urânio sedimentar que pudesse existir em fosforitas proterozoicas. Os colofanitos, segundo Mendonça et al. (1985), seriam minérios secundários formados por concentração supergênica a partir dos mármores apatíticos previamente enriquecidos em urânio pela epissienitização. Os mármores ricos em apatita teriam de 2.000 Ma a 2.500 Ma, a epissienitização teria ocorrido no Brasiliano, entre 550 Ma e 600 Ma, e a formação dos colofanitos seria considerada paleozoica.

MISTURA E MUDANÇA DO ESTADO DE OXIDAÇÃO DE FLUIDOS EM AMBIENTES SEDIMENTARES – PROCESSOS MINERALIZADORES HIDATOGÊNICOS SEDIMENTARES

8

8.1 Hidatogenia, hidrotermalismo e sedimentação

Será considerado formado pelo processo *mineralizador hidatogênico sedimentar* todo depósito mineral no qual os processos mineralizadores se desenvolvem em meio a sedimentos ou rochas sedimentares *sem participação de fluidos relacionados a qualquer tipo de magmatismo*. Nesse contexto, os depósitos hidatogênicos sedimentares têm em comum com os sedimentares apenas o fato de estarem *contidos em rochas sedimentares*, pois seus processos geradores nada têm a ver com *a sedimentação, entendida como a sedimentação gravimétrica de minerais ou de precipitados químicos na superfície da litosfera*.

O processo hidatogênico sedimentar forma depósitos minerais em locais onde ocorrem reações ou desestabilizações de soluções em meio a sedimentos ou rochas sedimentares. Os processos mineralizadores sedimentares diagenéticos e os hidatogênicos sedimentares podem ser diferenciados como a seguir:

- Se o fluido mineralizador diagenético for proveniente de outro ambiente que não aquele onde o depósito mineral se formará, e/ou tiver temperatura maior que a da superfície da litosfera no local da sedimentação, o depósito mineral que se formar *após a diagênese se completar* será *hidatogênico* sedimentar.

- Quando o fluido mineralizador diagenético for água meteórica ou marinha proveniente da superfície e ocupar sua posição nos poros do sedimento quando sua temperatura for igual à da superfície na qual houve a sedimentação, o depósito mineral que se formar *após a diagênese se completar* será considerado *hidatogênico diagenético* sedimentar.

Notar que os depósitos hidatogênicos sedimentares estão *contidos em rochas sedimentares, mas não são formados pela sedimentação gravimétrica* de partículas ou de substâncias químicas *na superfície da litosfera*, portanto não são depósitos sedimentares.

O processo de *diagênese*, que transforma sedimento em rocha sedimentar, é bem conhecido. Esse processo é contínuo, evolui após a sedimentação e termina na litificação. Em qualquer bacia sedimentar profunda que está sendo preenchida, quase sempre o fundo da bacia terá *rochas sedimentares* que gradarão em direção à superfície para *sedimentos em processo de diagênese*, que conterão quantidades crescentes de água, até *sedimentos recém-sedimentados* (um lodo clástico, químico ou clastoquímico), junto à interfácie com a água. Nesse tipo de ambiente, devido ao peso da coluna de sedimentos (compactação) e ao gradiente térmico, acontecem deslocamentos de água em vários sentidos, entre o horizontal e o vertical, geralmente de dentro para fora e de baixo para cima das bacias sedimentares. Em uma mesma bacia, em um mesmo momento, portanto, é comum que ocorram processos hidatogênicos (em meio às rochas do fundo da bacia) e sedimentares diagenéticos (em meio aos sedimentos sotopostos). O processo mineralizador hidatogênico sedimentar torna-se evidente quando os fluidos mineralizadores chegam à bacia sedimentar após terminada a diagênese, ou seja, quando percolam rochas sedimentares. Nesse caso, formam-se os depósitos hidatogênicos sedimentares *stricto sensu*, mais precisamente denominados *hidatogênicos sedimentares pós-diagenéticos*. No texto a seguir, quando os diferentes processos forem discutidos, casos de processos mineralizadores que atuam em situações intermediárias entre a diagênese e a hidatogênese serão discutidos.

8.2 Depósitos de Pb – Zn (Ba) em rochas carbonáticas plataformais tipo Mississippi Valley

8.2.1 Geometria e composição dos corpos mineralizados

Considerados individualmente, depósitos de Pb – Zn (Ba) Mississippi Valley são pequenos, mas sempre ocorrem em grupos, que constituem distritos mineiros. A maioria dos depósitos tem menos de 10 Mt de minério e o recurso médio está entre 0,2 Mt e 2 Mt.

Esses depósitos sempre ocorrem em meio a rochas carbonáticas dolomíticas, ou em dolomitos esparríticos brancos, secundários, formados por substituição de calcários ou de dolomitos plataformais. São muito raros os depósitos contidos inteiramente em calcários. A largura da banda dolomítica em torno do depósito pode ter de alguns centímetros a vários quilômetros. Geralmente as unidades carbonáticas mineralizadas estão junto a camadas de rochas sedimentares clásticas (arenitos, grauvacas e tufos), porosas e permeáveis ou superpõem-se discordantemente ao embasamento. Esses conjuntos, com rochas carbonáticas mineralizadas e rochas clásticas, ocorrem confinados por camadas de rochas impermeáveis ou pouco permeáveis, normalmente folhelhos, argilitos ou siltitos.

Esses depósitos minerais formam-se sempre em locais onde há descontinuidades físicas em meio às rochas carbonáticas. A Fig. 8.1 é um esquema feito por Callahan (1967) que sintetiza as várias condições em que foram encontrados depósitos tipo Mississippi Valley no distrito norte-americano dos Apalaches.

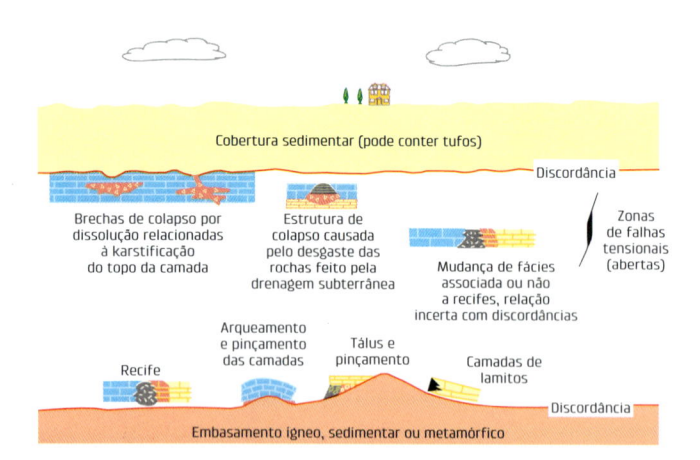

Fig. 8.1 Esquema mostrando que os depósitos de Pb – Zn tipo Mississippi Valley ocorrem em meio a rochas carbonáticas plataformais, em locais onde haja algum tipo de descontinuidade física. A maioria dos depósitos ocorre substituindo e/ou cimentando brechas de colapso (tipo apalachiano, Fig. 8.2) ou junto a locais de mudança de fácies litológica, associados a paleoaltos (tipo Missouri, Fig. 8.3) (Callahan, 1967)

A maior parte dos depósitos ocorre em meio a dolomitos, substituindo e/ou cimentando brechas de colapso. Esses depósitos predominam nos Apalaches (EUA), tornando-se conhecidos como Mississippi Valley tipo *apalachiano* (Fig. 8.2). Outros depósitos ocorrem em locais onde há mudança litológica de fácies associadas a paleorrelevos. Estes últimos predominam no sudeste do Missouri (EUA) e, por isso, tornaram-se conhecidos como Mississippi Valley tipo *Missouri* (Fig. 8.3).

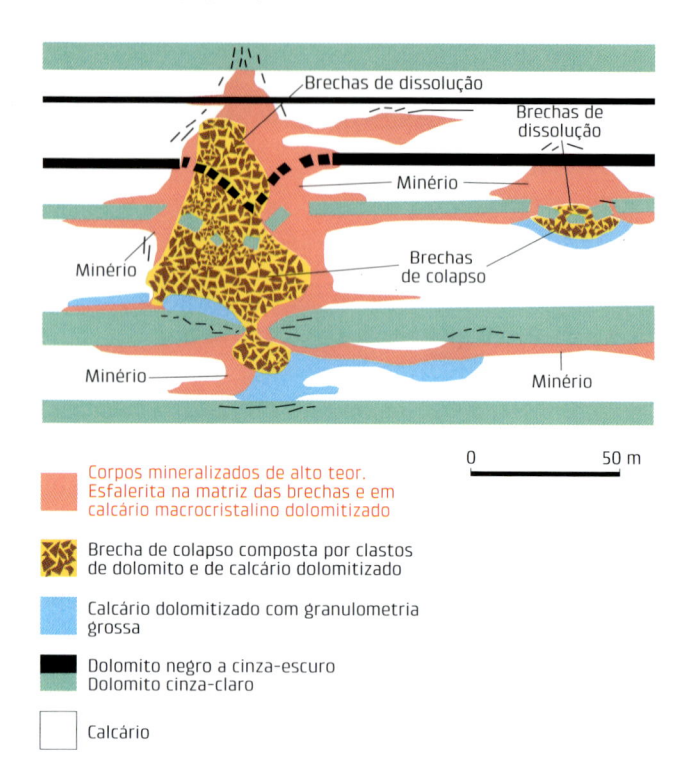

Fig. 8.2 Forma típica dos depósitos Mississippi Valley tipo apalachiano. Esses depósitos formam-se por substituição da matriz e fragmentos e por preenchimento de espaços vazios de brechas de colapso formadas pela dissolução de calcários e dolomitos. O minério é essencialmente de Zn, com esfalerita, e a galena é rara ou ausente (Briskey, 1987a, 1987b, 1987c)

8.2.2 Processo formador dos depósitos de Pb – Zn (Ba) em rochas carbonáticas plataformais tipo Mississippi Valley

Os fluidos formadores dos depósitos tipo Mississippi Valley são águas meteóricas e conatas que migram segundo aquíferos confinados, perfazendo um fluxo direcionado pela topografia (*topography-driven flow*), conforme mostrado na Fig. 8.4 (Hitzman, 1995, ampliada segundo Shelton, Gregg e Johnson, 2009), proposta inicialmente por Garven e Freeze (1984). Embora os fluidos tenham composição muito variada, dependente das rochas percoladas, da idade, do tipo de bacia na qual o aquífero se encontra e das condições de migração, em geral são salmouras oxidantes com salinidades entre 10% e 30% equivalentes em peso de NaCl,

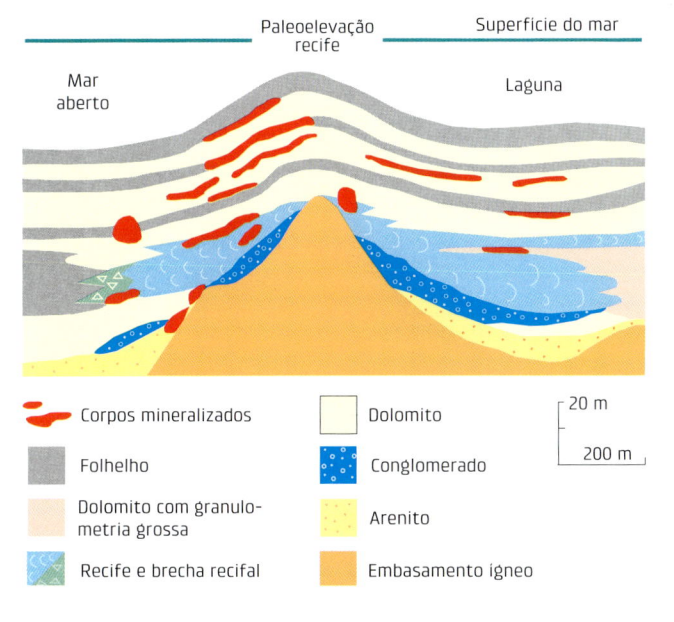

Fig. 8.3 Locais onde se formam os depósitos de Pb – Zn Mississippi Valley tipo Missouri. São depósitos lenticulares ou em forma de cunha (*pinchouts*) associados a recifes e/ou a paleoaltos do embasamento (Briskey, 1987a, 1987b, 1987c)

cloradas, com predominância de Na e Ca e quantidades subordinadas, mas significativas, de K e Mg. As temperaturas variam entre 75 °C e 200 °C (Haynes; Kesler, 1987; Leach; Sangster, 1993). As análises de isótopos de Pb e de S dos minerais de minério indicam que esses elementos provêm de rochas da sequência sedimentar, percoladas pelo fluido e nas quais estão os depósitos. A maioria dos depósitos Mississippi Valley nos quais foram analisados isótopos de enxofre mostraram sempre a presença de minérios em parte formados por isótopos pesados de enxofre (com $\delta^{34}S$ positivo), em parte formados por isótopos leves (com $\delta^{34}S$ negativo).

Migrando por gravidade devido ao soerguimento da borda sul da bacia, após percolarem todo o aquífero, as salmouras metalíferas são conduzidas a aquíferos confinados, com seções mais restritas, existentes na borda norte da bacia e pressionadas contra camadas de calcários (Fig. 8.4A). Inicialmente há mistura de salmouras conatas ricas em enxofre e NaCl vindas da superfície (Fig. 8.4B) com salmouras oxidantes, com metais (Pb, Zn) em solução, vindas do aquífero Lamotte. Esses fluidos misturam-se em locais onde há bioermas, dolomitizam as rochas carbonáticas e precipitam minério tipo Missouri (Fig. 8.3) (Shelton; Gregg; Johnson, 2009). Conforme o sistema evolui, os fluidos vindos da superfície são suplantados em volume pelos fluidos redutores (com H_2S) que percolam o aquífero Sullivan. Simultaneamente à mudança na origem dos fluidos redutores, o local de mistura com fluidos oxidantes desloca-se em direção à borda da bacia e à superfície (Fig. 8.4C), o que causa igual deslocamento da posição do corpo mineralizado.

No Missouri (EUA), nas bordas da bacia de Ozark, os arenitos Lamotte, confinados pelo sistema confinante Saint François, composto pelos folhelhos Davis e por folhelhos dolomíticos micríticos, são um exemplo típico dessa segunda situação (Fig. 8.4C). Nessa situação, simulada com diversos tipos de fluidos por Appold e Garven (2000), ocorre a cristalização de sulfetos nas bordas da bacia, onde diminui significativamente a temperatura das s, junto a paleoelevações (depósitos tipo Missouri, Fig. 8.3), devido ao pinçamento de camadas, à mudança de fácies ou simplesmente à diminuição da velocidade do fluxo do fluido nas bordas das elevações em relação às cristas. A situação mais propícia à formação de minério ocorre em meio a calcários (Fig. 8.4C), nos locais de encontro e mistura de dois fluidos: um fluido oxidante rico em metais e pobre em enxofre, proveniente do aquífero Lamotte, e outro fluido, redutor, vindo do aquífero Sullivan, com alto teor de enxofre reduzido e pobre em metais, proveniente dos folhelhos e calcários. Esse mecanismo de precipitação dos minérios sulfídicos, denominado *mistura de fluidos* (*fluid mixing*), foi o que melhor explicou os resultados de cerca de 150 análises isotópicas de Pb e S feitas por Goldhaber *et al.* (1995) em minerais de minério de vários depósitos tipo Mississippi Valley de diferentes distritos norte-americanos.

8.3 Depósitos hidatogênicos sedimentares formados pela mudança do estado de oxidação de fluidos mineralizadores

8.3.1 Depósitos de U tipo "rolo" (*roll front uranium type deposit*)

Geometria e composição dos corpos mineralizados

Os depósitos tipo "rolo" constituem o grupo mais numeroso entre os depósitos de urânio. Individualmente, são depósitos pequenos, com corpos mineralizados de geometrias muito complexas, dependentes da porosidade e da permeabilidade das rochas em meio às quais se formam. Sempre ocorrem em grupos, com reservas totais importantes. Cada depósito tem de 0,1 Mt a 1 Mt de minério, com teor médio de U_3O_8 igual a 0,6%, 0,01% a 0,1% de Se, 0,01% a 0,08% de Mo e 0,1% a 0,2% de V.

Os corpos mineralizados são estratiformes, formados dentro de camadas ou paleocanais de rochas porosas (arenitos e conglomerados) e confinados por rochas impermeáveis (folhelhos) ou semipermeáveis (siltitos) (Fig. 8.5A). O minério tem limites definidos por reações químicas que ocorrem junto a *fronts* de migração de água oxidante dentro das camadas permeáveis, o que implica corpos mineralizados estratiformes, com contornos curvilíneos (*S shape*), tanto em seção vertical (Fig. 8.6B) quanto horizontal (Fig. 8.6C).

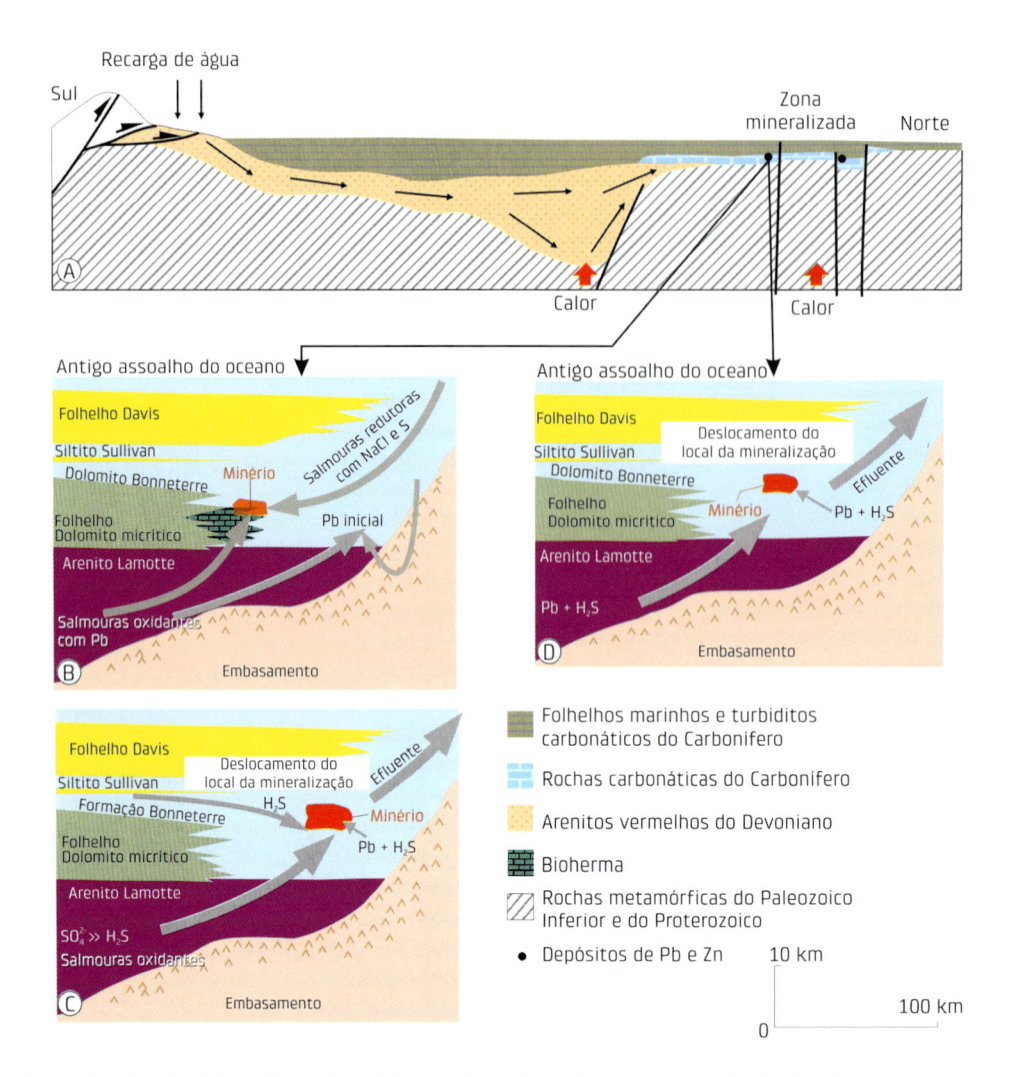

Fig. 8.4 Processo formador dos depósitos Mississippi Valley – migração de fluidos em uma bacia devida ao soerguimento de suas bordas. (A) O fluido desloca-se por gravidade, segundo a topografia do fundo da bacia (*topographic-driven flow*). Após percorrer dezenas ou mesmo centenas de quilômetros dentro da bacia, forma-se uma salmoura oxidante rica em metais, desprovida de enxofre, que é conduzida em aquíferos confinados até as bordas da bacia, onde há rochas carbonáticas. Nesses locais formam-se os depósitos sedimentares hidatogênicos tipo Mississippi Valley (Garven; Freeze, 1984; Hitzman, 1995; Shelton; Gregg; Johnson, 2009). (B) Inicialmente, o maior volume de fluidos redutores desce do assoalho do oceano e precipita minério junto a biohermas, ao misturar-se com o fluido oxidante vindo do aquífero Lamotte. (C) Mais tarde, com o aumento da compactação das rochas, os folhelhos são pinçados e mudam lateralmente de fácies para calcários da Formação Bonneterre. Notar que os arenitos Lamotte e os siltitos Sullivan são aquíferos confinados pelos folhelhos. Os fluidos trazidos por esses aquíferos são pressionados contra a borda da bacia e os calcários da Formação Bonneterre. Esse é o principal estágio de formação do minério. O aquífero Lamotte (arenitos) traz salmouras oxidantes ($SO_4^{2-} \gg H_2S$) enriquecidas em metais; o aquífero Sullivan fornece água redutora com H_2S gerado nas camadas superiores de calcário e folhelhos da Formação Bonneterre. Os calcários da base dessa mesma unidade fornecem mais Pb e H_2S. Esses três fluidos convergem dentro dos calcários Bonneterre, onde se misturam, geram dolomitos porosos e permeáveis, precipitam sílica e minerais de minério. (D) No final do processo de formação dos depósitos, as salmouras vindas do arenito Lamotte também contêm H_2S, além de Pb (Goldhaber *et al.*, 1995)

Formam-se em meio a rochas de bacias marinhas epicratônicas e intracratônicas, de bacias fluviais preenchidas por sedimentos clásticos grossos e de bacias fluviais soterradas por rochas de fácies de inundação. Essas bacias têm evaporitos formados por evapotranspiração. Rochas vulcânicas bimodais são comuns e tufos e cinzas ocorrem em quase todas as regiões mineralizadas. Os depósitos conhecidos têm idades mesoproterozoicas (1.700 Ma a 1.400 Ma) e do Cambriano ao Carbonífero (530 Ma a 300 Ma).

O minério é zonado (Fig. 8.5) e contém, da parte reduzida (inalterada, com magnetita e ilmenita, Fig. 8.5B) em direção à parte oxidada: (a) a zona da pirita/molibdênio, ainda dentro da fácies reduzida, que tem, inicialmente, só pirita e, em seguida, pirita, marcassita e molibdenita. Jordisita e calcita são comuns nessa zona. (b) Entrando na zona oxidada, após e junto ao *front* de oxidação, fica a zona de minério propriamente dita (Fig. 8.5), ou zona do urânio/selênio/vanádio, que contém uraninita, coffinita, pirita,

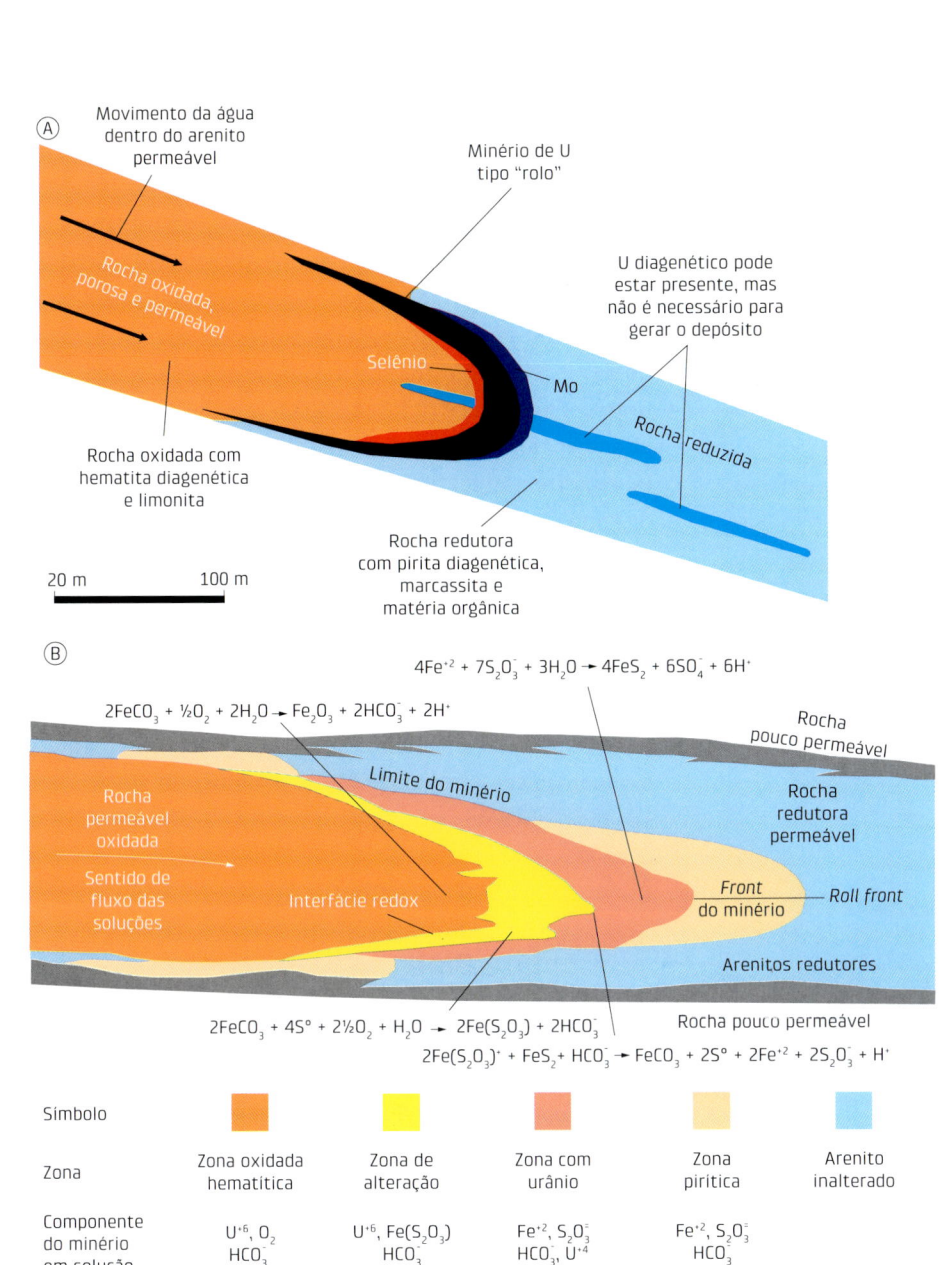

Fig. 8.5 Depósitos de urânio tipo "rolo". (A) A camada redutora, permeável e mineralizada, é percolada por fluxos de água oxidante que oxidam a rocha e concentram o urânio, junto a selênio, vanádio e molibdênio, no *front* de oxidação (Turner-Peterson; Hodges, 1987). (B) Diagrama das fácies mineralógicas e das principais reações que ocorrem durante a formação de um depósito de urânio, vanádio, selênio e molibdênio tipo "rolo". O fluxo de água oxidante é da esquerda para a direita. Essa água atravessa o *front* de oxidação, que progride lentamente, com velocidade determinada pela capacidade de as soluções oxidantes oxidarem as rochas inalteradas redutoras. As reações são das espécies minerais com ferro. Notar a existência de várias zonas: pirítica, com urânio (minério), de alteração e oxidada (De Voto, 1978)

marcassita, selênio e ilsemanita (Mo) em locais ricos em matéria orgânica, dentro das camadas de arenito e conglomerado. São comuns restos de madeira e plantas substituídos por minerais de urânio e pirita. A clorita é comum. (c) Envolvida pela zona do urânio fica a zona de alteração, com clorita, siderita, enxofre, ferrossilita e goethita. Nessa zona termina o corpo mineralizado. (d) A zona oxidada se estende até a superfície, onde fica a área de captação da água oxidante (meteórica), normalmente com urânio e vanádio em solução (Fig. 8.6A). Nessa zona restam, como metálicos, somente a hematita e a magnetita, em meio ao arenito esbranquiçado ou avermelhado. Notar, na Fig. 8.5B, que a zona com pirita envolve a interfácie redox em toda a sua extensão, perfazendo um anel piritoso que marca o início da mineralização. Na superfície, a oxidação do minério de urânio gera uma grande variedade de "gumitas" (minerais de urânio secundários, amarelos), notadamente a carnotita.

Processo formador dos depósitos de urânio tipo "rolo"

Na superfície, drenagens vindas dos cumes de domos graníticos lixiviam urânio e vanádio do granito e de cinzas vulcânicas (Figs. 8.6A,B) e formam soluções oxidantes que

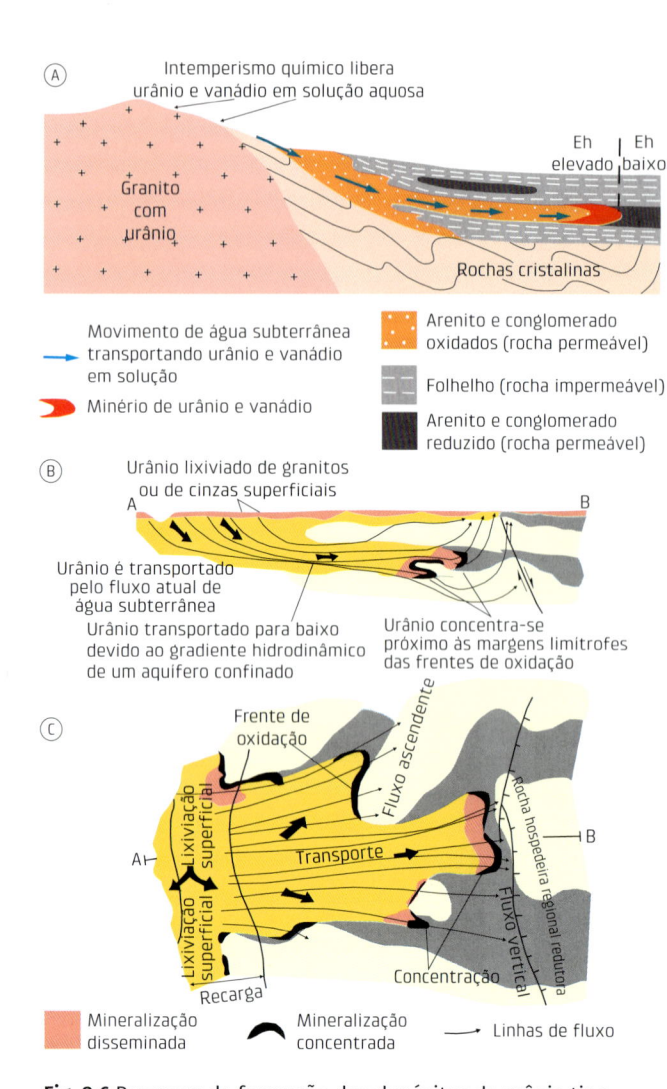

Fig. 8.6 Processo de formação dos depósitos de urânio tipo "rolo". (A) Esquema geral do ambiente e do modo de origem dos depósitos de urânio, vanádio, selênio e molibdênio tipo "rolo" ou *roll front uranium type deposits*. Os corpos mineralizados formam-se em meio a rochas porosas (arenitos e conglomerados) confinadas por rochas impermeáveis ou semipermeáveis (folhelhos e siltitos). O minério é formado por reações de oxidação de rochas reduzidas, com urânio e ricas em matéria orgânica. (B) Os corpos mineralizados dos depósitos tipo "rolo" são tabulares e estratiformes. Têm limites curvilíneos tanto em seção vertical (B) como no plano (C). Embora sejam individualmente pequenos, sempre ocorrem em grupos (C). Situam-se nas bordas de uma grande "mancha" (*tongue*) irregular de rochas oxidadas, junto às rochas redutoras, sobre as quais o fluxo oxidante avança (A, B e C). Caso exista alguma barreira natural à migração da água oxidante (falha, diminuição da permeabilidade da rocha etc.), o *front* de oxidação estaciona e pode aumentar a quantidade e o teor do minério (Galloway, 1978)

se infiltram nos aquíferos que encontrarem, aproveitando-se dos gradientes hidráulicos. Se esses aquíferos forem confinados por rochas pouco permeáveis e formados por rochas reduzidas, as soluções oxidantes gerarão um *front* de oxidação na interfácie redox com as rochas reduzidas. As soluções oxidantes, que têm U e V, dissolvem mais U, Se e Mo, contidos nas rochas do aquífero. Ao migrarem, essas soluções geram uma interfácie redox na qual os metais precipitam devido à desestabilização das soluções oxidadas causada pela redução do Eh. Na frente, dentro da rocha reduzida (Fig. 8.5B), cristaliza pirita e calcita (zona da pirita). Em seguida, no *front* de oxidação (*roll front*), cristaliza primeiro a ilsemanita (Mo), depois a uraninita e por último o selênio, formando a zona de minério ou zona do urânio. Essa zona é rica em pirita e marcassita. A zona de alteração, envolvida pela zona do urânio, contém siderita, enxofre nativo, ferrossilita, hematita e goethita. Atrás da zona de alteração fica a rocha oxidada e lixiviada, com magnetita e hematita. É necessário ressaltar que a água flui lentamente através do *front* de oxidação durante sua formação, o qual é uma interfácie química cineticamente estável que se desloca muito mais lentamente que o fluxo aquoso e que não constitui uma barreira a esse fluxo. O *front* oxidado marca os limites externos de uma mancha oxidada que se expande (Fig. 8.6C) enquanto houver pressão hidráulica de água oxidante vinda da superfície.

8.4 Depósitos de Cu hospedados em rochas sedimentares tipo White Pine

Foram reconhecidos três subtipos de depósitos de cobre dessa categoria, distinguidos por diferenças importantes em recursos e em teores de cobre. (a) Depósitos com corpos mineralizados hospedados em rochas reduzidas (58 depósitos conhecidos) caracterizam-se por recursos médios da ordem de 33 Mt e teor médio de cobre de 2,3%. (b) Depósitos hospedados em rochas oxidadas (*red beds*, 35 depósitos) possuem recursos médios menores, da ordem de 2,0 Mt, e teor médio de cobre de 1,6%. (c) Somente os depósitos tipo Revett (11 depósitos) possuem minério com prata. Seus recursos médios são de 14 Mt e os teores médios são de 0,79% de cobre e 31 g Ag/t. Os depósitos de cobre hospedados em rochas sedimentares tipo White Pine ou tipo cobre em *red beds* não têm Co (como os do cinturão de Zâmbia-Zaire) nem Pb, Zn e Ag (como os Mississippi Valley).

8.4.1 Geometria e composição dos corpos mineralizados

Nos depósitos de cobre hospedados em rochas sedimentares tipo White Pine, o minério concentra-se em siltitos argilosos, carbonosos e piritosos, que ocorrem entre arenitos, superpostos, e conglomerados oxidados, sotopostos (Fig. 8.7A). Os teores de cobre dos siltitos argilosos (Nonesuch) aumentam gradativamente em direção à borda sul da bacia, conforme diminui a espessura dos conglomerados (Copper Harbor). Os corpos mineralizados são lenticulares ou disseminados dentro do siltito argiloso.

Os principais minerais de cobre são a calcocita, a bornita e o cobre nativo. Há uma zonalidade bem definida, com três zonas com mineralogias diferentes (Fig. 8.7B). Na primeira e principal zona mineralizada, na base do corpo mineralizado, ocorrem o cobre nativo e muita calcocita. Na segunda zona ocorrem bornita, muito pouca calcopirita e pirita. A terceira zona, "da pirita", ocorre no topo do corpo mineralizado e tem calcopirita, muita pirita, greenockita, esfalerita (pouca) e galena (pouca).

8.4.2 Processo formador dos depósitos de Cu hospedados em rochas sedimentares tipo White Pine

Os subtipos de depósitos de cobre hospedados em rochas sedimentares diferenciam-se geneticamente pela potência e eficiência do agente redutor, que causa a precipitação do cobre. Nos depósitos hospedados em rochas reduzidas tipo White Pine, as rochas redutoras (e que hospedam o minério) são siltitos e arenitos finos marinhos ou lacustrinos portadores de muita matéria orgânica. Nos depósitos hospedados em red beds (como os do cinturão de Zâmbia-Zaire), o agente redutor ocorre mais disperso e é menos eficiente, constituindo manchas de resíduos orgânicos em meio a arenitos. Nos depósitos cuproargentíferos tipo Revett, o fluido redutor ocorre disseminado e difuso, com concentrações muito variadas, e parece ter sido hidrocarbonetos nas formas líquida e/ou gasosa ou gases sulfídricos.

A mineralização seria consequência da reação de fluidos oxidantes trazidos de um aquífero confinado, ricos em metais (Cu), com pirita (FeS_2) e matéria orgânica contidas em uma rocha reduzida ("folhelho" Nonesuch), contra a qual os fluidos são levados por pressão hidráulica do aquífero (Fig. 8.7A).

Para que ocorra a formação de um depósito de cobre hospedado em rochas sedimentares, são necessárias cinco condições (Fig. 8.7B). Se qualquer uma delas faltar, não haverá a formação do depósito (Cox et al., 2007).

a. É necessária a existência de uma unidade composta por rocha oxidante, que será a fonte de cobre (Fig. 8.7B). A hematita deve ser estável nessa rocha e conter minerais ferromagnesianos ou fragmentos de rochas máficas de onde o cobre possa ser lixiviado. Rochas fonte de cobre típicas são arenitos vermelhos continentais, folhelhos, conglomerados e rochas vulcânicas subaéreas. O cobre é lixiviado da rocha-fonte sob condições de pH moderadamente ácidas.

b. É necessária uma fonte de fluidos salinos (salmouras) para solubilizar e mobilizar o cobre. Geralmente evaporitos intercalados em rochas oxidadas (red beds) atuam fornecendo salmouras. Fluidos salinos podem também formar-se por evaporação da água do mar em regiões lagunares com comunicação restrita com o mar aberto, como nas bacias de rift. Esses fluidos são ricos em sódio porque outros cátions, como potássio, cálcio e magnésio, são removidos durante a cristalização de argilominerais, sulfatos e carbonatos.

c. É necessário um ambiente redutor ou que produza fluidos redutores que desestabilizem as soluções cupríferas oxidadas e precipitem o cobre que formará o depósito. Os ambientes redutores mais comuns são folhelhos e margas ricos em matéria orgânica (Fig. 8.7B). Fluidos redutores podem ser hidrocarbonetos líquidos (óleo, betume) ou gás (metano) aprisionado em rochas sedimentares ou qualquer outro fluido de origem sedimentar que esteja em equilíbrio com pirita. Junto à precipitação do cobre, forma-se HCl. Esse HCl possibilita a solubilização de carbonatos e a substituição do cimento calcítico das margas carbonáceas por cobre nativo. Embora frequentemente haja pirita com granulação fina em

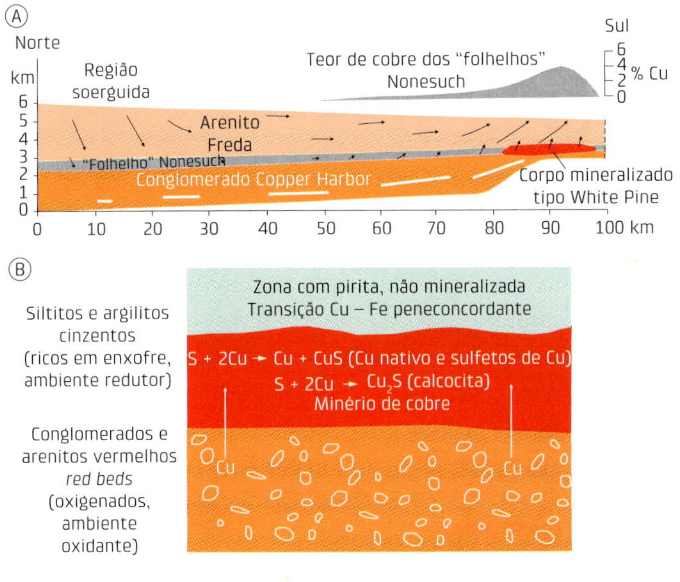

Fig. 8.7 Depósitos de cobre hospedados em rochas sedimentares. (A) Figura esquemática da organização estratigráfica dos depósitos de cobre tipo White Pine (White, 1971). O minério está em siltitos argilosos, carbonosos e piritosos (Nonesuch), que ocorrem entre arenitos e conglomerados oxidados. O minério tem cobre nativo e sulfetos secundários (calcocita e bornita). O teor de cobre nos siltitos aumenta conforme diminui a espessura dos conglomerados oxidados, em direção à borda sul da bacia de sedimentação. A água que percola os conglomerados nas bordas da bacia é forçada a atravessar os siltitos argilosos. (B) Detalhe do modo como se formam os depósitos de cobre hospedados em rochas sedimentares. Em seu percurso através dos siltitos, o fluido metalífero oxidado, vindo de um aquífero em red beds, é desestabilizado por substâncias redutoras (H_2S, pirita e matéria orgânica) contidas em uma rocha semipermeável que confina a parte superior do aquífero. No trajeto através das rochas redutoras, a salmoura oxidada é desestabilizada e precipita cobre nativo e sulfetos de cobre, na base da camada, e pirita, na parte superior

rochas redutoras, a quantidade de pirita existente em folhelhos negros típicos é insuficiente para suprir todo o enxofre necessário à formação dos depósitos com minério de cobre de alto teor. Talvez a maior parte do enxofre dos sulfetos de cobre desses minérios torna-se disponível devido à redução de sulfato causada por bactérias existentes em sedimentos carbonosos (Sweeney; Binda, 1989).

A reação de complexos clorados com enxofre ou sulfetos produz calcocita e libera cloro. O íon sulfato geralmente é abundante em salmouras derivadas de evaporitos e pode ser conduzido em soluções oxidadas ricas em cobre. Quando esses fluidos se misturam com fluidos redutores, precipitam calcocita e CO_2, e H_2O e cloro são liberados. Somente a participação de bactérias possibilita que essa reação ocorra a temperaturas próximas daquelas da superfície.

d. É necessário haver condições que possibilitem a mistura de fluidos. A migração dos fluidos ocorre ao longo do bandamento plano-paralelo gerado pela pré-litificação dos folhelhos.

e. A pressão lateral gerada pela compactação dos sedimentos é um fator importante para que haja migração e mistura dos fluidos. Isso explica por que a maioria dos depósitos se situa nas margens das bacias sedimentares, locais para os quais os fluidos convergem e onde se misturam. Falhamento, dobramento e ruptura de sequências sedimentares pela intrusão de domos de sal também podem gerar pressão hidrodinâmica que pressiona um fluido contra outro e promove a mistura de fluidos, desde que haja rochas permeáveis, ou espaços vazios, que permitam o deslocamento dos fluidos. Os espaços intragranulares existentes nos sedimentos de granulometria fina antes da compactação e da litificação são os espaços mais comuns nos quais ocorre a precipitação causada pela mistura de fluidos.

8.4.3 Comparação com processos mineralizadores semelhantes

Em comparação com os Kupferchiefer, (a) o fluido mineralizador dos depósitos de cobre hospedados em rochas sedimentares tem composição mais simples e mais constante, por ter evoluído em um aquífero único e mais homogêneo. É formado por salmouras cloradas, oxidantes, com alto teor de cobre, sem quantidades significativas de outros cátions. (b) O aquífero é confinado pelo "folhelho" Nonesuch, na realidade um siltito, mais permeável que os calcários e o folhelho Kupferchiefer que confinam os *red beds* Rotliegendes, possibilitando ao fluido atravessar a cobertura confinante, o que não acontece no Kupferchiefer.

Em seu percurso através dos siltitos, o fluido metalífero oxidado é desestabilizado por substâncias redutoras (principalmente matéria orgânica) e precipita sulfetos de cobre, na base da camada de siltito, e pirita, na parte superior. Essa zonalidade é diferente da zonalidade lateral observada nos depósitos Kupferchiefer. (c) A mineralização é inteiramente pós-diagenética, enquanto a do Kupferchiefer é diagenética.

Em relação aos depósitos Mississippi Valley, as semelhanças restringem-se ao regime hidrológico dos dois sistemas mineralizadores e à posição nas bacias onde os depósitos se formam. As diferenças são mais importantes, sendo as maiores as seguintes: (a) depósitos de cobre hospedados em rochas sedimentares não se formam em meio a rochas carbonáticas; (b) o fluido dos depósitos de cobre é de uma única fonte e tem composição muito mais simples; (c) as morfologias dos depósitos são totalmente diferentes; e (d) a composição dos minérios e as zonalidades são distintas.

8.5 Depósitos de Zn, Pb e Cu hospedados em rochas sedimentares tipo Kupferchiefer

8.5.1 Geometria e composição dos corpos mineralizados

A despeito do nome (Kupferchiefer = folhelho cuprífero), a camada mineralizada tem concentração média de Pb + Zn dez vezes maior do que a de Cu (Fig. 8.8). O corpo mineralizado dos depósitos de Cu, Pb e Zn tipo Kupferchiefer é um folhelho dolomítico betuminoso, preto, de origem marinha e idade permiana superior (240 Ma) que ocorre em uma camada com menos de 1 m de espessura que cobre toda a região norte da Europa. As áreas lavradas do Kupferchiefer têm minério com cerca de 3% de Cu, mais de 1% de Zn e cerca de 1% de Pb. Na Alemanha, esse folhelho, com espessura de apenas 20 cm a 25 cm, foi lavrado em uma área de 140 km². No total, o folhelho mineralizado cobriria cerca de 20.000 km².

Nos depósitos tipo Kupferchiefer, os metais distribuem-se segundo uma zonalidade que se repete na horizontal e na vertical. Da base para o topo, do continente para o mar aberto ou dos paleoaltos para o fundo das bacias, os minerais de cobre e ferro do minério distribuem-se conforme a sequência (Fig. 8.8B): hematita → idaíta-covelita → calcocita-digenita/tetraedrita → bornita → calcopirita (galena + esfalerita + pirita + tenantita) → pirita, muito semelhante à de Zâmbia-Zaire, indicando, também, uma diminuição na razão Cu/Fe do minério. Os maiores teores de Pb (galena) e de Zn (esfalerita) estão na zona da calcopirita. O Pb e o Zn ocorrem, também, nos calcários e dolomitos sobrepostos ao Kupferchiefer (Fig. 8.8A).

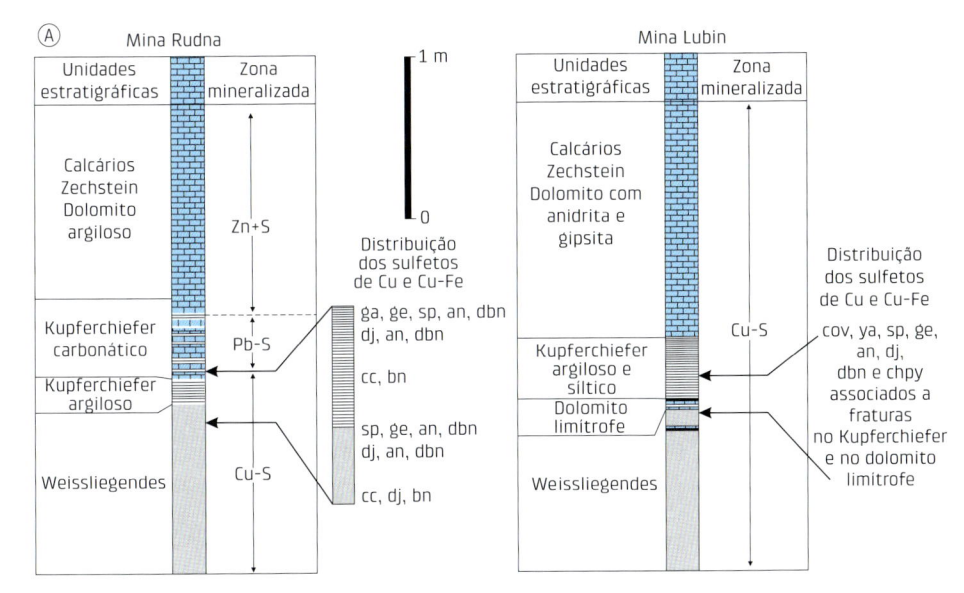

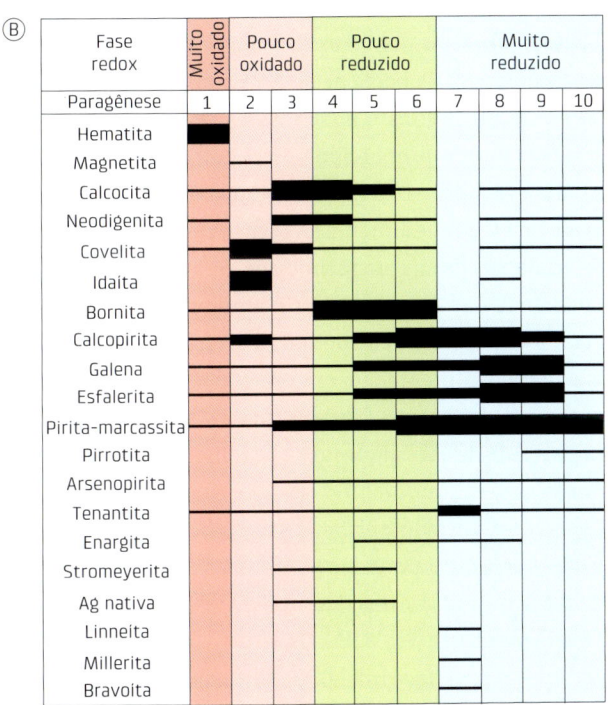

Fig. 8.8 Composição mineral dos depósitos de Zn, Pb e Cu hospedados em rochas sedimentares tipo Kupferchiefer. (A) Colunas estratigráficas das minas Rudna e Lubin, na Polônia, que ilustram as rochas e os minérios associados ao Kupferchiefer. Notar a distribuição zonada da mineralização, da base para o topo, com Cu nos arenitos e folhelhos, Pb nos folhelhos e dolomitos e Zn nos dolomitos existentes na mina Rudna. Esse tipo de zonalidade é observada, também, na horizontal, com o Cu concentrado próximo às regiões emersas, seguido pelo Pb e pelo Zn, nessa ordem, em direção ao mar aberto. Embora frequente, nem sempre o minério é zonado, a exemplo da mina Lubin. Abreviações: an = anilita, bn = bornita, cc = calcocita, chpy = calcopirita, cov = covelita, dbn = bornita com pouco cobre, dj = djurleíta, ga = galena, ge = geerita, sp = spionkopita e ya = yarrowita (Large *et al.*, 1995). (B) Minerais de minério do Kupferchiefer. As paragêneses evoluem conforme o ambiente muda de oxidante para redutor. Cada número encabeça uma coluna que contém minerais que fazem um determinado tipo de paragênese lavrada no Kupferchiefer (Vaughan *et al.*, 1989)

Os folhelhos Kupferchiefer (Figs. 8.8A e 8.9A) sedimentaram discordantemente sobre arenitos de cores claras (*red beds* Rotliegendes). Estão cobertos por uma camada de calcários dolomíticos (*Zechstein limestone*) que, por sua vez, estão recobertos por evaporitos anidríticos e gipsíticos (*Werra anhydrite*). A zonalidade regional mencionada é reconhecida pelas paragêneses dos minérios, que variam conforme o estado de oxirredução do ambiente (Fig. 8.8B). A hematita predomina nas fácies fortemente oxidadas (zonas litorâneas). Em direção às fácies redutoras (= mar profundo) aparecem, na sequência, covelita + idaíta, calcocita + neodigenita, bornita e, em ambiente redutor, calcopirita + galena + esfalerita + pirita/marcassita e um pouco de tenantita.

Pequenas quantidades de Ag, U, Mo, Ni, Co, Se, V e Mo foram recuperadas no minério de algumas regiões. Nas minas Rudna e Lubin, na Polônia, foi observado um outro tipo de alteração dos minerais do Kupferchiefer, que também conduz a uma diminuição da quantidade de cobre nos sulfetos de Cu-Fe. Embora seja um fenômeno semelhante ao observado em Zâmbia-Zaire, nesse caso (Fig. 8.8A) as transformações são localizadas, não têm caráter regional. Por esse motivo esse esgotamento em cobre *(copper depletion)* dos minerais foi considerado consequência de alterações locais ocorridas durante a diagênese e/ou de lixiviação recente, causada pela percolação de águas subterrâneas.

8.5.2 Processo formador dos depósitos de Zn, Pb e Cu hospedados em rochas sedimentares tipo Kupferchiefer

Da base para o topo, do continente para o mar aberto ou dos paleoaltos para o fundo das bacias, os minerais de cobre e ferro do minério dos depósitos tipo Kupferchiefer

Além dessa zonalidade, há variações composicionais observadas nos depósitos alemães e poloneses que indicam fluidos mineralizadores com composições diferentes.

Admite-se que o fluido formador dos depósitos do Kupferchiefer sejam salmouras provenientes dos *red beds* Rotliegendes, sobre os quais os folhelhos mineralizados se depositaram. A água contida no Rotliegende é uma salmoura com pH entre 5 e 8, com altos teores de Na, Ca e Cl, originada por paleoinfiltração durante a sedimentação e a diagênese desses sedimentos (água conata). São sobretudo águas meteóricas ácidas, que percolam os sedimentos e o embasamento e lixiviam metais-base dos sedimentos detríticos e das rochas vulcanoclásticas depositadas nas bacias intermontanas durante e após a deposição do Rotliegende. Como essas bacias evoluem separadamente, todas sob clima semidesértico, têm preenchimentos diferentes e geram salmouras com composições variadas.

A subsidência da bacia de sedimentação, causada principalmente por falhas e abatimentos tipo *grabens*, gera a transgressão que proporciona as condições de deposição dos folhelhos, siltitos e dolomitos Kupferchiefer. O aumento do peso da coluna sedimentar na parte central das bacias, a geração de um gradiente térmico do centro para as bordas e a presença das falhas facilitam a migração das salmouras conatas para as áreas de menor pressão, nas margens da bacia de sedimentação, em direção aos paleoaltos e às zonas tectonicamente ativas. Cada sub-bacia evolui separadamente e, em algumas, as salmouras migram até a superfície, diluindo-se no oceano nos locais onde não houver a cobertura impermeável de folhelhos e dolomitos. Nas sub-bacias tamponadas pelas rochas impermeáveis, o fluxo das salmouras é desviado, passando a percolar sob os folhelhos redutores (Fig. 8.9A). Os primeiros fluxos alcançam os sedimentos em fase inicial de diagênese e causam a cristalização de pirita em meio aos sedimentos, e concentrações médias de Zn, Pb e Cu da ordem de 2.000 ppm (Vaughan *et al.*, 1989). A maior parte dos fluidos atinge os folhelhos mais tarde, com a diagênese em estado avançado, quando existem folhelhos e dolomitos formando uma barreira que impede a dispersão das salmouras. Essa é a principal fase de mineralização, quando os fluidos, com temperaturas entre 100 °C e 120 °C provocadas pelo gradiente térmico, migram para cima através de fraturas de dilatação e da porosidade causadas pela falta de compactação do Rotliegende, consequência da grande quantidade de fluidos que manteve em seus poros. Ao atingirem os folhelhos, os fluidos são forçados a permanecer na interfácie entre os *red beds* Rotliegendes e os folhelhos carbonosos e piritosos Kupferchiefer e passam a migrar lateralmente junto a essa superfície, mudando de composição e de temperatura (Fig. 8.9A). Em alguns locais, onde a cobertura impermeável é pouco

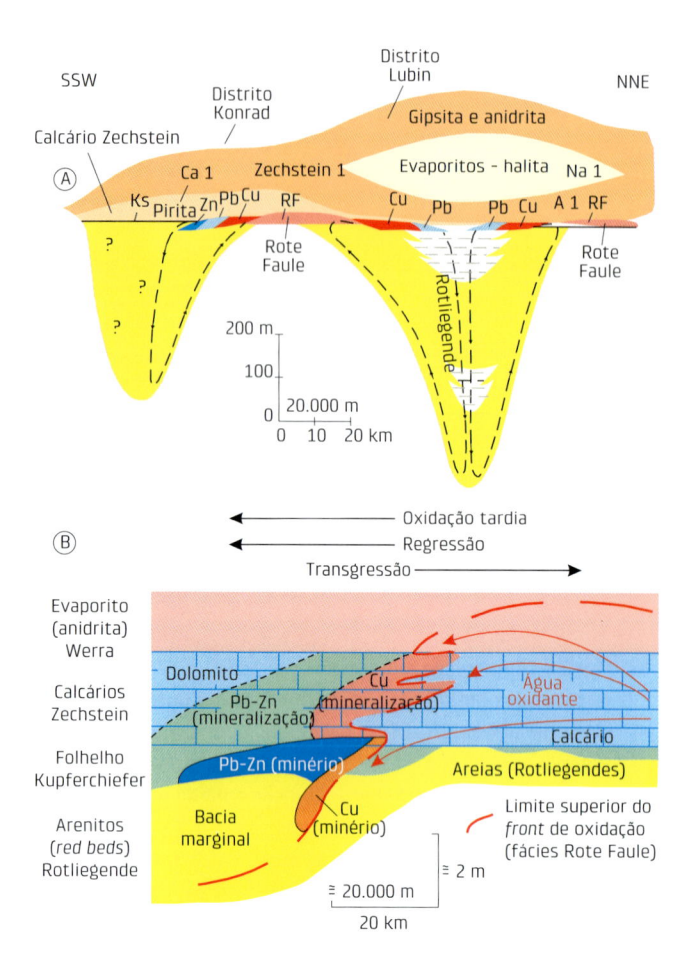

Fig. 8.9 Processo formador dos depósitos de Zn, Pb e Cu tipo Kupferchiefer. (A) Seção ressaltando que as subsidências das sub-bacias do mar Zechstein formam ambientes isolados, nos quais os fluidos conatos (salmouras) evoluem separadamente, com composições diferentes. Essas salmouras migram em direção à superfície, ao longo das bordas das sub-bacias. Quando encontram o Kupferchiefer, redutor e impermeável, o fluxo é redirecionado, passando a fluir lateralmente, junto à interfácie entre os *red beds* Rotliegendes e os folhelhos de cobertura. Esses fluidos podem misturar-se às salmouras provenientes dos evaporitos Werra, constituindo um fluido denso que migrará para baixo, gerando um movimento convectivo (Jowett, 1986). (B) A escala vertical dessa figura está exagerada em cerca de mil vezes em relação à escala horizontal, visando ressaltar as relações entre as rochas e as mineralizações. Esquema da sequência de rochas que contêm os folhelhos dolomíticos betuminosos denominados Kupferchiefer. Esses folhelhos, mineralizados com sulfetos de cobre, zinco e chumbo, repousam discordantemente sobre arenitos esbranquiçados (*red beds*). São recobertos por calcários dolomíticos e por anidrita. A mineralização primária, de baixo teor, é remobilizada e reconcentrada por um *front* de oxidação, gerando minérios de Zn + Pb e de Cu. As rochas oxidadas constituem a fácies oxidada formada pelo *front* de oxidação Rote Faule. O minério de cobre situa-se junto a esse *front* de oxidação (Rentzsch, 1974)

distribuem-se simultaneamente à diminuição na razão Cu/Fe do minério. A zonalidade regional mencionada é reconhecida pelas paragêneses dos minérios, que variam conforme o estado de oxirredução do ambiente (Fig. 8.8B).

espessa ou inexistente, encontram-se com fluidos densos provenientes dos evaporitos Werra, aos quais se misturam. Esse novo fluido pode descer por permeabilidade ou através de falhas existentes nas partes centrais das bacias, completando um movimento convectivo.

A cristalização de sulfetos é causada pela existência, nos folhelhos e dolomitos, de enxofre proveniente da redução de sulfatos provocada por bactérias ou por reações termoquímicas dos sulfatos com matéria orgânica. Estudos mineralógicos e petrológicos dos minérios indicam que ambos os mecanismos são igualmente importantes e ocorrem durante a diagênese do Kupferchiefer (Speczik, 1995). Outro mecanismo de formação de sulfetos, considerado menos importante, porém bastante frequente, é a substituição da pirita primária pela calcocita e por outros sulfetos de metais-base.

A distribuição zonada do minério é causada pelas reatividades diferentes dos cátions. O cobre, mais reativo e mais calcófilo, precipita junto às margens dos paleorrelevos e nos litorais. O Pb e o Zn formam soluções mais estáveis que migram mais, cristalizando após a zona do cobre, em ambientes com pH mais alcalino e Eh mais baixos, redutores. A inexistência de algum metal-base e as variações mineralógicas, composicionais e de concentração (teor) dos minérios das diferentes minas são atribuídas a salmouras mineralizadoras com composições originais diferentes (geradas e evoluídas em sub-bacias distintas) e a diferentes evoluções dessas salmouras durante a convecção.

Quando não oxidados, os calcários dolomíticos Zechstein têm mineralizações primárias com baixos teores de Cu e de Pb + Zn. O minério com alto teor de cobre está nos folhelhos, junto ao *front* de oxidação que limita a Rote Faule (= fácies oxidada), e é transgressivo dos folhelhos até os arenitos (Rentzsch, 1974; Fig. 8.9B). O minério rico em Zn e Pb está também no folhelho, na frente do minério de cobre. A zona oxidada, avermelhada (Rote Faule), é tardia, formada por água oxidante que percola as rochas após a cristalização dos sulfetos de metais-base nas unidades mineralizadas (folhelhos, margas e dolomitos). Esse *front* é transgressivo sobre todas as rochas da sequência, dos arenitos basais até a cobertura evaporítica. Em áreas onde a Rote Faule não existe, a mineralização de cobre (primário) está sobre a interfácie dos folhelhos com os arenitos Rotliegendes, mineralizando ambas as rochas.

8.6 Depósitos de U em discordância tipo Athabasca e Rabbit Lake

8.6.1 Geometria e composição dos corpos mineralizados

Os depósitos de urânio em discordância tipo Athabasca (Saskatchewan, Canadá) e Rabbit Lake são os maiores depósitos com altos teores de urânio conhecidos. A média das reservas dos 23 depósitos mais importantes é de 5,9 Mt, com teor médio de 2,07% de urânio. Jabiluka 2, na Austrália, é o maior depósito conhecido desse tipo, com 52,4 Mt de minério e teor médio de 0,33% de U. Os depósitos podem ser mono- ou polimetálicos. Os polimetálicos geralmente se situam em discordâncias dentro do embasamento (nº 1, Fig. 8.10). Os monometálicos situam-se em discordâncias entre o embasamento e a cobertura sedimentar clástica (nº 2, Fig. 8.10) ou dentro da cobertura sedimentar, em zonas de falha (ou zonas de cisalhamento) alinhadas com zonas de falha existentes no embasamento (nº 3, Fig. 8.10). Em todos os três tipos de depósitos, o principal mineral de

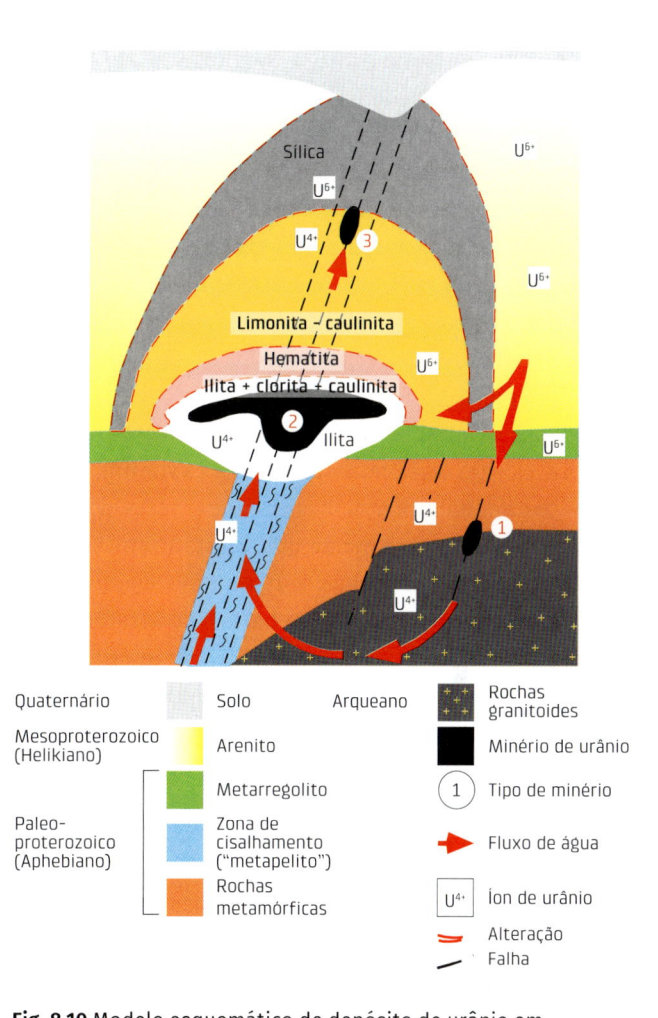

Fig. 8.10 Modelo esquemático de depósito de urânio em discordância tipo Athabasca. As setas indicam o sentido de fluxo de fluidos redutores (U^{4+}) ou oxidantes (U^{6+}). Os círculos indicam os tipos de depósitos. Na posição nº 1, ficam os depósitos polimetálicos (urânio mais sulfetos e sulfoarsenetos de Ni, Co, Cu e Pb). Na nº 2, ficam os depósitos monometálicos (somente com urânio) em discordâncias e, na nº 3, os monometálicos situados na cobertura sedimentar, em zonas de falha (ou zonas de cisalhamento) alinhadas com zonas de falha do embasamento. Notar a zonalidade da alteração metassomática. O minério é envolvido por rochas argilizadas e/ou cloritizadas. Em seguida, ocorre a zona hematitizada e caulinizada e, por último, a zona silicificada (Ruzicka, 1996)

urânio é a petchblenda. Os depósitos monometálicos têm somente urânio, enquanto os polimetálicos têm arsenetos, sulfoarsenetos, sulfetos, óxidos e hidróxidos de outros cátions junto ao urânio. Junto à petchblenda, são comuns a tetrauraninita (U_3O_7) e a coffinita. Localmente, ocorre material carbonoso uranífero em veios, lentes e glóbulos. Brannerita e minerais com U e Ti são bem menos comuns. Minerais secundários de urânio ocorrem a até 100 m de profundidade. Os mais comuns são uranofano, kasolita, boltwoodita, sklodowskita, becquerelita, vandendriesscheíta, wolsendorfita, tyuyamunita, zippeíta, masuyíta, bayleyíta e ytrialita. Nos depósitos polimetálicos há grandes quantidades de arsenetos de Ni e Co (nickelina e rammelsbergita). Skutterudita, pararammelsbergita, safflorita, maucherita e moderita ocorrem localmente.

Entre os sulfoarsenetos de Ni e Co, a gersdorfita é a mais comum. Cobaltita, glaucodot e tenantita são raros. Calcopirita, pirita e galena são os sulfetos mais comuns. Ocorrem também, de modo mais restrito, bismutinita, bornita, calcocita, esfalerita, marcassita, bravoíta, millerita, jordisita, covelita e digenita. Alguns depósitos têm seleneos (claustalita, freboldita, trogtalita e guanajuatita), teluretos (altaíta e calaverita) e metais nativos (ouro, cobre e arsênio) junto aos minerais de urânio.

A ganga é de carbonatos (calcita, dolomita e siderita), sericita, clorita, argilominerais (ilita e caulinita), celadonita e turmalina (dravita). Basicamente, esses depósitos situam-se em discordâncias que limitam um embasamento recoberto por rochas sedimentares clásticas mesoproterozoicas depositadas em bacias intracratônicas. O embasamento é composto por rochas metamórficas aluminosas, rochas granitoides, pelitos grafitosos piritosos, pelitos aluminosos sem grafite, rochas calciossilicáticas, formações ferríferas bandadas, rochas vulcânicas e grauvaca. Geralmente tem uma cobertura regolítica (Fig. 8.10) com, ao menos, parte do minério. As rochas de cobertura são sedimentares clásticas, arenosas, com intercalações localizadas de rochas vulcânicas. Os corpos mineralizados situam-se sobre os planos de discordância, acima de pelitos grafitosos do embasamento.

As regiões mineralizadas sofreram alterações regionais e locais. A forma mais destacada de alteração regional é representada por um manto de paleossolo (regolitos e saprolitos) situado sobre o embasamento, separando-o da cobertura sedimentar (Fig. 8.10). Na escala local, os corpos mineralizados, tanto dos depósitos monometálicos quanto dos polimetálicos, são envolvidos por zonas de alteração formadas durante as várias fases do processo de mineralização. A argilização, sobretudo ilitização, afeta o embasamento. Ilita, clorita e caulinita envolvem o minério dos depósitos monometálicos situados nas discordâncias entre o embasamento e a cobertura sedimentar clástica (Fig. 8.10), assim como os carbonatos que estão no corpo mineralizado. As rochas próximas do minério são extensivamente afetadas por metassomatismo a boro (turmalinas) e magnésio (cloritas). Os cristais de quartzo ocorrem corroídos e substituídos por argilominerais. Formam-se auréolas que envolvem a parte superior e as laterais dos corpos mineralizados. Geralmente, a primeira auréola é de hematita, seguida por outra com limonita e caulinita e uma última silicificada. Brechação e estruturas de colapso são comuns.

8.6.2 Processo formador dos depósitos de U em discordância tipo Athabasca e Rabbit Lake

No processo proposto por Ruzicka (1996) e simulado por Garven e Freeze (1984) e Garven (2003), a cobertura detrítica, não metamorfizada, mesoproterozoica (regolito e arenitos, na Fig. 8.11), que se depositou sobre o embasamento continha urânio e elementos-traço, como vanádio, molibdênio, chumbo, prata, níquel, cobalto e arsênio (Fig. 8.11). Esses metais foram dissolvidos e ficaram concentrados em águas bacinais que preencheram os poros desses sedimentos. O soterramento desses sedimentos iniciou um processo de diagênese que gerou uma salmoura intergranular com temperaturas entre 120 °C e 240 °C e salinidades entre 10% e 36% equivalentes em peso de NaCl. Essa diagênese foi seguida por uma fase de alteração retrógrada, causada pela invasão de águas meteóricas misturadas a águas provindas do embasamento. O fluido resultante desse processo seria o fluido mineralizador do depósito.

Eventos termotectônicos deslocam esses fluidos, gerando um movimento convectivo (Figs. 8.10 e 8.11). Devido a sua densidade maior, os fluidos bacinais, oxidantes (com U^{6+}), deslocam-se para baixo, até a discordância, daí passando a se deslocar lateralmente, paralelamente a essa superfície. Parte do fluido desce mais, ao longo de falhas e fraturas do embasamento, tornando-se redutor ($U^{6+} \rightarrow U^{4+}$), o que causa a precipitação de sua carga metálica, formando os depósitos polimetálicos tipo 1 (Fig. 8.10). Aquecidos em profundidade devido ao gradiente térmico paleoproterozoico, esses fluidos reduzidos sobem aproveitando-se de zonas de fraqueza, até se encontrarem e misturarem aos fluidos oxidantes contidos nas discordâncias e em suas coberturas sedimentares. Nos locais de encontro, *durante a diagênese das rochas sedimentares de cobertura,* os metais do minério e da ganga precipitam na interfácie redox entre os fluidos oxidados e os reduzidos. A precipitação seria causada pela redução das soluções bacinais oxidadas, com U^{6+}, por CO_2, H_2S e Fe^{2+} trazidos pelos fluidos vindos do embasamento. A maior parte dos metais precipita-se na região da discordância, formando os depósitos tipo 2 (Fig. 8.10). Caso a permeabilidade secundária da cobertura sedimentar permita, os fluidos redutores irão além da discordância, precipitando urânio em meio aos sedimentos de cobertura (depósitos tipo 3, Fig. 8.10).

As diversas fácies de alteração das rochas encaixantes (Figs. 8.10 e 8.11) formam-se em várias fases. Durante a formação dos regolitos os minerais ferromagnesianos são cloritizados e hematitizados, os feldspatos potássicos são sericitizados, ilitizados e caulinizados e os plagioclásios são saussuritizados. A alteração das encaixantes dos minérios (ilitização, caulinização, cloritização, hematitização e lixiviação) associa-se à fase de mineralização. Os fluidos ascendentes, vindos do embasamento, causam dissolução do quartzo na área de mineralização, carreiam a sílica em solução e a redepositam, formando uma auréola silicificada em torno do minério, e causam turmalinização e cloritização. Os fluidos bacinais causam ilitização e caulinização. A caulinização é produzida por fluidos meteóricos que descem pelas fraturas e falhas até as zonas mineralizadas. Ao final do processo, os corpos mineralizados ficam envolvidos por argilominerais que, por sua vez, ficam envolvidos por um envelope silicificado. Essas alterações causam modificações no volume das rochas, que se fraturam, brecham e formam estruturas de colapso. Estudos isotópicos mostraram que o influxo de água meteórica provoca alteração retrógrada dos metapelitos e gnaisses do embasamento, que conduz ao desenvolvimento de zonas tardias de caulinização e à perda de K_2O pelas ilitas.

8.7 Depósitos de Au disseminados em rochas sedimentares argilocarbonosas tipo Carlin

8.7.1 Geometria e composição dos corpos mineralizados

Os teores médios de Au dos depósitos Carlin (Nevada, EUA) variam em uma gama ampla, embora predominem teores elevados. Geralmente são depósitos somente de Au, com concentrações de Ag menores que as de Au. Alguns são enriquecidos em As, Sb, Hg, Ba e Tl, possibilitando que esses elementos sejam lavrados como subproduto. Os menores teores são os dos depósitos em folhelhos negros, como Morro do Ouro (MG, Brasil), com 0,4 g Au/t, e Spanish Mountain (Canadá), com 0,8 Au/t. Os maiores teores são os de Carlin, com até 19,0 g Au/t, Bendigo (Austrália), com 12,9 g Au/t, e Olimpiada (Rússia), com 10,9 g Au/t. A média geral dos teores de depósitos tipo Carlin é de 5,0-6,0 g Au/t, com recursos da ordem de 70-80 Mt (Goldfarb et al., 2005). O ouro ocorre na forma nativa, finamente granulado, disseminado junto a pirita, arsenopirita, realgar, orpimento, ± cinábrio, ± fluorita, ± barita e ± estibinita.

No total, os sulfetos fazem menos de 1% da rocha e são, também, finamente granulados. A alteração mais comum é a decalcificação e/ou a silicificação localizada da rocha calcária-carbonosa, formando agregados de quartzo ou calcedônia com granulometria fina denominados *jasperoides*. A ilita, a calcita e a caulinita são frequentes. As zonas oxidadas têm caulinita, montmorilonita, ilita, jarosita e alunita, e argilas amoniacais podem ocorrer. Embora em vários depósitos as alterações sejam intensas, não há relações evidentes entre os teores de ouro e a intensidade das alterações. A maior parte desses depósitos tem ouro "invisível", finamente granulado, disseminado em rochas argilocarbonosas, calcárias ou dolomíticas impuras, junto a falhas, em ambientes não marinhos.

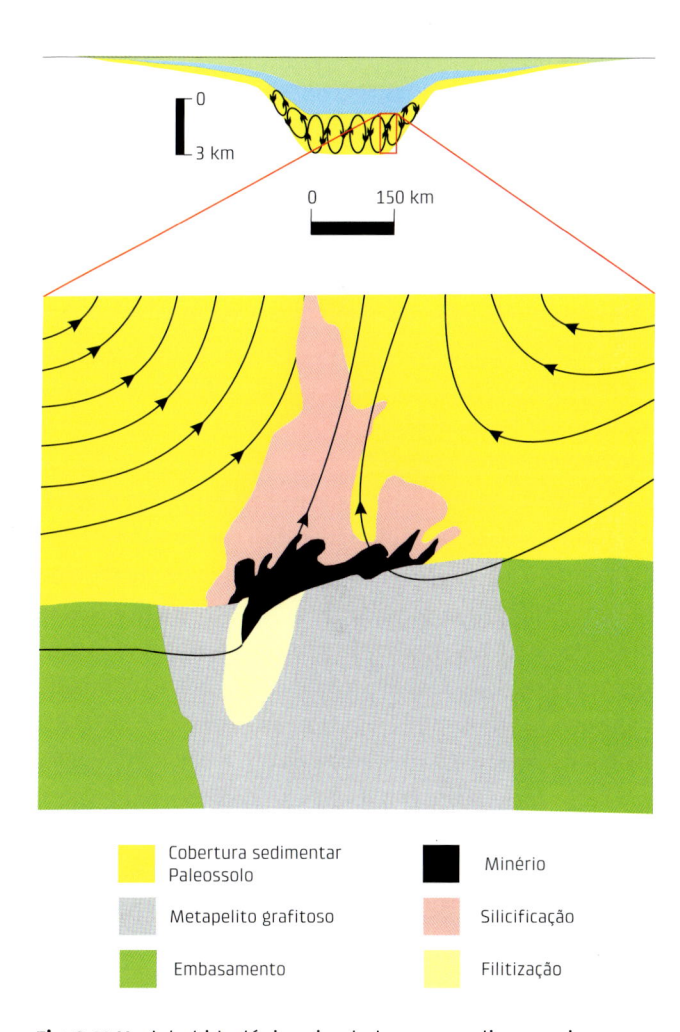

Fig. 8.11 Modelo hidrológico simulado para explicar a origem dos depósitos de urânio em discordâncias tipo Athabasca. Grandes aquíferos em arenitos confinados podem gerar grandes células de convecção em bacias proterozoicas. A interação de soluções salinas contidas nesses aquíferos com fluidos do embasamento, proporcionada por essas células de convecção em locais onde há filitos grafitosos e zonas de cisalhamento, causa a precipitação de urânio e outros metais nas superfícies das discordâncias. A mesma simulação mostrou que ocorre uma extensiva alteração, sobretudo silicificação e filitização, na cobertura sedimentar e no embasamento (Garven, 2003)

Os depósitos de Au tipo Carlin são muito importantes devido ao volume de suas reservas. Os corpos mineralizados têm graus variados de controle estrutural. Alguns depósitos são claramente estratiformes, como Betze-Post (Fig. 8.12A), na região de Carlin, onde a mineralização e a alteração associada definem corpos mineralizados tabulares, claramente estrato-controlados, com mais de 1 km de extensão lateral. Outros depósitos são claramente estruturalmente controlados, como Sukhoi Log (distrito Lena, na Sibéria, Rússia), onde o minério aurífero e piritoso concentra-se na zona axial de dobras, junto a folhelhos e siltitos carbonosos (Fig. 8.12B).

Alguns depósitos mostram relações espaciais e temporais com atividades magmáticas que aparentemente participam da formação dos depósitos apenas fornecendo energia térmica ao sistema (Fig. 8.14B). Em Nevada (EUA) vários depósitos estão associados a grupos de pequenas intrusões de composição félsica a intermediária cujas idades são similares às dos depósitos, e na região de Carlin os depósitos parecem ocupar posições acima dos cumes de vários plutões graníticos. Embora a maioria dos depósitos conhecidos tenha relações evidentes com alterações causadas por fluidos quentes, nunca foi possível definir o caminho seguido pelos fluidos mineralizadores até os plutões. Na província de Guizhou, na China, com grande quantidade de depósitos tipo Carlin, não há qualquer evidência de magmatismo, próximo ou distante dos depósitos.

A mineralização, assim como a alteração, ocorre devido à infiltração de água salina aquecida a temperaturas entre 150 °C e 250 °C. Minérios com teores elevados de ouro estão em enxames de vênulas, fraturas e pequenas falhas, organizados de modo estratiforme. Essas estruturas muitas vezes são quase invisíveis devido à alteração intensa das rochas. Vários autores constataram a elevação dos teores causada pela diagênese tardia e por metamorfismo incipiente, assim como, em alguns casos, por eventos tectônicos e intrusivos.

Decalcificação, dolomitização, silicificação e argilização são as alterações típicas no interior e em torno dos corpos mineralizados (Fig. 8.13). Muitas vezes os minerais das rochas originais são substituídos, mas as estruturas sedimentares são preservadas. Hofstra e Cline (2000) propuseram um modelo de distribuição das zonas de alteração deduzido da observação dos depósitos da região de Carlin (Fig. 8.13). Nesse modelo, a zona mineralizada e as zonas de alteração estão centradas em uma falha e, a partir da zona de falha, distribuem-se simetricamente em dolomitos laminados e lutitos cálcicos mesclados a siltitos atravessados pela falha. Todas as zonas de alteração estão mineralizadas com ouro e junto a apatita autigênica, pirita e vênulas com realgar e orpimenta. Junto ao conduto dos fluidos, as rochas estão caulinizadas e silicificadas. Esse núcleo de alteração está envolvido por rochas dolomitizadas e elitizadas, e as duas zonas internas estão envolvidas por rochas calcitizadas e ilitizadas. Notar que, assim como acontece com os depósitos de ouro metamórficos em zonas de cisalhamento (tipo Golden Mile, Hunt ou Fazenda Brasileiro), as rochas hospedeiras também são carbonatadas.

8.7.2 Processo formador dos depósitos de Au disseminados em rochas sedimentares argilocarbonosas tipo Carlin

Os depósitos tipo Carlin são gerados pela sequência de eventos ilustrada na Fig. 8.14 (Romberger, 1990). O processo começa com o aprisionamento de águas meteóricas e de águas conatas, antigas, nos poros de rochas redutoras, geralmente ricas em matéria orgânica e/ou sulfetos. O aprisionamento desses fluidos em zonas profundas ocorre em um estado de equilíbrio hidrológico que leva a um longo tempo de residência e induz o equilíbrio entre o fluido e a rocha (Fig. 8.14A). Esses fluidos evoluirão quimicamente,

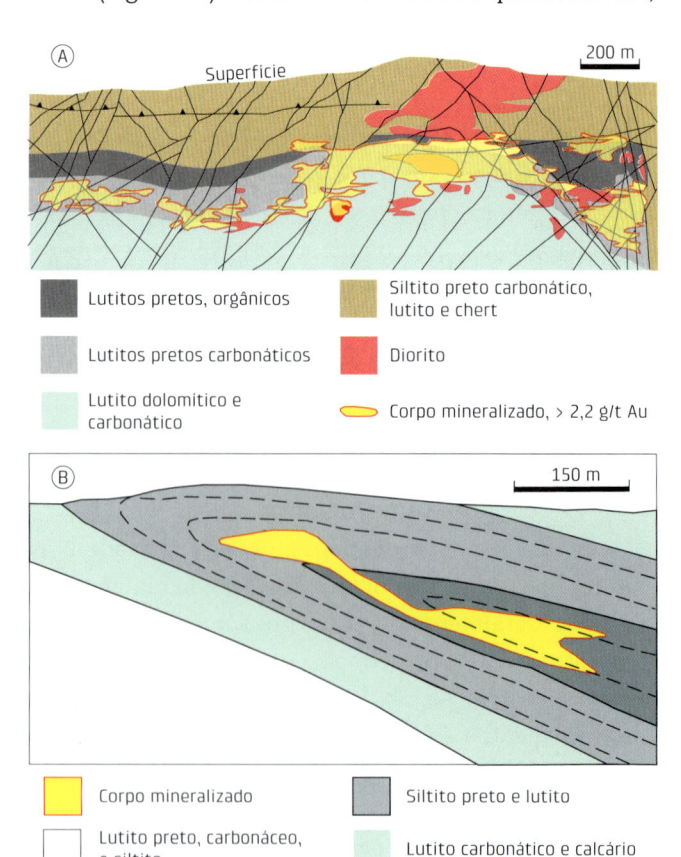

Fig. 8.12 (A-D) Geometrias dos corpos mineralizados de depósitos tipo Carlin. (A) Depósito Beltze-Post, situado na parte norte da província Carlin (EUA). O minério aurífero piritoso (em amarelo) está controlado estratigraficamente e estruturalmente pela Formação Popovich. (B) Depósito Sukhoi Log (distrito Lena, Rússia). O minério piritoso está na zona axial de dobras deitadas, em meio a folhelhos e siltitos carbonosos

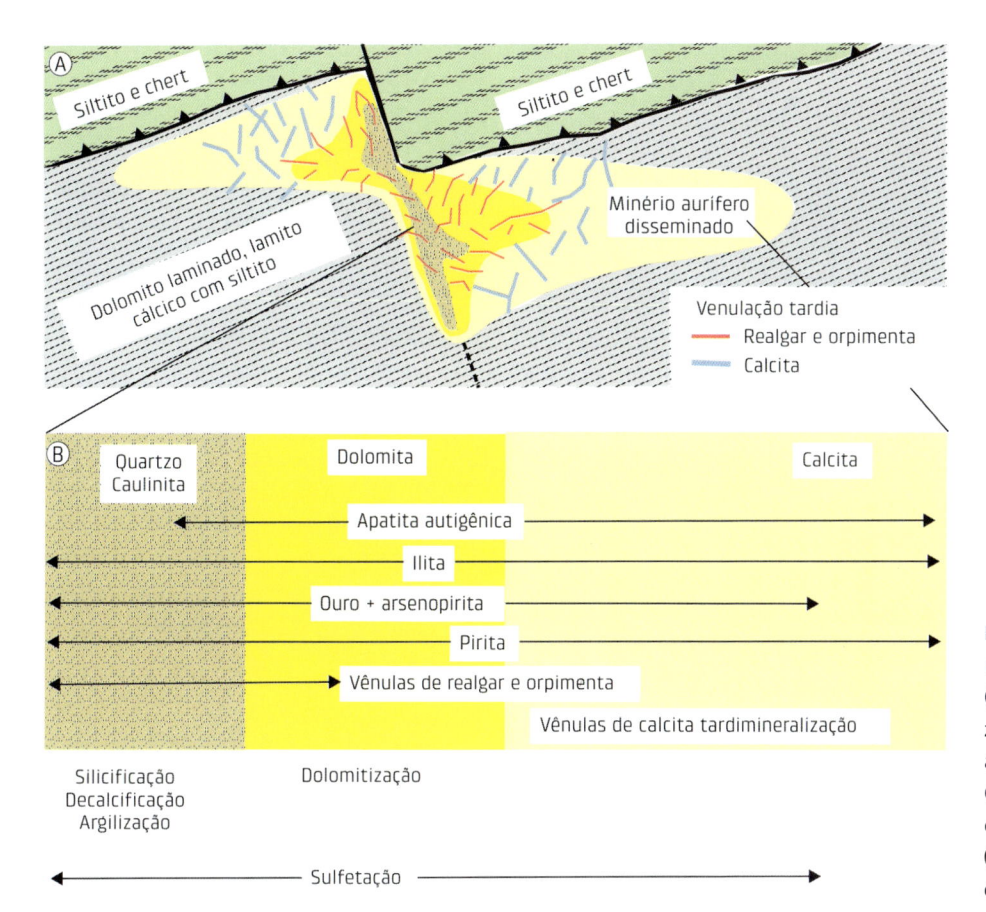

Fig. 8.13 Seção esquemática mostrando (A) a distribuição e (B) a composição mineral das zonas de alteração hidatogênicas associadas aos depósitos tipo Carlin, feita com base no que foi observado por Hofstra e Cline (2000) no depósito Jerritt Canyon, em Carlin

tornando-se cada vez mais reduzidos, devendo lixiviar e enriquecer-se em vários componentes da rocha. Concomitantemente, as zonas superficiais são constantemente recarregadas de águas meteóricas oxidadas. Nesse sistema haverá, então, dois ambientes diferentes, um profundo e redutor, capeado por outro com propriedades oxidantes.

A intrusão de um corpo ígneo (Fig. 8.14B) gera um gradiente térmico que causará o deslocamento dos fluidos conatos (= fluidos de formação) profundos através das zonas de maior permeabilidade. Isso formará plumas de águas redutoras que tenderão a deslocar os fluidos oxidantes superficiais. A forma dessas plumas será controlada pelas fraturas e pela composição das rochas (Fig. 8.14C). Os fluidos redutores sairão das zonas de fratura e se infiltrarão nas rochas mais permeáveis, nas mais reativas ou nas descontinuidades naturais existentes entre elas. O aumento da temperatura deslocará das águas redutoras os componentes voláteis mais móveis, tais como o CO_2 e o H_2S, introduzindo-os no meio oxidante de cobertura (Fig. 8.14B). A dissolução e a oxidação dessas substâncias geram ácidos fortes, como o H_2SO_4, que causam a dissolução local das rochas, sobretudo das carbonáticas. Essa dissolução levará ao aparecimento de uma porosidade secundária.

Enquanto os fluidos redutores continuam a migrar para cima, a depender do regime hidrológico do local, haverá recarga de novos fluidos vindos de cima, das laterais ou de baixo. Esses fluidos serão reduzidos em profundidade, enriquecidos em sílica (conforme aumenta a temperatura) e em metais, entre os quais o ouro, e reconduzidos para cima, aumentando o teor e a dimensão das zonas redutoras. A invasão das zonas redutoras por água oxidante causará a precipitação da carga metálica do fluido mineralizador, gerando o minério tipo Carlin. A ascensão dos fluidos para zonas de menor temperatura provocará a lixiviação dos carbonatos e a concomitante precipitação da sílica, resultando nos jasperoides (Fig. 8.14B). Quanto mais esse processo se alongar no tempo, maior será a concentração em metais e a dimensão dos corpos mineralizados. Em alguns locais o sistema de recarga de fluidos mineralizadores poderá ser interrompido por fluxos de águas oxidantes que não são reduzidos nem mineralizados em profundidade (Fig. 8.14D). Isso poderá causar o isolamento de zonas redutoras, mineralizadas, em alguns locais e o deslocamento para outros locais das descargas de águas redutoras. Desse modo, são geradas diversas zonas mineralizadas, lenticulares e estratiformes, em posições variadas do sistema. O processo se extinguirá com o desaparecimento da fonte de energia térmica, ou seja, pelo resfriamento das intrusões. Modificações tectonoestruturais, erosão, sedimentação e novos magmatismos normalmente modificam o produto final desse processo, gerando corpos mineralizados com minérios disseminados, de baixos teores, estratiformes e controlados por descontinuidades estruturais (Fig. 8.14E).

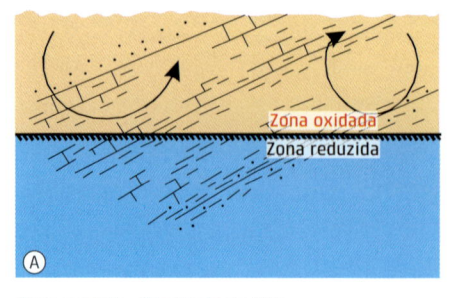

Fig. 8.14 Sequência de eventos geradores de depósitos estratiformes de ouro disseminados em rochas sedimentares argilocarbonosas tipo Carlin (modificado de Romberger, 1990)

(A) Zona oxidada – Circulação de água meteórica superficial, oxigenada
Zona reduzida – Fluidos profundos, alojados nos poros das rochas

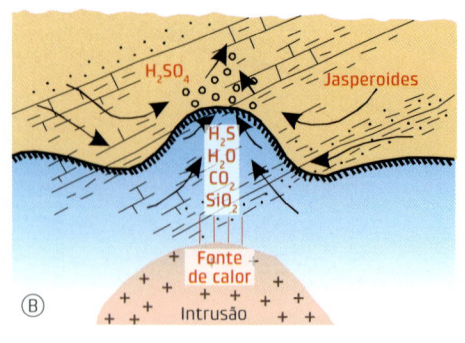

(B) Introdução dos fluidos profundos nos ambientes subsuperficiais devida à influência da fonte de calor. H_2O e H_2S são oxidados e geram H_2SO_4, que causa lixiviação ácida e solução das rochas carbonatadas. Início da formação de jasperoides

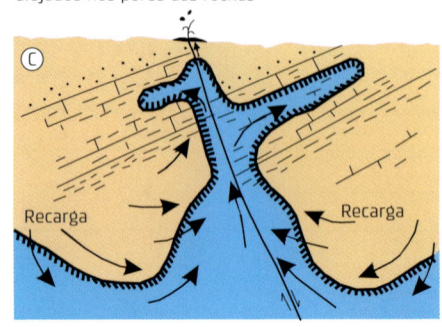

(C) Migração controlada pelas fraturas dos fluidos profundos, causada pelo gradiente térmico em expansão. O Au migra na forma de complexos bissulfetados

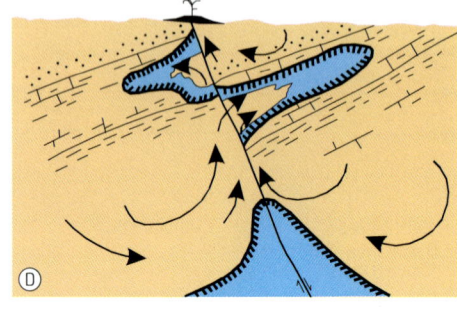

(D) Interrupção da vinda de fluidos profundos devida à introdução de águas meteóricas oxigenadas. Superposição de fluidos oxidantes em zona redutora. Oxidação de complexos sulfetados com Au e precipitação do Au

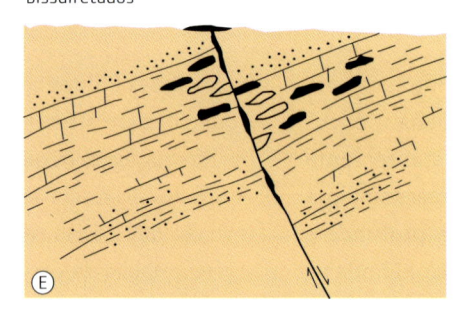

(E) Resfriamento do foco térmico interrompe a convecção. Depósitos disseminados, associados às fraturas, resultam do processo

Notar que os únicos elementos que constituirão os fluidos mineralizadores são aqueles solúveis em soluções redutoras, na presença de enxofre, e que formam complexos sulfetados solúveis. Os mais comuns são o ouro, o mercúrio e o arsênio, talvez junto ao antimônio, ao bário e ao tálio. Elementos, como os metais-base, solúveis em ambientes oxidantes formam complexos clorados que são insolúveis em fluidos redutores e não integrarão o fluido mineralizador tipo Carlin. Esses elementos não fazem parte dos minérios desses depósitos.

SINGÊNESE, DIAGÊNESE E AÇÃO MICROBIANA – PROCESSOS FORMADORES DE DEPÓSITOS MINERAIS SEDIMENTARES

9

9.1 Depósito mineral sedimentar singenético × diagenético

Os processos mineralizadores *sedimentares diagenéticos* e os *hidatogênicos sedimentares* podem ser diferenciados como a seguir:

- Quando o fluido mineralizador diagenético for água marinha ou meteórica proveniente da superfície e ocupar sua posição nos poros do sedimento quando sua temperatura for igual à da superfície na qual houve a sedimentação, o depósito mineral que se formar *após a diagênese se completar* será considerado sedimentar *diagenético*.
- Se o fluido mineralizador diagenético for proveniente de outro ambiente que não aquele onde o depósito mineral se formará, e/ou tiver temperatura maior que a da superfície da litosfera no local da sedimentação, o depósito mineral que se formar *após a diagênese se completar* será sedimentar *hidatogênico*.

9.2 Processo mineralizador singenético sedimentar clástico

9.2.1 Aluviões e terraços aluvionares fluviais atuais e antigos

Sobre os depósitos aluvionares

Os depósitos minerais em aluvião são os mais comuns entre todos os tipos de depósitos minerais, ou seja, os que ocorrem em maior quantidade em todo o planeta. Depósitos em aluvião têm formas muito variadas que dependem de como foram formados, se em barreiras naturais (Fig. 9.1A), em confluências de rios (Fig. 9.1B), em desníveis que geram quedas d'água (Fig. 9.1C), em meandros (Fig. 9.1D) ou em paleoterraços (9.1E). Os depósitos são lenticulares, alongados ou equidimensionais, têm a forma de bolsões ou são irregulares, com formas inconstantes, como os aluviões móveis formados nas confluências de rios (Fig. 9.1B).

Os aluviões e terraços aluvionares constituem depósitos importantes. Os mais numerosos são os de *ouro, seguidos pelos de cassiterita (Sn)*. Depósitos aluvionares de diamante, platinoides, rutilo, ilmenita, columbo-tantalita, zircão e monazita, entre muitos outros, são também importantes, embora ocorram mais localmente.

Processo formador dos depósitos minerais aluvionares

A água é densa e viscosa, o que lhe confere grande capacidade erosiva e transportadora. Os depósitos em aluvião formam-se quando um fluxo d'água que transporta minerais e fragmentos de rocha e/ou de minerais perde energia (= velocidade) e os minerais e fragmentos sedimentam. A formação de um depósito aluvionar depende da existência de uma área-fonte (p.ex., veios de quartzo com ouro, kimberlitos com diamantes, greisens com cassiterita, complexos ígneos ultramáficos com platinoides etc.), da qual o *ouro, os platinoides, o diamante ou a cassiterita* serão liberados pelo *intemperismo* e deslocados pela *erosão*.

Após serem deslocados da área-fonte, os minerais de minério são carreados pela água, até a diminuição da energia do agente transportador. Nesses locais, os minerais estacionam e concentram-se, formando depósitos. Por serem densos, geralmente os minerais de minério concentram-se nas cascalheiras, junto a fragmentos de minerais mais leves com diâmetros maiores, conforme a lei de Stokes. Expostas fora d'água, essas cascalheiras são percoladas por águas meteóricas que carreiam para baixo os fragmentos minerais mais densos e de diâmetros menores, concentrando-os na base da cascalheira (Fig. 9.1F), junto a outros minerais densos como a ilmenita, a magnetita e óxidos de ferro e manganês. Os terraços aluvionares (Fig. 9.1E) são aluviões fósseis, preservados em locais elevados devido ao aprofundamento e à migração lateral do vale do rio que os originou, ou ao desaparecimento do curso d'água.

9.2.2 Cordões sedimentares diagenéticos litorâneos e depósitos deltaicos atuais e antigos

Cordões litorâneos com Ti – Zr – ETR, e depósitos com diamantes

Cordões litorâneos com Ti – Zr – ETR (Figs. 9.2A,B) são os depósitos sedimentares com ilmenita, rutilo, zircão e monazita que produzem a maior parte do titânio consumido pelas indústrias. São depósitos com corpos mineralizados alongados, comprimentos de algumas dezenas de metros a várias dezenas de quilômetros, larguras métricas a decamétricas e espessuras métricas. Existem em vários países, entre os quais se destacam a Austrália (depósitos de Ti da região da ilha de Stradbroke, Brisbane – Fig. 9.2B) e o Brasil (depósitos de Ti da região de Mataraca, RN e PB, e de monazita, com Th, Ce e La, da região de Guarapari, ES). A média das reservas é de 87 Mt (podem ser maiores que 690 Mt), com teores médios de 1,3% de ilmenita, 0,21% de zircão, 0,15% de rutilo, menos de 0,58% de leucoxênio e menos de 0,11% de monazita.

Os depósitos litorâneos de diamante (Fig. 9.2A) dos litorais atlânticos sul-africanos e da Namíbia responderam pela maior produção mundial desse mineral por vários anos. Concentram-se em cordões litorâneos, em paleocanais e em baixos topográficos existentes no substrato das areias litorâneas, desde a região da praia até além da região de quebra das ondas.

Os cordões litorâneos com diamante são alongados, iguais àqueles com Ti – Zr – ETR mencionados. Os bolsões e paleocanais têm geometrias e dimensões muito variadas, com larguras médias desde o metro até várias centenas de metros. Mais de 50 locais foram lavrados no litoral do sul da África (Bardet, 1974). Os corpos mineralizados são contínuos, mas definir teores médios e reservas é difícil. Estima-se que cada mina tenha trabalhado com cerca de 10 Mt de sedimentos. Segundo Bardet (1974), o teor médio de diamante dessas areias era de cerca de 0,39 quilate/m³, o que corresponde a cerca de 0,03 ppm. Os teores são menores do que os dos *pipes* kimberlíticos da África do Sul, que variam entre 0,05 ppm em Kimberley e 0,07 ppm em Premier.

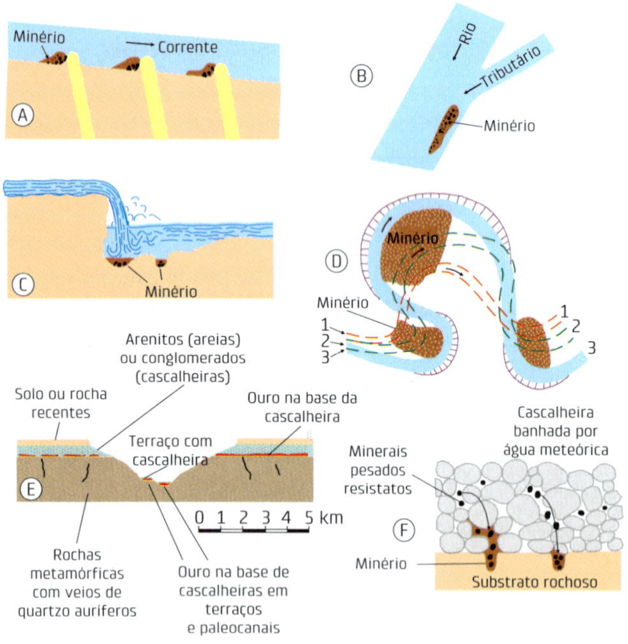

Processo formador dos depósitos aluvionares em cordões litorâneos e em deltas

Quando alguma rocha que contém minerais resistatos é destruída pela erosão, esses minerais são liberados e passam a migrar, levados por enxurradas, córregos e rios, até o local de deságue no oceano. Se a rocha mineralizada aflorar no litoral, ela poderá ser destruída pelo batimento das ondas. Em qualquer dos casos, ao chegarem ao litoral os minerais resistatos são incorporados aos sedimentos litorâneos (areias de praia) e passam a ser concentrados pelo movimento oscilatório das ondas, que transporta os minerais leves e concentra os mais densos. Esse processo leva à concentração dos minerais densos (ilmenita, rutilo, zircão, diamante, monazita, ouro etc.), formando depósitos minerais com a forma de cordões litorâneos e preenchendo depressões no substrato rochoso das areias de praias.

Rios de grande porte, com grandes volumes de água e/ou com muita energia, geralmente formam deltas. Ao adentrar o oceano, a água desses rios perde energia (diminui de velocidade) e a capacidade de carregar minerais densos. Esses minerais sedimentam nos leitos dos rios, nas regiões dos deltas. A parte mineralizada do delta corresponde ao período durante o qual a área-fonte dos minerais densos está sendo erodida e os minerais liberados pela erosão são transportados até o delta. Antes e depois da exposição em superfície e da erosão da rocha mineralizada na área-fonte, o delta não é mineralizado.

Fig. 9.1 Depósitos em aluviões formam-se sempre que a água dos rios perde energia (velocidade). Isso ocorre: (A) junto a barreiras; (B) em locais de confluência de rios; (C) em quedas d'água; (D) em meandros e curvas acentuadas; ou (E) em terraços aluvionares. (F) Nesses locais formam-se cascalheiras que, percoladas por água meteórica, têm seus minerais densos carreados para a base da cascalheira, onde se concentram junto a minerais intempéricos de ferro, manganês e titânio, que dão cor cinza à zona mineralizada

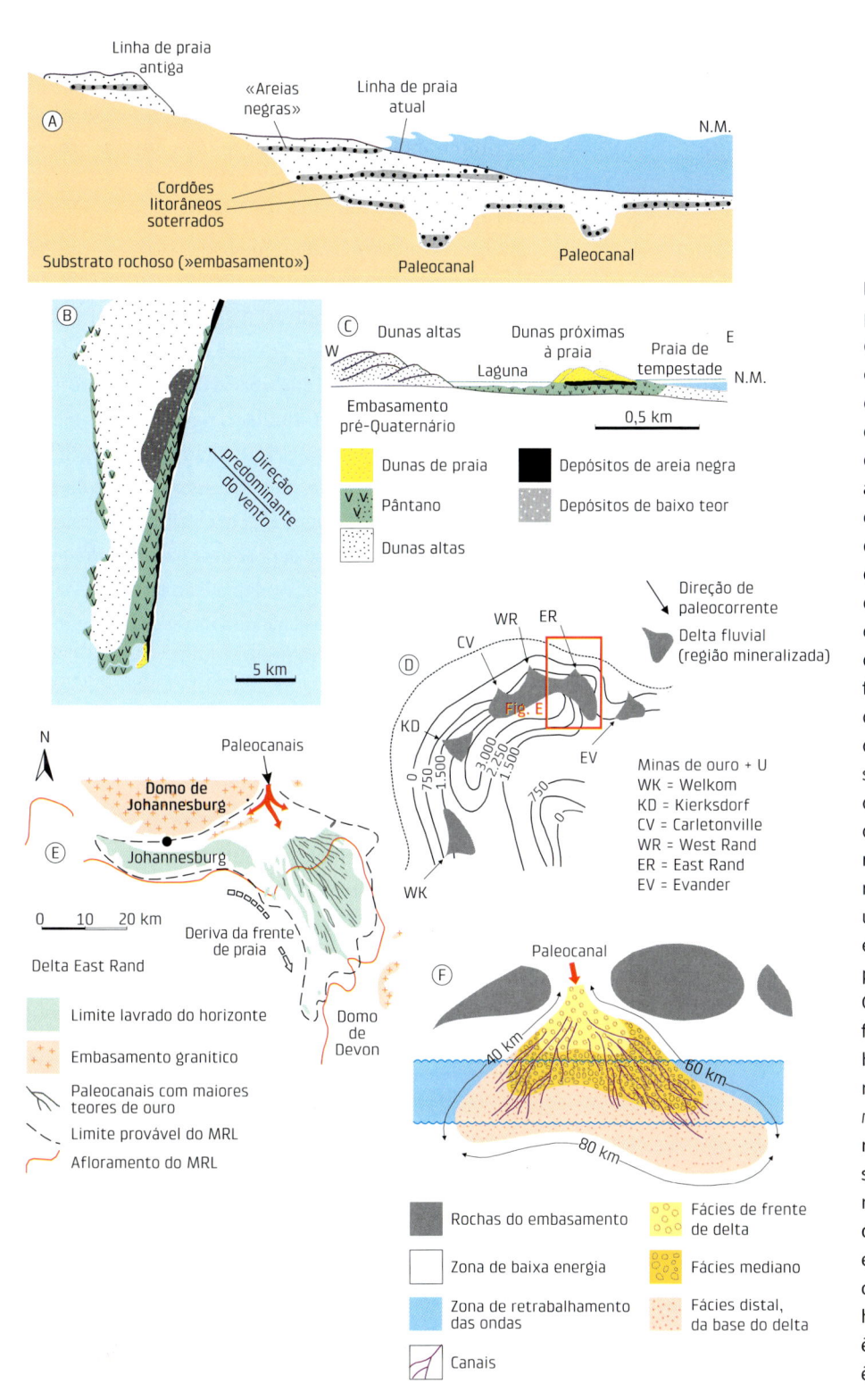

Fig. 9.2 (A) Cordões litorâneos, paleocanais e bolsões com diamantes. (B-C) Areias negras, constituídas por minerais densos de Ti, Fe e Zr. Os cordões litorâneos existem em uma faixa do litoral desde a parte emersa, nas praias, até além da zona de quebra das ondas. Notar a existência de dunas com Ti e Zr, que constituem depósitos sedimentares eólicos, de baixo teor, derivados dos cordões litorâneos. (D) Conjunto de seis deltas, alguns coalescidos, formados às margens do antigo mar da bacia do Witwatersrand (África do Sul). As dimensões de cada delta são decaquilométricas. (E) Detalhe do delta East Rand. Notar o local de deságue do rio e as linhas que marcam os principais paleocanais mineralizados. (F) Esquema de um dos deltas, suas dimensões e a posição estratigráfica dos paleocanais mineralizados. Os paleocanais mineralizados ficam todos em um mesmo horizonte estratigráfico, na parte mediana do delta, denominado *reef*. No Witwatersrand, quando mineralizados os paleocanais são denominados *pay streaks*. Em média, cada depósito (*gold field*) do Witwatersrand tem reservas entre 100 Mt e 1.000 Mt de minério com ouro e urânio. O teor médio histórico de ouro do Witwatersrand é de 9,2 g/t de minério, e o de urânio é de 213 g/t

Depósitos deltaicos de Au e U tipo Witwatersrand

Os depósitos de Au e U tipo Witwatersrand (África do Sul) (Figs. 9.2D-F) são os maiores depósitos de ouro conhecidos e concentram cerca de 50.000 t de Au metal. Aproximadamente 35% do ouro já lavrado em todo o planeta veio desses depósitos.

Os corpos mineralizados são paleocanais (Figs. 9.2D-F) com comprimentos de uma centena de metros a mais de 20 km, larguras de dezenas a poucas centenas de metros e espessuras métricas a decamétricas. A mineralização é estratiforme, com os paleocanais mineralizados (*pay streaks*) ocupando horizontes (*reefs*) específicos, localizados nas partes basal e mediana dos deltas. Ao menos dez *reefs* são conhecidos e lavrados em oito regiões mineralizadas (*gold fields*) situadas nas bordas norte e oeste do antigo mar da bacia do Witwatersrand.

9.2.3 Depósitos sedimentares litorâneos de Fe oolítico tipo Clinton e Minette

Litologias, seção estratigráfica e ambiente de sedimentação

Os depósitos de ferro oolítico tipo Clinton e Minette têm corpos mineralizados acamadados ou acanalados, ricos em silicatos e óxidos de ferro oolítico. As camadas mineralizadas têm espessuras métricas a decamétricas e extensões laterais de várias centenas de metros. Os corpos mineralizados acanalados são pouco importantes, com larguras decamétricas e comprimentos de centenas de metros. Em média, as reservas de 40 depósitos cadastrados são da ordem de 60 Mt, podendo superar 890 Mt. Os teores médios são de 41% de Fe, 8,6% de SiO_2 e 0,26% de P_2O_5.

As camadas sempre estão em uma sequência sedimentar granocrescente, com folhelhos negros na base, siltitos seguidos de arenitos na parte mediana e a carapaça ferruginosa oolítica no topo (Fig. 9.3A). As formações ferríferas oolíticas têm estratificações cruzadas bipolares, típicas de ambientes intertidais. Ao contrário das formações ferríferas bandadas (tipos Superior e Algoma), nesses depósitos a textura é oolítica, o minério é maciço, sem qualquer bandamento evidente, não há deposição de chert interestratificado com horizontes ferruginosos e os minerais do minério e da ganga são diferentes daqueles presentes nas formações ferríferas.

Os depósitos mais recentes têm goethita e berthierina (clorita com espaçamento de 7 Å). Os mais antigos têm hematita e chamosita (clorita com espaçamento de 14 Å). A siderita é um mineral muito frequente no minério. Pirita e magnetita são ocasionais. A ganga é de quartzo ± calcita ± dolomita ± argilominerais. A apatita (colofano) ocorre esporadicamente. O intemperismo remove o carbonato e oxida o ferro bivalente, gerando novos óxidos. Em Clinton (EUA), com base na composição mineral (Fig. 9.3B), Hunter (1970) dividiu a região mineralizada em oito diferentes fácies. A distribuição de fácies indica que a bacia deveria se aprofundar para oeste, mas é mais profunda na parte leste. As fácies identificadas como C-c = arenito cimentado por calcita, Si-c = arenito cimentado por sílica, H-c = arenito cimentado por hematita, Ch-c = arenito cimentado por clorita (chamosita) e R = arenito vermelho argiloso depositaram-se em ambiente subtidal. Cada episódio maior de deposição de minério (camadas pretas, Fig. 9.3B) está associado a um esvaziamento da bacia, correspondente a um período de regressão (Fig. 9.3A).

Processo formador dos depósitos de Fe oolítico tipo Clinton e Minette

Os depósitos de ferro oolítico tipo Clinton e Minette foram depositados em ambientes litorâneos de águas rasas a intertidais, durante períodos de quiescência, ao final de épocas de regressão marinha (Fig. 9.3A), quando o nível de base das drenagens continentais é rebaixado, facilitando a erosão dos terrenos continentais.

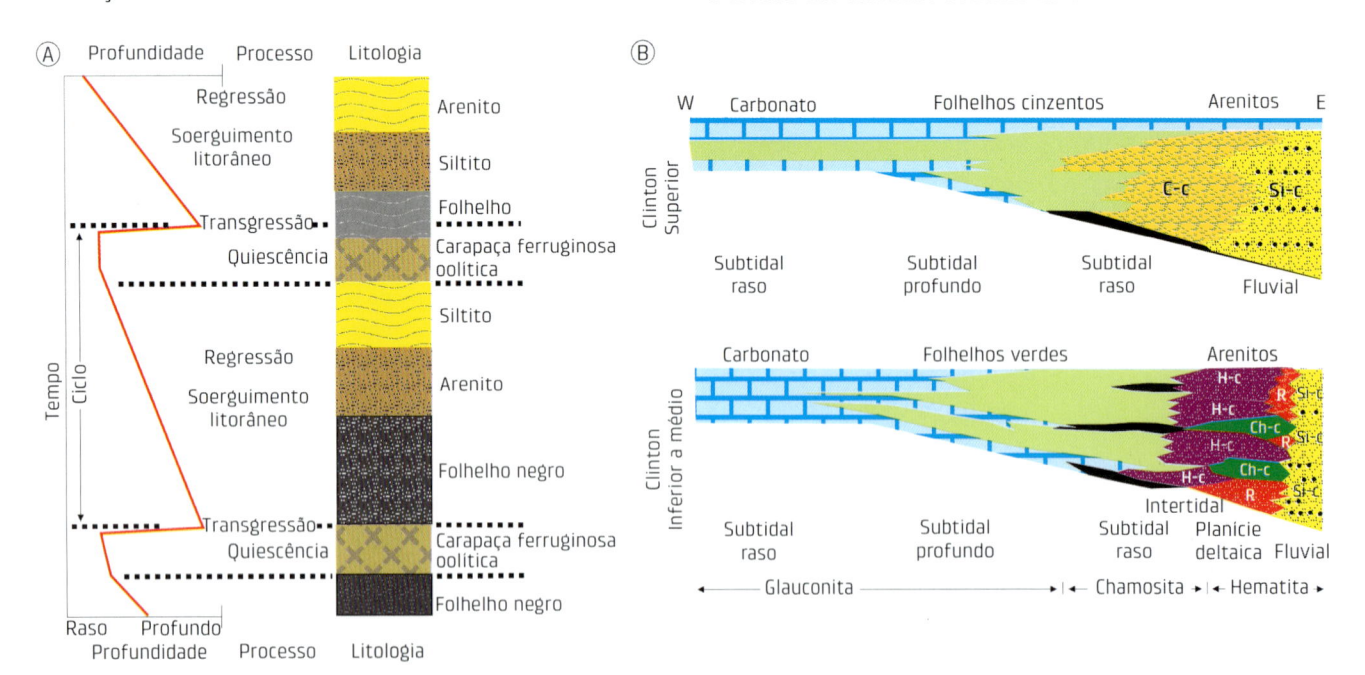

Fig. 9.3 (A) Esquema com o tipo de sequência em que são encontrados os depósitos de ferro oolítico Clinton e Minette. Cada ciclo pode ter desde poucos metros até cerca de 300 m de espessura (Maynard; Van Houten, 1992). (B) Ambiente de deposição e fácies descritos por Hunter (1970) no depósito de ferro oolítico de Clinton (EUA). As lentes pretas são de minério de ferro oolítico. As outras fácies depositaram-se em ambiente subtidal: C-c = arenito cimentado por calcita, Si-c = arenito cimentado por sílica, H-c = arenito cimentado por hematita, Ch-c = arenito cimentado por clorita (chamosita) e R = arenito vermelho argiloso

Com base no diagrama de estabilidade do ferro em solução aquosa (Fig. 9.4), admite-se que o ferro que forma esses depósitos tenha sido trazido por drenagens que erodiram regiões profundamente intemperizadas, em épocas de clima tropical. Discute-se se o ferro foi transportado como partículas (Maynard, 1983) ou em solução (Castaño; Garrels, 1950; Garrels; MacKenzie, 1971). Se fosse admitido o transporte em solução, o ferro precipitaria assim que atingisse uma bacia costeira onde carbonato de cálcio estivesse em equilíbrio com a água do mar a pH igual ou maior que 7. O ferro precipitaria diretamente como óxido férrico ou substituindo o carbonato de cálcio.

Essa hipótese não explica a presença de chamosita como principal silicato de ferro dos depósitos oolíticos. Tendo em conta as concentrações muito baixas de alumínio da água do mar, em ambiente ferruginoso a clorita que deveria sedimentar seria a greenalita no lugar da chamosita. A solução desse problema seria admitir que o ferro é transportado como partículas liberadas pela erosão de terrenos profundamente intemperizados e bauxitizados. Junto ao ferro viria, portanto, também o alumínio, o que explicaria a presença da chamosita nos depósitos oolíticos. Alternativamente, o ferro viria em solução, mas o alumínio necessário à cristalização da chamosita viria com argila detrítica, trazida junto ao ferro até os depósitos oolíticos.

9.3 Processo mineralizador sedimentar diagenético

9.3.1 Depósitos sedimentares diagenéticos de Pb – Zn (Ba) em arenitos

Geometria e composição dos corpos mineralizados

Os depósitos de Pb – Zn (Ba) em arenitos são constituídos por camadas de conglomerados, arenitos quartzosos e arcoseanos e siltitos com espessuras de até 40 m, que se alongam paralelamente a antigas linhas de costa. As extensões laterais das camadas mineralizadas chegam a até 4 km, segundo a direção, e mais de 1.000 m, segundo o mergulho. O minério é sulfetado e a reserva média de depósitos desse tipo é de 5,4 Mt, podendo ultrapassar 62 Mt. Os teores de Pb são, em média, da ordem de 2,2%. O zinco e a prata, quando ocorrem nesses depósitos, raramente têm teores médios acima de 0,23% e 33 ppm, respectivamente. Normalmente, os teores em bário são muito baixos. Excepcionalmente, em alguns depósitos, como em Camumu, na Bahia, a barita torna-se o principal, se não o único, mineral de minério contido em camadas de 0,2 m a 2 m de espessura e extensões laterais quilométricas. As reservas desses depósitos variam entre 0,03 Mt e 0,7 Mt de concentrado de $BaSO_4$, com teores entre 35% e 95%.

O minério de Pb – Zn é um arenito arcoseano cimentado por sílica e calcita, com sulfetos e sulfatos intergranulares. As rochas mineralizadas são terrígenas continentais litorâneas, com acamadamentos, estratificações cruzadas, paleocanais e brechas intraformacionais. As idades dos depósitos conhecidos variam entre o Proterozoico e o Cretáceo. A sequência de rochas que contêm os depósitos sempre tem conglomerados na base, depositados sobre um embasamento granito-gnáissico encimado por arenitos e siltitos. A mineralização situa-se nos arenitos, geralmente junto ao contato com os conglomerados (Fig. 9.5).

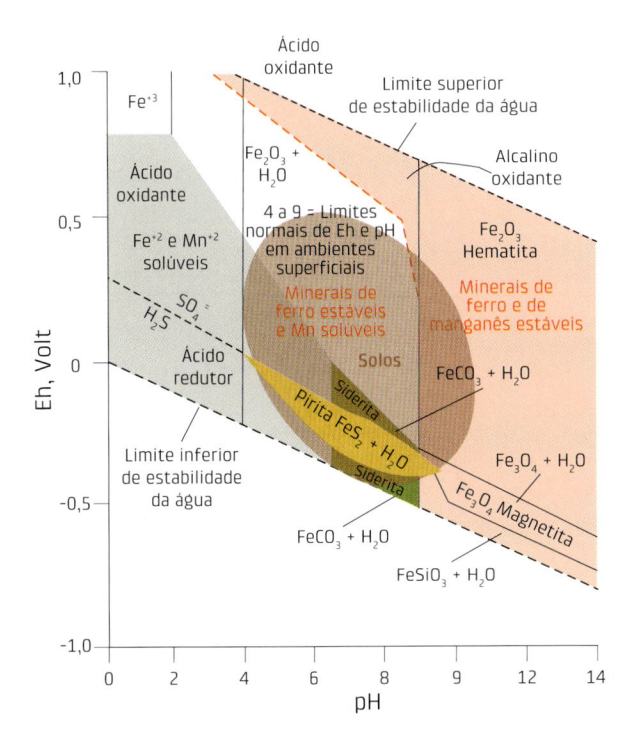

Fig. 9.4 Diagrama pH vs. Eh das áreas de estabilidade de substâncias ferríferas em soluções aquosas a 25 °C, 1 atm, 10^0 moles CO_2, com concentração total de enxofre = 10^{-6} moles, nas quais há solução de sílica amorfa presente (Garrels; MacKenzie, 1971)

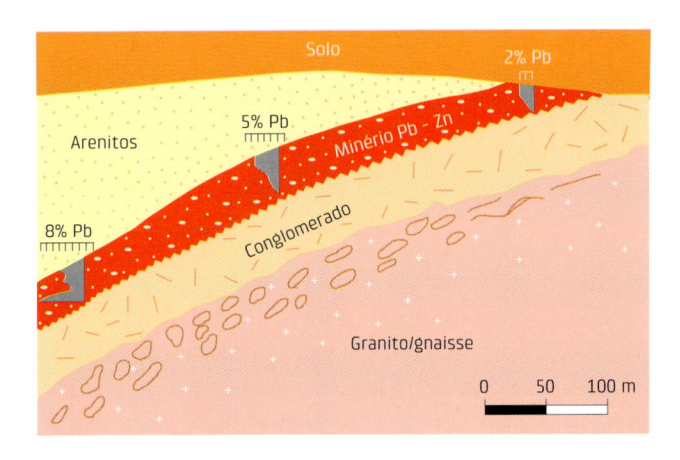

Fig. 9.5 Esquema mostrando a organização estratigráfica e a posição dos sedimentos mineralizados nos depósitos de Pb – Zn (Ba) em arenitos

O principal mineral de minério nos depósitos de chumbo é a galena, e, nos depósitos de bário tipo Camumu, a barita. A galena tem granulometria fina a média e associa-se a pequenas quantidades de esfalerita, pirita, barita e fluorita, cujas distribuições são aleatórias. Em proporções muito menores, podem ocorrer calcopirita, marcassita, pirrotita, tetraedrita-tenantita, calcocita, freibergita, bournonita, jamesonita, bornita, linneíta, bravoíta e millerita. A ganga, de quartzo e calcita, cimenta os arenitos, sulfetos e sulfatos. A presença de resíduos orgânicos é comum. A galena pode formar glomérulos de vários centímetros de diâmetro. Localmente, torna-se maciça ou substitui estruturas sedimentares, ressaltando estratificações cruzadas, acanalamentos etc. Há evidências claras que indicam que a quantidade de sulfetos é função da porosidade da rocha.

Na superfície, o minério oxida-se, cristalizando cerussita, anglesita, piromorfita, malaquita, azurita, covelita, calcocita, smithsonita, hemimorfita, hidrozincita e goslarita. A sericita, provavelmente ilita sedimentar recristalizada, foi descrita em alguns depósitos.

Nos depósitos de barita, a camada de barita, como a galena nos depósitos de chumbo, também se situa junto à base dos arenitos, próxima ao contato com os conglomerados basais. Geralmente as sequências mineralizadas têm folhelhos sobre os arenitos e terminam com rochas carbonáticas (dolomitos e calcários). Junto à barita ocorre gipsita e sílica (quartzo) com intercalações de marcassita, óxidos de manganês e betume. A galena ocorre esporadicamente. A barita forma agregados fibrosos, ou é maciça ou bem cristalizada, constituindo aglomerados de cristais cúbicos.

Processo formador dos depósitos de Pb – Zn (Ba) em arenitos

Em regiões litorâneas, há o encontro das zonas freáticas saturadas com água continental e marinha (Fig. 9.6). Do lado continental, a água "doce" tem pH baixo (ácido) e alto Eh (oxidante), o que propicia a formação de soluções ricas em Pb, Zn, Ba, Cu, Ag, Co, Fe e SiO_2. A composição da água continental dependerá do tipo de rochas e dos cátions disponíveis nos locais percolados pela água freática durante sua migração em direção ao litoral.

Na região do assoalho litorâneo submarino, saturada com água do mar (Fig. 9.6), os sedimentos têm água do mar intersticial, com pH alto (alcalino) e baixo Eh (redutor). A água é rica em Ca, Mg, Na, SO_4 e Cl. Caso o litoral seja lagunar ou estuarino, as águas estagnadas geram H_2S, CH_4 e CO_2. Com características físicas e químicas tão diferentes, a interfácie entre os dois tipos de água (Fig. 9.6) será uma região de desestabilização de soluções. As soluções com Pb, Zn e Ba trazidas pelas águas continentais são particularmente sensíveis a variações de pH e Eh. Essas soluções são desestabilizadas em meio às areias litorâneas, gerando um cimento de galena e sílica ou, mais raramente, de esfalerita, barita/gipsita e sílica. A quantidade de metal cresce

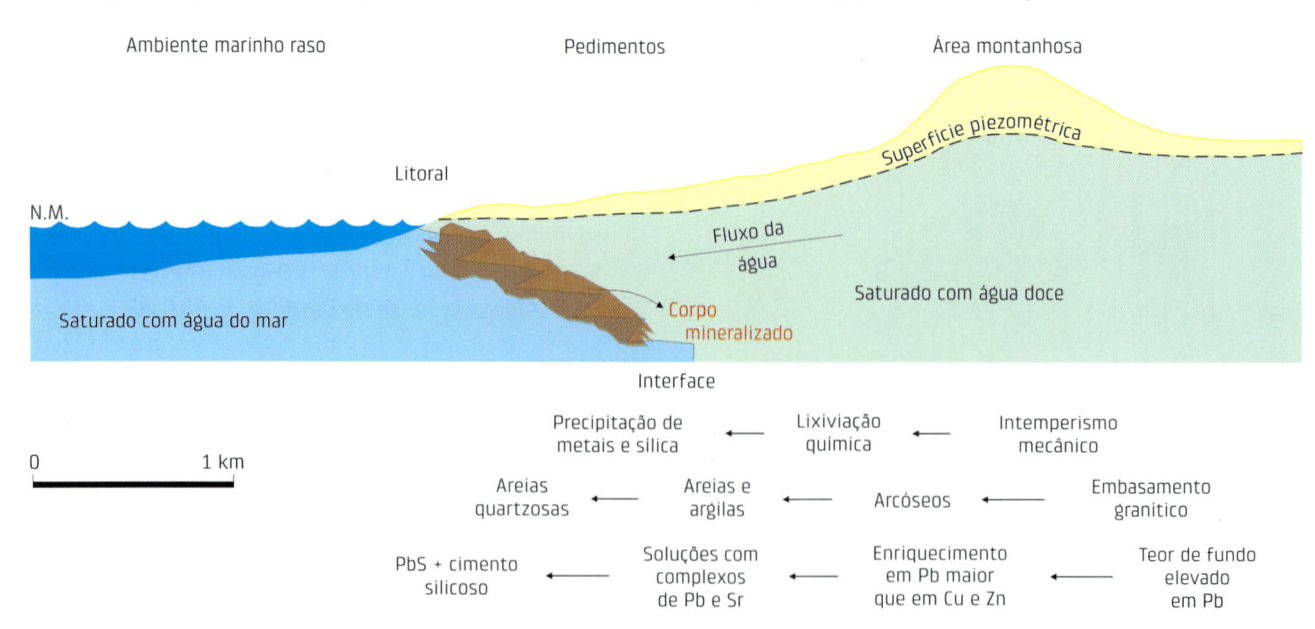

Fig. 9.6 Esquema mostrando a região de encontro entre a água da zona freática continental e a água que satura os sedimentos que fazem o assoalho submarino litorâneo. Nas regiões litorâneas lagunares e estuarinas, a mistura de água continental e oceânica gera um ambiente de desestabilização de soluções com características físico-químicas distintas. Do lado continental, a zona freática tem água com pH baixo (ácido) e alto Eh (oxidante), o que propicia a formação de soluções ricas em Pb, Zn, Ba, Cu, Ag, Co, Fe e SiO_2. No assoalho litorâneo saturado com água do mar, os sedimentos têm água do mar intersticial, com pH alto (alcalino) e baixo Eh (redutor). Essa água é rica em Ca, Mg, Na, SO_4 e Cl. Caso o litoral seja lagunar ou estuarino, as águas estagnadas geram H_2S, CH_4 e CO_2 (Rickard et al., 1979). Na região de mistura entre as águas continental e oceânica, há desestabilização e precipitação de substâncias que formam os depósitos de Pb – Zn (Ba) em arenitos

em direção ao mar profundo, devido ao aumento do pH e à diminuição do Eh, que acentuam a desestabilização das soluções vindas do continente. Após a diagênese, o resultado será a formação de minério constituído basicamente por arenitos cimentados por sílica e galena com pouca esfalerita e pirita ou arenitos cimentados por sílica e barita. O corpo mineralizado será alongado, paralelo à linha do litoral, estendendo-se por toda a região onde tenha ocorrido o aporte e a desestabilização das soluções trazidas pela água subterrânea continental.

9.3.2 Depósitos sedimentares diagenéticos em *salars*

Geometria e composição dos salars

Os *salars* são depósitos de sais estratiformes, continentais e lacustres, quase sempre zonados (Fig. 9.7). São constituídos por várias unidades que se repetem ciclicamente, com cada ciclo sendo composto por um conjunto de estratos. Na base de cada unidade (Fig. 9.7), abaixo do minério, há uma camada de blocos, seixos e fragmentos de rocha com baixo teor de sais, friável, pouco ou nada cimentada (*coba*). O contato inferior do minério é marcado por uma zona de rocha muito cimentada, com lentes maciças de sais, denominadas *mantos de caliche blanco*.

Durante os períodos de seca muito longos, os sedimentos salinos são dissecados, ao ponto de racharem, e formam gretas de dissecação de grandes dimensões. Essas gretas e aberturas são preenchidas por sais, formando o principal tipo de minério, o *caliche*. Esse minério é maciço, com 80% a 90% de sais, e é recortado por espaços dilacionais semelhantes a veios, preenchidos unicamente por sais, denominados "*veios*" *e mantos de caliche blanco*. A camada de minério é coberta por outra camada, na qual predominam clastos, moderadamente a muito cimentada (*costra*), também com baixo teor de sais. A unidade termina recoberta por um nível rico em sulfatos, descontínuo, friável e pulverulento. Acima desse nível sulfatado tem-se a superfície, com um solo arenoso a argiloso e pulverulento (*chuca*), ou uma nova unidade com a mesma estrutura descrita.

Os *salars* destacam-se por suas dimensões, constituindo-se, entre todos os depósitos, como os portadores dos maiores volumes de minério. São depósitos acamadados com vários quilômetros quadrados de extensão horizontal e várias dezenas de metros de espessura. O Salar de Atacama, no Chile, contém camadas de sal com espessura total de mais de 390 m. O Grande Salar, também no Chile, tem várias camadas de sais que totalizam de 133 m a 162 m de espessura, o que dimensiona recursos contidos de mais de 30.000 Mt de minério. Nesse *salar*, que preenche um vale com cerca de 50 km de extensão e largura entre 5 km e 8 km, os teores médios de Li são da ordem de 717 ppm, os de B_2O_3, de 1.446 ppm, os de NO_3^-, de 8%, e os de IO_3^-, de 0,06%.

Mais recentemente os *salars* ganharam importância por conterem lítio, elemento importante para fazer baterias acumuladoras de eletricidade. Nesses depósitos, o lítio ocorre no mineral zabuyelita, um carbonato com fórmula química Li_2CO_3.

Processo formador de depósitos sedimentares diagenéticos em *salars*

Em regiões áridas, as águas superficiais que lixiviam regiões vulcânicas saturam-se em sais e acumulam-se na zona freática, nos solos no fundo de vales intramontanos. Ao cessar a precipitação, o calor e a umidade muito baixa do ar causam a evapotranspiração. Nesse processo, a água da zona freática sobe até a superfície, onde é evaporada, e os sais que contém são precipitados em superfície, formando o *caliche* e os "*veios*" e mantos de *caliche blanco* (Fig. 9.7). O *caliche* é o principal minério, cobre superfícies extensas e pode ser facilmente lavrado.

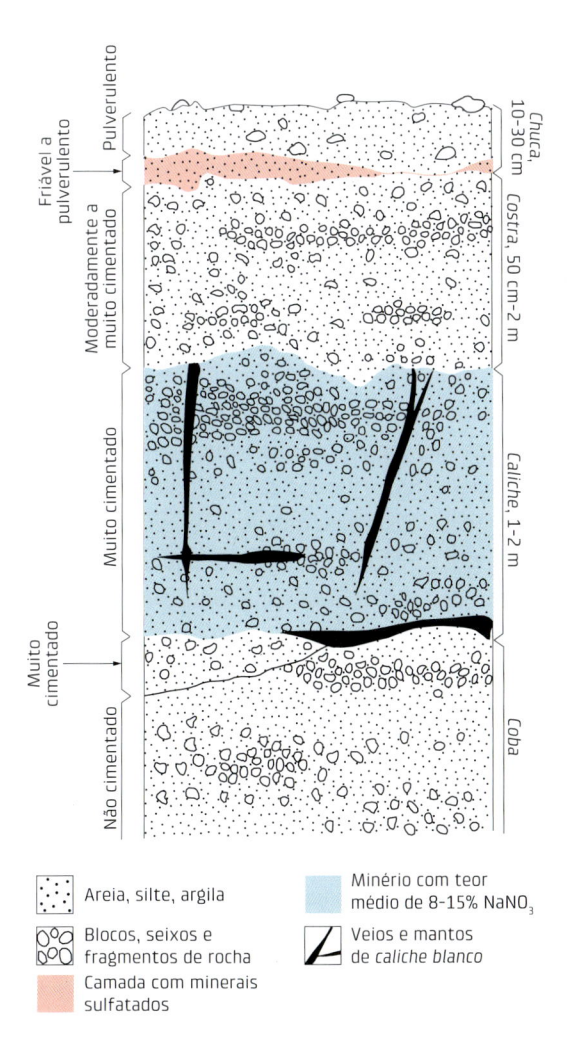

Fig. 9.7 Esquema das partes que constituem uma unidade sedimentar de um depósito de nitratos, boratos e sais de lítio e iodo de um *salar*. Um depósito é constituído por várias unidades do mesmo tipo (Ericksen, 1993)

9.3.3 Depósitos sedimentares diagenéticos de Cu e Co do cinturão cuprífero de Zâmbia-Zaire

Características dos depósitos sedimentares diagenéticos de Cu e Co

O cinturão cuprífero de Zâmbia-Zaire contém dezenas de depósitos de Cu e Co, que geraram dez grandes minas, lavradas desde os anos 1920. As espessuras das unidades mineralizadas variam de poucos metros a dezenas de metros. Em cada depósito, as camadas mineralizadas estão restritas a intervalos estreitos, pouco acima do embasamento. A espessura total da série (Mine Series) que contém as camadas mineralizadas é de mais de 1 km, e a sequência toda se estende lateralmente por cerca de 200 km. Os teores médios dos depósitos de Zâmbia-Zaire variam entre 3% e 6% de cobre, embora excepcionalmente alcancem 15% a 20%. A reserva média dos depósitos de cobre em sequências sedimentares clásticas é de 22 Mt, com teores de 2,1% de Cu, menos de 0,24% de Co e menos de 23 ppm de Ag.

No cinturão cuprífero de Zâmbia-Zaire, todos os depósitos estão alojados em meio a rochas sedimentares do Grupo Roan (Mine Series), do Supergrupo Katanga, datado em 900 Ma. Afloram nos flancos de um grande anticlinal (Kafue Anticline) de dobras formadas pela orogenia Lufiliana (Lufilian Orogeny), que se estendeu de 840 Ma a 465 Ma. No Zaire, a sequência é dominada por dolomitos, enquanto em Zâmbia predominam rochas clásticas. O minério é sulfídico e está, quase sempre, em margas dolomíticas e em folhelhos carbonosos, pretos, que ocorrem pouco acima de uma sequência de conglomerados, em meio a arenitos e argilitos, encimados por dolomitos (Fig. 9.8). No Zaire, os dolomitos e as margas dolomíticas são as principais rochas mineralizadas. Em Zâmbia, o minério é mais frequente em folhelhos, embora ocorra desde os arenitos da base até os dolomitos do topo. Também há sulfetos em siltitos, arcóseos e quartzitos. Mufulira, uma das principais minas da região, tem a maior parte de seu minério em arenitos carbonosos interacamadados com dolomitos estéreis.

Na parte norte do cinturão, no Zaire, a sequência ocorre sem metamorfismo ou apenas anquimetamorfizada. O grau metamórfico aumenta para o sul, alcançando o grau fraco (com clorita e, algumas vezes, com granada) em Zâmbia. Repousa, com nítida discordância, sobre um embasamento de granitos e gnaisses arqueanos.

No cinturão cuprífero de Zâmbia-Zaire, todos os depósitos são camadas sedimentares. Os dolomitos contêm evidências de sedimentação em um ambiente hipersalino, conforme indicado pela presença de magnesita nos dolomitos do Zaire e de anidrita em Zâmbia.

Processo formador dos depósitos sedimentares diagenéticos de Cu e Co

O minério sulfídico ocorre em torno dos paleoaltos e de biohermas e, em direção ao mar, a composição do principal mineral de minério varia segundo a ordem calcocita (Cu_2S) → bornita (Cu_5FeS_4) → calcopirita ($CuFeS_2$) → pirita (FeS_2), evidenciando um decréscimo nas relações Cu/Fe e metal/enxofre em direção ao mar profundo (Fig. 9.9). Carrolita ($CuCo_2S_4$) deposita-se junto à calcopirita e à linneíta (Co_3S_4) e junto à pirita, distantes da zona com cobre, em direção ao mar aberto. Pirita e pentlandita cobaltíferas ocorrem em alguns depósitos. Essa zonalidade se dá na lateral e na vertical (Fig. 9.9).

A presença de biohermas estromatolíticas no topo de paleoaltos graníticos, em contato com rochas sedimentares do Roan, mostra que os sedimentos do Roan se depositaram sobre um embasamento com paleotopografia marcada por elevações e vales acentuados. São baías e estuários condicionados por paleorrelevos do embasamento nos quais a água permanece estagnada e embebendo o lodo do fundo. O minério sulfídico normalmente ocorre em zonas em torno dos paleoaltos e de biohermas.

Sweeney, Binda e Vaughan (1991) concordam que o cobre, o cobalto, o ferro e algum urânio que constituem o minério dos depósitos de Zâmbia-Zaire são provenientes do continente (Fig. 9.10), deslocados de rochas do embasamento por um sistema de rios e, em parte, pela zona

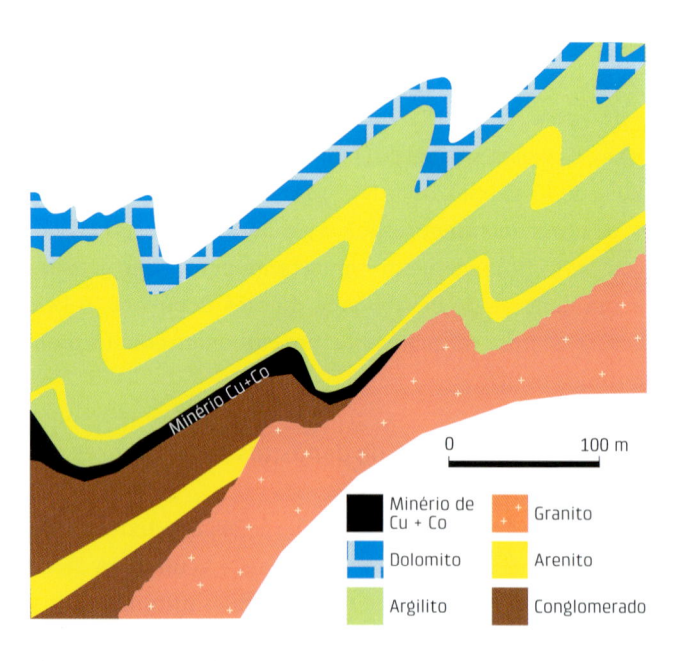

Fig. 9.8 Típica sequência mineralizada do Grupo Roan, com a posição na qual se situa a maior parte dos depósitos de Cu e Co do cinturão cuprífero de Zâmbia-Zaire. O minério é sulfídico e é encaixado sobretudo por folhelhos carbonosos, mas também por siltitos e arenitos. Notar a discordância que há entre a sequência mineralizada, datada de 900 Ma, e os granitos e gnaisses arqueanos do embasamento

freática continental. A água meteórica transportou esses metais em solução e adsorvidos em argilominerais, em meio e/ou adsorvidos em coloides de óxidos de Fe e Mn, ou como sulfetos, e que foram misturados aos sedimentos reduzidos submarinos das regiões litorâneas. A água que migrou pela zona freática percolou *red beds* dos quais retirou e transportou em solução principalmente o cobre e o ferro. A água oxidada, com esses metais, chegou a uma bacia costeira, lagunar, em um ambiente redutor (Fig. 9.10). Nesse ambiente, a água permaneceu estagnada, embebendo o lodo do fundo de baías e estuários condicionados pelo paleorrelevo do embasamento.

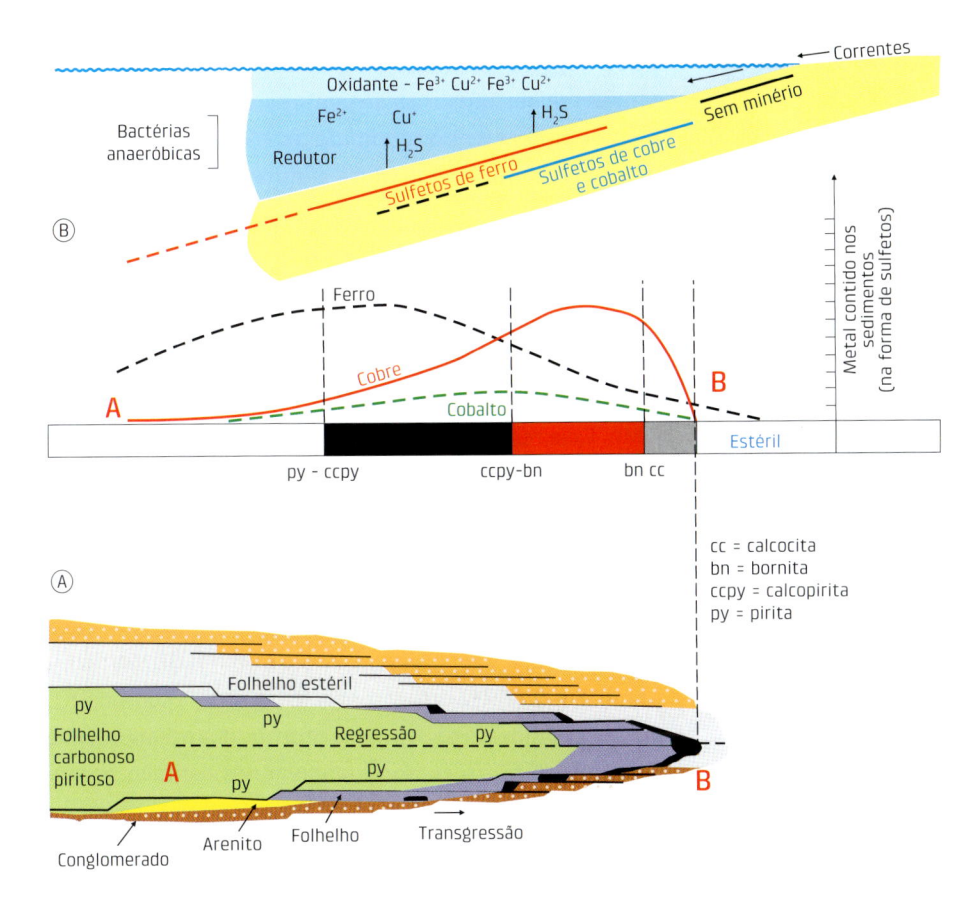

Fig. 9.9 Zonalidade dos minerais e das fácies sedimentares observados nos depósitos sedimentares de Cu e Co do cinturão cuprífero de Zâmbia-Zaire. (A) Das partes emersas (à direita) em direção ao mar aberto ou da base para o topo da sequência, a rocha muda de conglomerado, para arenito, para siltito e para folhelho. (B) Paralelamente à mudança de fácies das rochas, o mineral de minério varia de calcocita para bornita, para calcopirita e para pirita, evidenciando diminuição nas razões Cu/Fe e metal/enxofre (Fleisher; Garlick; Haldane, 1976)

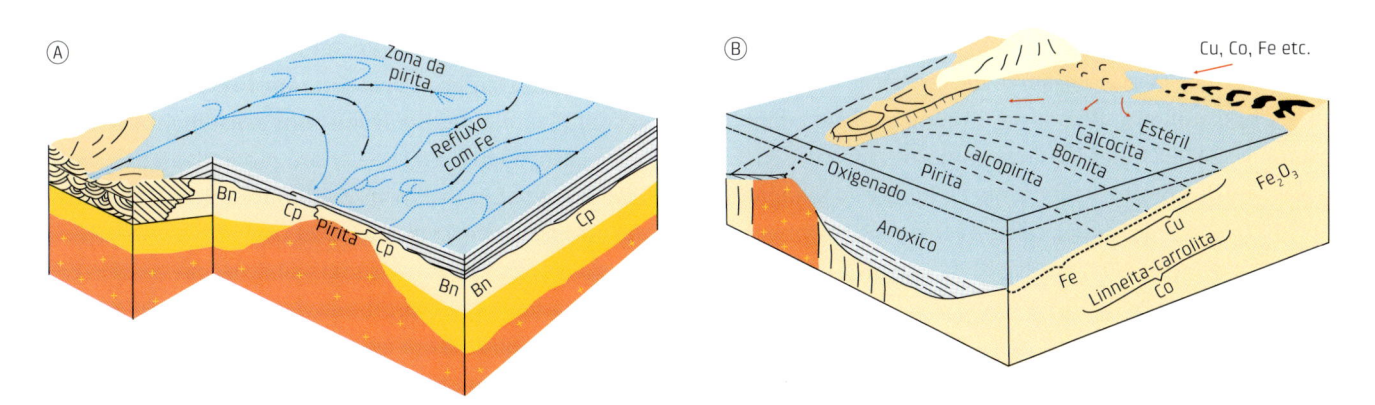

Fig. 9.10 Esquemas em perspectiva do ambiente de deposição dos minérios dos depósitos sedimentares de Cu e Co do cinturão cuprífero de Zâmbia-Zaire. (A) Região de deságue de um rio, cujas águas carregam cobre, cobalto, ferro e urânio, em ambiente lagunar e de enseadas. A pirita cristaliza-se em meio ao lodo do fundo do estuário, quando as águas oxidantes do rio atingem um ambiente redutor. A presença de paleorrelevos no fundo do estuário causa o refluxo da água para estuários e lagunas nos quais há precipitação de sedimentos argilosos embebidos em água carregada de metais em solução. (B) A partir da desembocadura dos rios, ocorre uma distribuição zonada dos metais. O óxido de ferro precipita-se próximo à desembocadura. As soluções de cobre precipitam em seguida e as com ferro ficam mais distantes, a profundidades maiores. Durante a diagênese, esses metais ligam-se a enxofre de bactérias e são cristalizados como sulfetos. A zonalidade depende de variações no potencial de oxirredução do ambiente

O evento mineralizador termina durante o início da diagênese, a temperaturas entre 20 °C e 60 °C, em condições redutoras e pH neutro. Bactérias existentes no lodo soterrado no fundo das bacias, que antes fixavam enxofre em sulfatos, impõem um ambiente redutor que desestabiliza e libera os metais dos sulfatos, que recristalizam como sulfetos nos poros dos sedimentos argilosos, margosos e carbonáticos. Com a continuação do soterramento e da diagênese, os sedimentos transformam-se em argilitos, folhelhos e dolomitos mineralizados.

A zonalidade observada regionalmente (Fig. 9.10B) é, em parte, condicionada pela distribuição das soluções trazidas pelos rios quando adentram as bacias (Fig. 9.10). Nessa fase, o ferro e o cobre, em solução, distribuem-se nas lagunas e enseadas conforme a profundidade e o potencial de oxirredução. O óxido de ferro precipita próximo à desembocadura dos rios. As soluções de cobre precipitam em seguida, e as com ferro sedimentam mais distantes, a profundidades maiores. O tipo de sulfeto será função, também, do potencial de oxirredução do local onde ocorrer a cristalização.

Os efluentes empobrecidos em metais, e parte das soluções ainda metalizadas, são deslocados lateral e verticalmente, mineralizando sedimentos arenosos acima e abaixo do principal horizonte mineralizado e preenchendo bolsões e fraturas existentes nas bordas das bacias.

9.3.4 Depósitos submarinos de nódulos de Fe e Mn em ambiente marinho profundo

Nódulos de Fe e Mn

Os nódulos de ferro e manganês de ambiente marinho profundo acumulam-se no assoalho dos oceanos (Fig. 9.11A) em depósitos inconsolidados e estratiformes (Figs. 9.11B,C), com espessuras decimétricas e extensões laterais de muitos quilômetros. Os nódulos são arredondados (Figs. 9.11B,C), com diâmetros que variam entre o milímetro e o decímetro, e têm, além do ferro e do manganês, teores elevados de níquel, cobre e cobalto. São conhecidas centenas de depósitos em todos os oceanos (Fig. 9.11A), mas são mais frequentes e maiores no oceano Pacífico. Os nódulos são zonados (Figs. 9.11D,E) e têm composições variadas, geralmente com muito quartzo, feldspato, argilominerais e zeólitas (Fig. 9.11E). Os nódulos metálicos (Fig. 9.11D) possuem teores da ordem de 20% de Fe, 20% de Mn e cerca de 1,0% de Ni + Cu + Co. Os depósitos são considerados econômicos quando os teores médios de Ni + Cu + Co dos nódulos totalizam 3% ou mais. Entre os nódulos de ferro e manganês de bacias marinhas profundas, os minerais mais comuns são goethita, todorokita, quartzo, feldspato, argilominerais e zeólitas. Esses nódulos variam composicionalmente conforme a área de ocorrência, sobretudo quanto aos teores de elementos menores.

Processo formador dos depósitos submarinos de nódulos de Fe e Mn

Os nódulos de ferro e manganês de bacias marinhas profundas formam-se no assoalho dos oceanos, na interfácie entre esses sedimentos do assoalho dos oceanos (redutores) e a água do mar (menos redutora ou oxidante).

Nas regiões próximas ao continente, o afluxo de sedimentos proporciona o acúmulo e o soterramento rápido da matéria orgânica, o que causa a diminuição do Eh dentro dos lamitos depositados nos taludes continentais (Fig. 9.12).

Caso os sedimentos tenham manganês e/ou ferro, ambos são solubilizados devido ao ambiente redutor. Parte do Fe^{2+} precipita como sulfeto, e o Fe^{2+} restante e o Mn^{2+} migram por difusão para a interfácie água-sedimento, onde precipitam devido ao Eh maior, formando nódulos de Fe e Mn. Essa reação ocorreria entre os sedimentos ricos em matéria orgânica e a água do mar, em regiões com pH de tendência alcalina.

Os nódulos formados em regiões mais próximas dos litorais têm razões Mn/Fe maiores que as dos sedimentos subjacentes, teores de elementos menores (Ni, Cu e Co) mais baixos, e a todorokita como o mineral de Mn dominante (Fig. 9.12). Há uma variação contínua da composição desses nódulos até os das áreas centrais dos oceanos, onde os nódulos têm razões Mn/Fe iguais às dos sedimentos subjacentes, são mais ricos em elementos menores e contêm $\delta\text{-}MnO_2$ (forma desorganizada da birnessita). Em direção às regiões centrais dos oceanos, diminui a quantidade de matéria orgânica dos sedimentos, que não mais solubilizam Mn nem Fe. Nessas regiões, a razão Mn/Fe dos nódulos é igual à da água do mar e dos sedimentos subjacentes, indicando que o Mn e o Fe precipitaram diretamente da água ou cristalizaram dentro do lodo dos assoalhos oceânicos. Nesse caso, o Mn^{2+} e o Fe^{2+} seriam provenientes das exalações associadas às dorsais médio-oceânicas (Fig. 9.12). O processo da oxidação do Mn^{2+} e do Fe^{2+} seria consequência da ação de bactérias fototróficas anóxicas, que oxidam Fe^{2+} e Mn^{2+} na parte mais profunda da zona fótica (Fig. 9.18). O processo que faz com que esses elementos cristalizem e sedimentem com a forma de nódulos é desconhecido.

9.4 Processos mineralizadores sedimentares químicos

9.4.1 Depósitos sedimentares químicos de sais em *salars*

Composição dos depósitos minerais em salars

Antigamente, quando o processo de extração de nitrogênio do ar para fazer nitratos era desconhecido, os nitratos

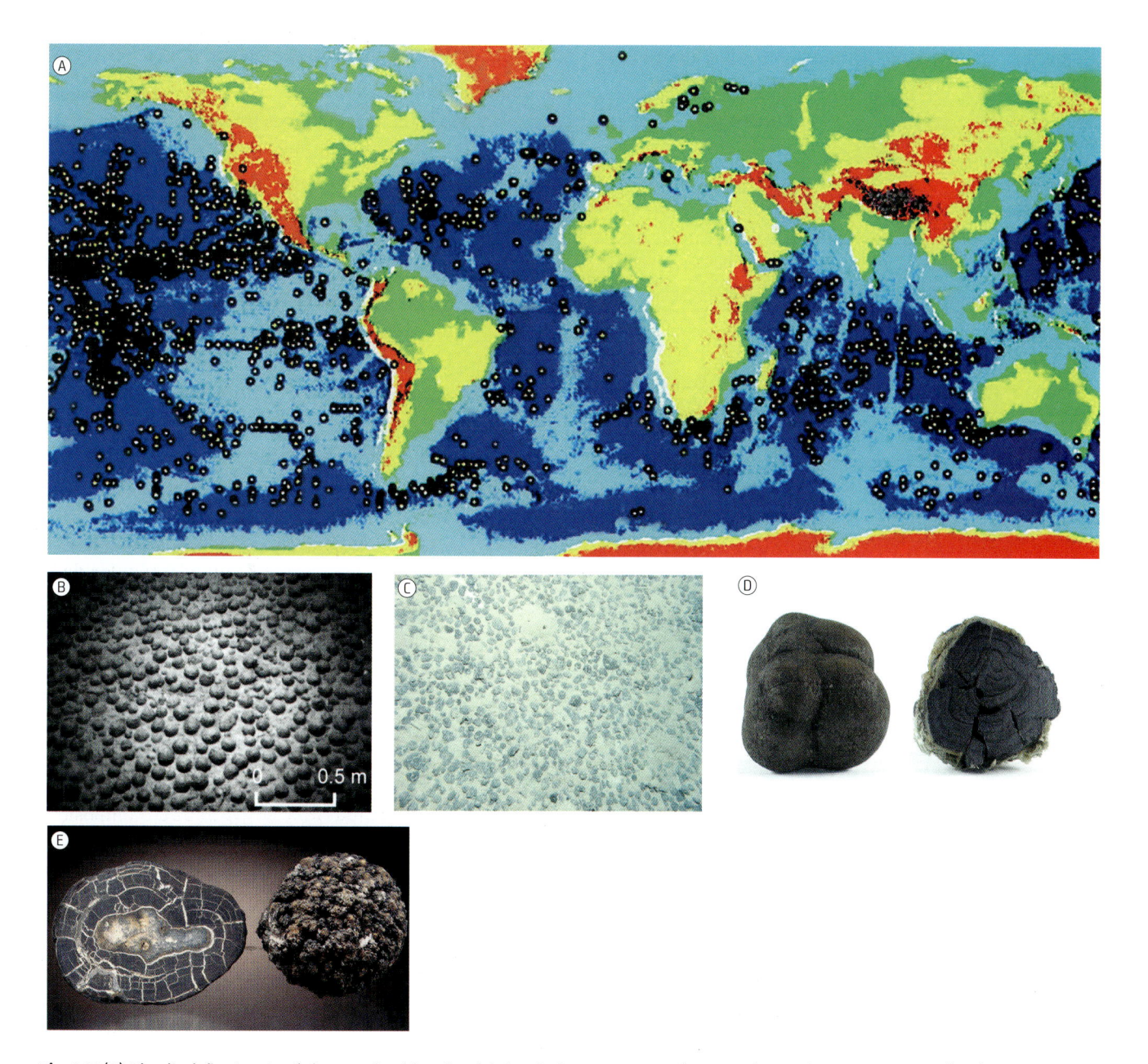

Fig. 9.11 (A) Distribuição dos depósitos conhecidos de nódulos de ferro e manganês de bacias marinhas profundas. (B-C) Exemplos de distribuição dos nódulos no assoalho dos oceanos. (D) Nódulo metálico, composto preponderantemente por manganês e ferro. Além do ferro e do manganês, esses nódulos têm teores elevados de níquel, cobre e cobalto e teores anômalos de chumbo e de zinco. (E) Nódulo silicoso, com menos metais

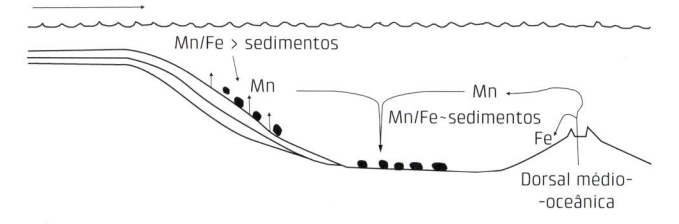

Fig. 9.12 Os nódulos de Mn e Fe ocorrem sobre a interfácie água- -sedimento dos oceanos, formando camadas contínuas e pouco espessas. Contêm teores elevados de Ni, Cu e Co. Nódulos formados mais próximos das regiões litorâneas têm razões Mn/Fe maiores do que as dos sedimentos subjacentes. Esses nódulos gradam para aqueles do centro das bacias, nas quais as razões Mn/Fe dos nódulos são semelhantes às dos sedimentos subjacentes (Maynard, 1983)

utilizados na agricultura e para a fabricação de pólvora eram extraídos dos *salars*, motivo pelo qual tinham grande importância econômica e estratégica.

O Quadro 9.1 lista os sais que compõem os *salars* andinos e suas fórmulas químicas.

Ericksen (1993) considera que os nitratos dos *salars* são de origem orgânica, fixados por algas azul-esverdeadas nos lagos e em locais de solos úmidos. Concorda que os outros sais são originados pelo intemperismo e pela lixiviação de rochas vulcânicas terciárias e quaternárias.

Quadro 9.1 Principais minerais encontrados nos *salars* dos Andes Centrais (Ericksen, 1993)

Mineral	Composição
Haletos	
Halita	NaCl
Silvita	KCl
Taquihidrita	$CaMg_2Cl_6 \cdot 12H_2O$
Sulfatos	
Tenardita	Na_2SO_4
Gipsita	$CaSO_4 \cdot 2H_2O$
Kieserita	$MgSO_4 \cdot H_2O$
Mirabilita	$Na_2SO_4 \cdot 10H_2O$
Anidrita	$CaSO_4$
Glauberita	$Na_2Ca(SO_4)_2$
Hidroglauberita	$Na_2Ca(SO_4)_2 \cdot 2H_2O$
Blodita	$Na_2Mg(SO_4)_2 \cdot 4H_2O$
Leonita	$K_2Mg(SO_4)_2 \cdot 4H_2O$
Aftitalita	$(K,Na)_3Na(SO_4)_2$
Boratos	
Ulexita	$NaCaB_5O_6(OH)_6 \cdot 5H_2O$
Bórax	$Na_2B_4O_5(OH)_4 \cdot 8H_2O$
Inioíta	$Ca_2B_6O_6(OH)_{10} \cdot 8H_2O$
Tincalconita	$Na_2B_4O_5(OH)_4 \cdot 3H_2O$
Inderita	$MgB_3O_3(OH)_5 \cdot 5H_2O$
Kernita	$Na_2B_4O_6(OH)_2 \cdot 3H_2O$
Ezcurrita	$Na_4B_{10}O_{17} \cdot 7H_2O$
Hidroclorborita	$Ca_2B_4O_4(OH)_7Cl \cdot 7H_2O$
Carbonatos	
Calcita	$CaCO_3$
Natrão	$Na_2CO_3 \cdot 10H_2O$
Dolomita	$CaMg(CO_3)_2$
Termonatrita	$Na_2CO_3 \cdot H_2O$
Zabuyelita	Li_2CO_3
Nitratos	
Nitratina	$NaNO_3$
Niter	KNO_3
Iodatos e cromatos	
Lautarita	$Ca(IO_3)_2$
Bruggenita	$Ca(IO_3)_2 \cdot H_2O$
Hectorfloresita	$Na_9(IO_3)(SO_4)_4$
Dietzeíta	$Ca_2(IO_3)_2(CrO_4)$
Tarapacaíta	K_2CrO_4
Lopezita	$K_2Cr_2O_7$

Processo formador dos *salars* em lagos intramontanos

Os *salars* são formados em lagos intramontanos de curta existência, que aparecem durante os raros períodos de precipitação que ocorrem nos desertos. Em regiões áridas, as águas superficiais que lixiviam regiões vulcânicas saturam-se em sais e acumulam-se formando lagos no fundo de vales intramontanos. Ao cessar a precipitação, o calor e a umidade muito baixa do ar causam a evaporação da água desses lagos, concentrando os sais que contêm. Esses sais precipitam sequencialmente no fundo dos lagos conforme seus produtos de solubilidade são alcançados. Se os lagos secam por inteiro ou parcialmente, os sais precipitados afloram como uma crosta salina estratificada, com camadas com composições distintas. A repetição desse processo em um mesmo local acumula precipitados de várias épocas de lixiviação e sedimentação sobre as camadas anteriormente formadas, o que leva à formação de crostas de sais com dezenas de metros de espessura. Devido à variação da composição das águas que lixiviam sais das encostas dos vulcões, as composições dos *salars* são distintas, embora a maioria dos sais existam em todos os *salars*, com teores e em camadas com espessuras diferentes.

9.4.2 Depósito de Fe em BIF
Tipos de BIF e locais de sedimentação

Formação ferrífera bandada (*banded iron formation*, BIF) é um nome genérico dado para rochas sedimentares químicas submarinas que são bandadas ou laminadas, com bandas plano-paralelas com composições alternadas de bandas ferríferas e bandas silicáticas, carbonáticas ou sulfídicas (Fig. 9.13). Em 66 depósitos de ferro constituídos por formações ferríferas bandadas, a média das reservas desses depósitos é de 170 Mt, mas os maiores (a exemplo da Serra dos Carajás, PA, Brasil) têm mais de 2.400 Mt. O teor médio de ferro é de 53% e o de P_2O_5 é de 0,031%.

Classificadas segundo a composição dos minerais de ferro que contêm, as formações ferríferas ocorrem nas fácies óxido (os minerais de ferro são hematita e magnetita), silicato (greenalita, stilpnomelana e grunerita), carbonato (siderita e ankerita) e sulfeto (pirita e/ou pirrotita). Na fácies óxido, a mais importante tanto volumétrica quanto economicamente, a hematita e a magnetita constituem bandas alternadas com chert (Figs. 9.13A,B). Na fácies carbonato, as bandas de siderita e ankerita alternam-se com bandas de calcário e/ou chert, e na fácies sulfeto as bandas com pirita alternam-se com bandas de magnetita + chert (Fig. 9.13D). Quando metamorfizada em grau baixo, a fácies óxido transforma-se em itabirito (Fig. 9.13C), a fácies carbonato transforma-se em mármores sideríticos, e na fácies sulfeto a pirita recristaliza como pirrotita. As formações ferríferas tipo Rapitan (Fig. 9.13E) somente são conhecidas na fácies óxido, as tipo Algoma ocorrem nas fácies óxido e sulfeto, e as tipo Superior ocorrem nas fácies óxido, carbonato e, possivelmente, silicato.

Os BIF tipo Superior, Algoma e Rapitan são assim classificados em razão de sua estrutura (forma e dimensões das camadas) (Fig. 9.14). As camadas de BIF Superior formam-se em regiões plataformais (Fig. 9.14A), são espessas (1 m a 50 m) e têm grande continuidade lateral (100 m a 5 km). As de BIF Algoma formam-se em regiões de arco de ilha (Fig. 9.14A) e são pouco espessas (< 5 m), numerosas e pouco contínuas lateralmente. As de BIF Rapitan formam-se em bacias pericontinentais, possuem nódulos e bandas de chert e/ou carbonato em matriz de jasper ou hematita maciça (Fig. 9.13E), e suas espessuras e continuidades laterais são muito variadas.

Processo formador das formações ferríferas bandadas Superior e Algoma

Na natureza, os comportamentos geoquímicos do ferro e do manganês são praticamente iguais, o que dificulta a separação desses cátions quando formam depósitos minerais. Essa semelhança de comportamento geoquímico (Fig. 9.15) faz com que praticamente não existam depósitos sedimentares unicamente de Fe ou de Mn. Em cada depósito sempre haverá os dois cátions, e os depósitos serão considerados de Fe quando o Fe predominar no minério, e vice-versa.

Os diagramas pH *vs.* Eh (Fig. 9.15) mostram os domínios de estabilidade dos minerais de Fe e de Mn e explicam a dificuldade desses cátions de se separarem na natureza. Nos domínios naturais, com pH entre 4 e 9 e Eh entre –0,5 volt e +0,5 volt, os minerais de Fe são estáveis e precipitam como óxidos (hematita = Fe_2O_3, ou magnetita = Fe_3O_4), sulfetos (pirita = Fe_2S) ou carbonatos (rodocrosita = $FeCO_3$, ou siderita = $FeCO_3$), ao passo que nesse domínio o manganês é solúvel na forma de Mn^{2+} (Fig. 9.15A). A diferença entre rodocrosita e siderita é que a rodocrosita é formada em ambientes anóxicos sulfídicos e não sulfídicos, enquanto a siderita é restrita a ambientes metânicos anóxicos não sulfídicos.

Em ambientes com pH entre 4 e 9, o ferro precipita como hematita quando o Eh é maior que –0,2 volt, como magnetita com Eh entre –0,2 volt e –0,6 volt, e como ferrossilita ($FeSiO_3$) com Eh entre –0,2 volt e –0,7 volt (Fig. 9.15A). No domínio vermelho da Fig. 9.15B, manganês e ferro são estáveis e precipitam juntos. Notar, nas Figs. 9.14B,C, que o mineral de ferro que caracteriza o BIF (= fácies do BIF) muda gradativamente e lateralmente conforme se altera o Eh do ambiente, seja devido ao aumento da profundidade de sedimentação (Fig. 9.14B), seja devido à maior presença de matéria orgânica (Fig. 9.14C), cuja ocorrência induz Eh redutor.

Fig. 9.13 Amostras de formações ferríferas bandadas (BIF) de composições e procedências distintas. (A-B) Bloco de jaspilito com idade de 2,2 Ga. Jaspilito é o nome dado à rocha sedimentar química bandada que alterna bandas de óxido de ferro (hematita + magnetita) com bandas vermelhas de chert (mina de ferro N4, Serra dos Carajás, PA). (C) Itabirito, rocha definida na região de Itabira (MG), é o nome dado ao jaspilito após ser metamorfizado. As bandas escuras são de hematita especular (especularita) e as claras são de quartzo (mina de ferro do Pico, Quadrilátero Ferrífero, MG). (D) Formação ferrífera bandada da fácies sulfeto (mina de ouro Cuiabá, MG) As bandas escuras são de pirita + magnetita e as claras são de chert. (E) Formação ferrífera bandada tipo Rapitan (mina de ferro Urucum, MS). O fundo vermelho-amarronzado é de hematita + goethita + chert (= jasper) e as partes claras são de quartzo

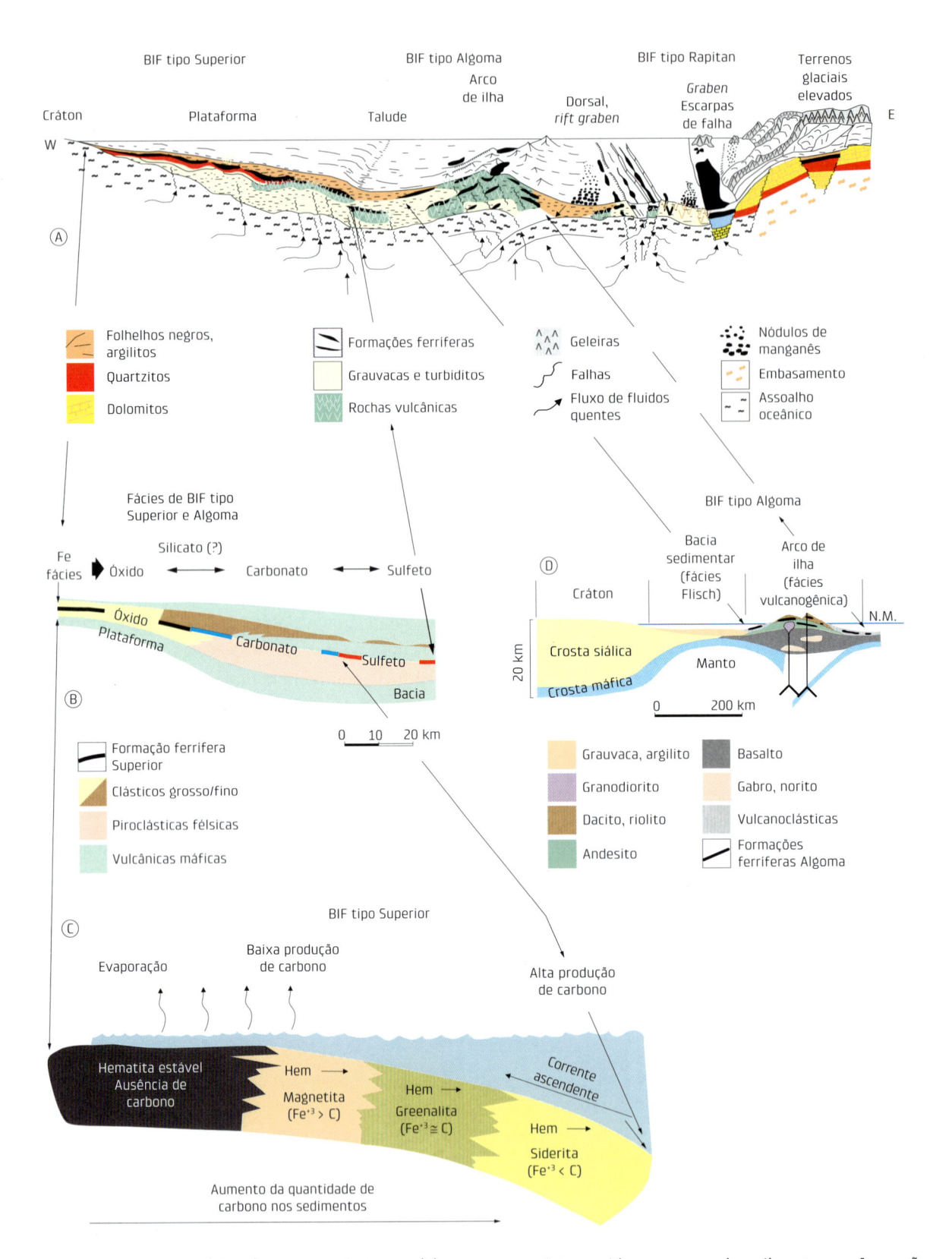

Fig. 9.14 Tipos composicionais (fácies) e estruturais dos BIF. (A) Esquema geral dos ambientes nos quais sedimentam as formações ferríferas tipo Superior, Algoma e Rapitan. (B) Seção esquemática da variação de fácies que ocorre nas formações ferríferas tipo Superior e Algoma. A composição do minério muda do litoral para o oceano, de óxidos ou silicatos de ferro para carbonatos, depois para sulfetos. (C) Relação entre as fácies das formações ferríferas e a quantidade de carbono contido na água do mar, produzido por algas e bactérias (Drever, 1974). (D) As formações ferríferas tipo Algoma formam-se junto a vulcões, em ambientes de arcos de ilha

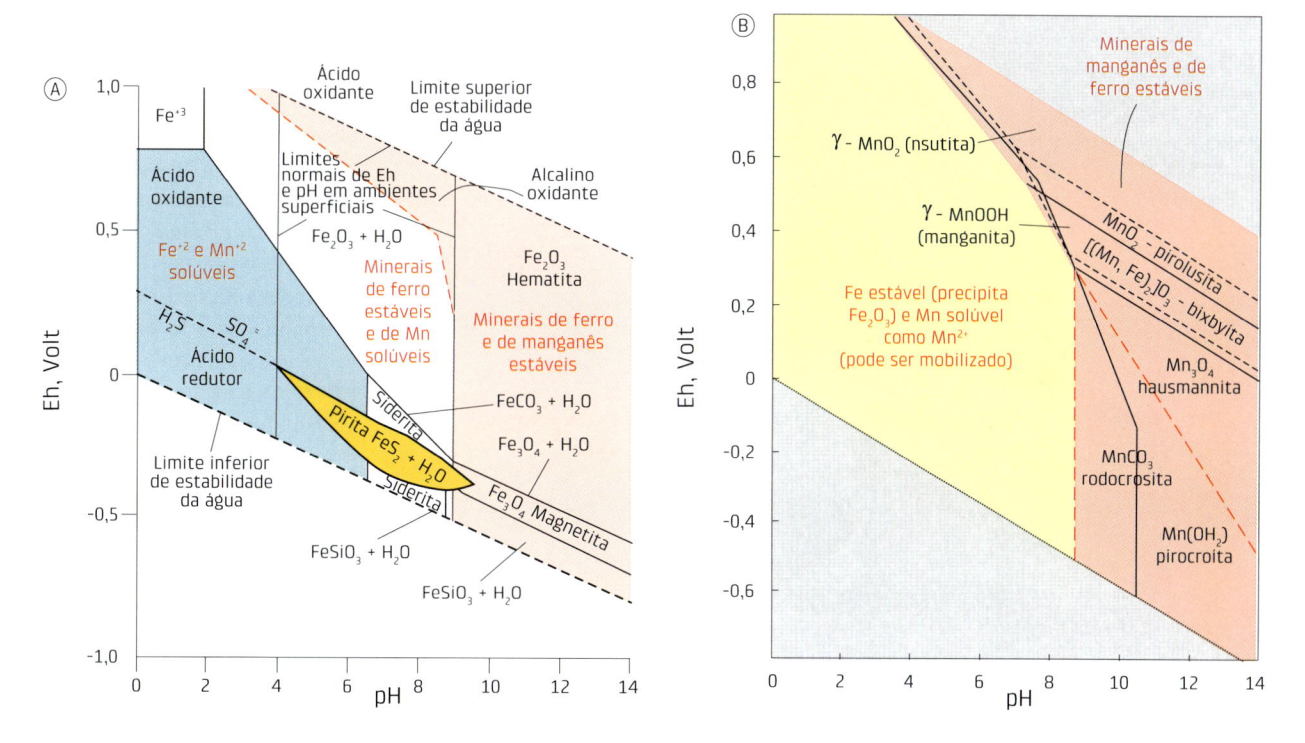

Fig. 9.15 (A) Diagrama Eh vs. pH mostrando os domínios de estabilidade das substâncias que compõem os BIF. Os domínios de estabilidade de substâncias ferríferas foram calculados para soluções aquosas a 25 °C, 1 atm, $CO_2 = 10^0$ moles, com quantidade total de enxofre = 10^{-6} moles, nas quais havia sílica amorfa presente (Garrels; MacKenzie, 1971). (B) Diagrama Eh vs. pH para os domínios de estabilidade dos minerais de ferro e de manganês. O manganês é solúvel em ambientes ácidos e/ou de baixo Eh (Maynard, 1983). O domínio vermelho limita as condições nas quais os minerais de manganês são estáveis (soluções precipitam manganês). Notar que, para pH menor que 9, em ambiente oxidante (Eh < 0,8 volt), o Fe é estável (= precipita como óxido ou hidróxido) e o Mn é solúvel, o que permite separar soluções com somente Mn^{2+}, que irão precipitar camadas com óxidos de manganês maciço (sem ferro) quando, em águas muito rasas, o Eh for > 0,4 volt

O processo formador de depósitos em que predomina o ferro começa nas dorsais médio-oceânicas (Fig. 9.16A), onde Fe^{2+} e Mn^{2+} são expelidos de vulcões. Esses cátions permanecem em solução enquanto não há aumento do Eh. Esse crescimento do Eh acontece quando correntes marinhas levam a água do mar para regiões plataformais, mais rasas, com água mais quente e mais oxidante. Com Eh maior que zero volt e pH entre 4 e 9, o Fe^{2+} é oxidado para Fe^{3+} e o ferro precipita como hematita (Fig. 9.16B), formando os BIF ferruginosos e carbonáticos. Os BIF da fácies sulfeto formam-se a Eh menor que zero volt. Sobre as camadas de BIF, a água do mar fica com muito mais Mn^{2+} que Fe^{2+}. Nesse ambiente, o Mn não oxida para Mn^{3+}, e sim para Mn^{4+}, devido à configuração dos orbitais eletrônicos.

Processo formador das formações ferríferas bandadas Rapitan

A Fig. 9.17 mostra a distribuição das formações ferríferas bandadas no tempo geológico. As idades da grande maioria e dos maiores BIF são superiores a 1.800 Ma, quando o aparecimento de microrganismos marinhos removeu CO_2 da atmosfera, tornando-a oxidante e causando a precipitação do ferro dos BIF. Esse processo é denominado Grande Evento de Oxidação (Great Oxidation Event, GOE), aparentemente se desenvolveu de forma gradativa e estendeu-se de 3.300 Ma a 1.800 Ma.

Alguns BIF, tipo Rapitan e Superior, ocorrem durante o Criogênico (850 Ma a 630 Ma, Fig. 9.17), quando, acredita-se, uma megaglaciação cobriu de gelo todo o planeta (teoria Terra Bola de Neve, ou Snowball Earth). Segundo essa teoria, o gelo isolou a água dos oceanos da atmosfera oxidante, proporcionando o enriquecimento da água em Fe^{2+}. Com o degelo, ocorrido há ≈630 Ma, o Fe^{2+} foi oxidado e formações ferríferas tipo Rapitan e Superior sedimentaram. Independentemente de isso ter ocorrido ou não, a existência de BIF com idades maiores e menores que o Criogênico (Fig. 9.17), não relacionados a geleiras, indica que geleiras não são necessárias para formar BIF, e outros processos de oxidação existem na natureza capazes de fazê-lo.

Processo bioquímico de formação de depósitos sedimentares de Fe e de Mn

Embora as teorias que atribuem a precipitação do Fe e do Mn a processos físico-químicos (variações de concentrações de Eh e de pH) sejam as mais aceitas (Figs. 9.15 e 9.16) e a participação de bactérias na formação dos BIF nunca tenha sido observada diretamente, modernamente cada vez mais faz-se apelo, como teorias alternativas, à participação

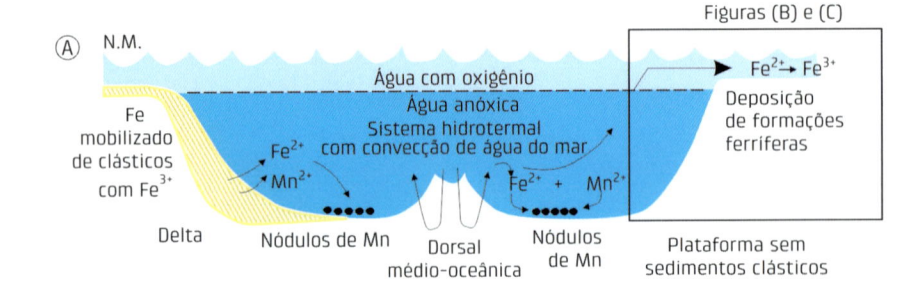

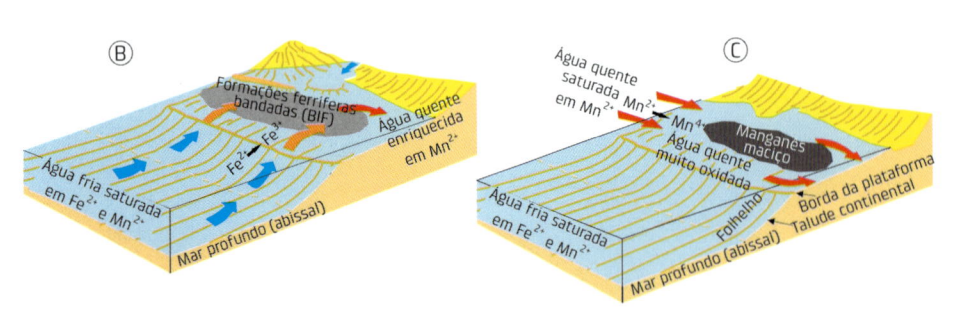

Fig. 9.16 Depósitos sedimentares somente de Fe e somente de Mn. (A) Fe^{2+} e Mn^{2+} são expelidos de vulcões nas dorsais médio-oceânicas. (B) Levada para a plataforma continental, a água com Fe^{2+} é oxidada, transformando o Fe^{2+} (solúvel) em Fe^{3+} (insolúvel), que sedimenta como hematita, deixando a água do mar com alta concentração de Mn^{2+} e pouco Fe^{2+}. (C) Se a água enriquecida em Mn^{2+} for deslocada para um ambiente fortemente oxidante, o Mn^{2+} (solúvel) será oxidado para Mn^{4+} (insolúvel) e precipitará uma camada com muito mais manganês que ferro, formando um depósito de manganês

de bactérias no processo de formação dos BIF e das sequências sedimentares manganesíferas, sobretudo quando se questiona se no Arqueano e no Paleoproterozoico, antes do GOE, havia oxigênio suficiente para oxidar o Fe e o Mn contidos na água do mar.

O fato de a maior parte das formações ferríferas tipo Superior terem idades maiores que 1,8 Ga (Fig. 9.17) seria explicado, segundo Schopf (1974) e Cloud (1976), pela existência nos oceanos, desde o Arqueano, de microrganismos marinhos que expeliam oxigênio (bactérias capazes de fazer fotossíntese e liberar oxigênio), denominados Prokariotes (bactérias primitivas cujos núcleos não eram confinados por uma membrana) autotróficos (seres vivos capazes de produzir seu próprio alimento a partir da fixação de dióxido de carbono e da eliminação de oxigênio, por meio de fotossíntese ou quimiossíntese, que surgiram há mais de 3.000 Ma). Esse oxigênio teria causado a oxidação do Fe^{2+} da água dos oceanos e a precipitação das formações ferríferas. Algas prokariotes azul-esverdeadas teriam proliferado há 2,3 ± 0,1 Ga, com o aumento rápido da quantidade de organismos oxigenadores incorrendo na liberação de uma grande quantidade de oxigênio, que teria culminado há 2 ± 0,2 Ga. Nessa época (= GOE), uma grande quantidade de Fe^{2+} teria sido oxidada, esgotando a maior parte do Fe^{2+} acumulado nos oceanos desde os primórdios da existência da atmosfera terrestre. Isso teria gerado as formações ferríferas e feito cessar a precipitação de grandes quantidades de ferro. Teria ocorrido, então, a transição da atmosfera anóxica para a oxigenada, o que possibilitou, há 1,4 ± 0,1 Ga, o surgimento de microalgas aeróbicas denominadas Eukariotes (todos os seres vivos com células eucarióticas, ou seja, com um núcleo celular rodeado por uma membrana

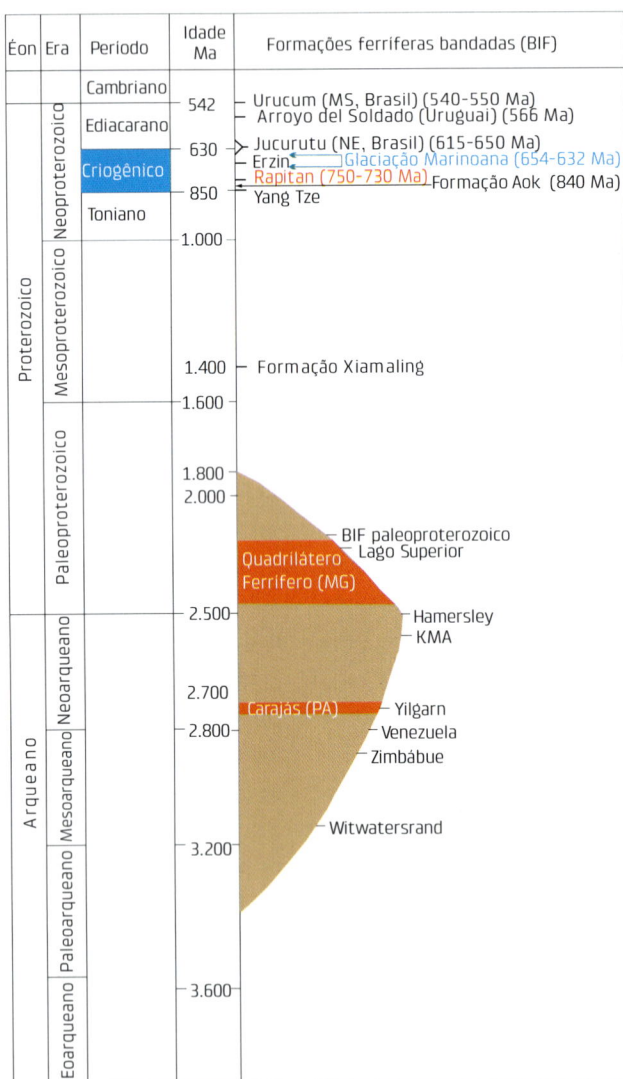

Fig. 9.17 Épocas de formação das províncias minerais formadas por BIF tipo Superior, Algoma e Rapitan. Notar o intervalo de tempo de cerca de um bilhão de anos decorrido entre as ocorrências das últimas formações ferríferas tipo Superior e Rapitan. A geração dos BIF Urucum não se relaciona a glaciações

e com DNA compartimentado, consequentemente separado do citoplasma).

A organização sequencial das fácies observadas em alguns depósitos e, também, a precipitação preferencial de uma dada fácies em detrimento de outras podem ser consequência da combinação entre a disponibilidade de água nova ascendente e a quantidade de carbono (Figs. 9.14B,C), controlada pela disponibilidade de matéria orgânica bacteriana depositada nos sedimentos (Drever, 1974; Konhauser; Newman; Kappler, 2005).

Kappler et al. (2005) mostraram experimentalmente que bactérias anóxicas fotoautotrópicas (cujo metabolismo se faz na ausência de O_2, unicamente movido pela luz do sol e/ou pela radiação ultravioleta) também podem oxidar Fe^{2+} para Fe^{3+} mesmo sob condições anóxicas (Fig. 9.18), transformando Fe^{2+} em $Fe(OH)_3$, que sedimenta no assoalho dos oceanos ou de bacias pericontinentais. Konhauser, Newman e Kappler (2005) quantificaram esse processo e mostraram que a matéria orgânica bacteriana depositada no assoalho dos oceanos causa a redução, a fermentação e a metanotrofia do $Fe(OH)_3$ precipitado, o que permitiria a cristalização da magnetita e a liberação de H_2 e CH_4 do lodo que recobre o assoalho (Fig. 9.18). Lovley (1991) mostrou que esse processo é provocado pela redução dissimilatória do ferro (dissimilatory iron reduction, DIR), que faz parte do metabolismo de bactérias que introduzem elétrons no Fe^{3+} e no Mn^{4+} e os reduzem para Fe^{2+} e Mn^{2+}. Johnson, Beard e Roden (2008) mostraram que esse processo causa

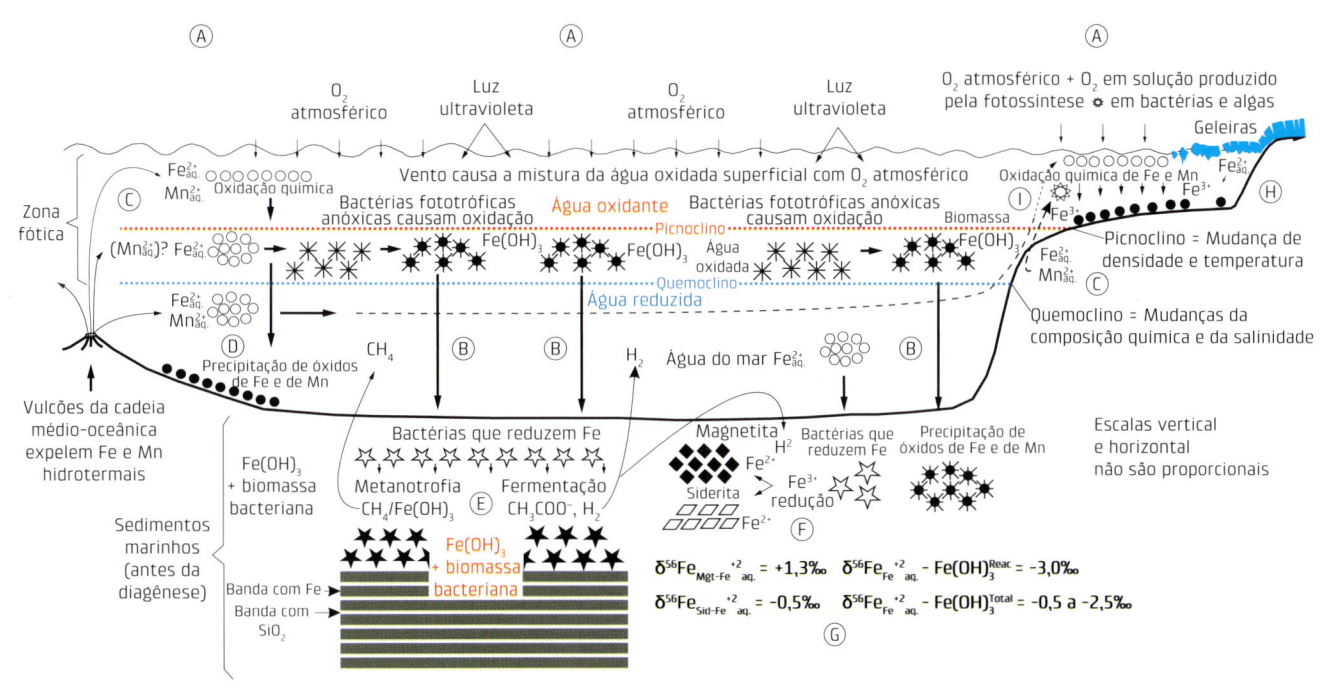

Fig. 9.18 Esquema que mostra os processos geradores das formações ferríferas bandadas (BIF) antes do Grande Evento de Oxidação (Great Oxidation Event, GOE), ocorrido no Paleoproterozoico. Trata-se de explicar como se formaram grandes depósitos de óxidos de ferro e de manganês em ambientes submarinos, em épocas paleoproterozoicas e arqueanas, quando não haveria oxigênio nos oceanos em concentrações suficientes para formar os grandes depósitos com minérios de ferro e de manganês oxidados. (A) A causa da precipitação do ferro e do manganês pode ter sido a oxidação causada por O_2 atmosférico auxiliada pela luz ultravioleta. (B) Com ou sem auxílio da oxidação atmosférica, as bactérias fotoautotróficas que viviam em ambientes anóxicos também podem ter oxidado e precipitado hidróxidos de ferro. (C) A maior parte do Fe^{2+} e do Mn^{2+} dos oceanos é expelida pelos vulcões da cadeia médio-oceânica ou lixiviada dos taludes continentais. (D) O ferro e o manganês expelidos pelos vulcões da cordilheira médio-oceânica ou lixiviados dos taludes continentais são conduzidos, em solução, até os taludes continentais. (E) Ao morrerem, os microrganismos sedimentam-se no assoalho dos oceanos. O lodo redutor, com os resíduos de organismos mortos, possivelmente libera H_2 e CH_4 por fermentação e por metanotrofia bacteriana, respectivamente, gerando um ambiente rico em matéria orgânica e muito redutor. (F) Nas plataformas, essa camada redutora transforma $Fe(OH)_3$ em Fe^{2+}, propiciando a cristalização de magnetita e de siderita (Figura C). (G) A ação bacteriana pode ser detectada pelas modificações nos valores $\delta^{56}Fe$ que ocorrem durante o processo de redução e de oxidação do ferro. (H) Grandes glaciações formam geleiras que isolam a água do mar oxidada da atmosfera e propiciam sua redução devido ao enriquecimento em Fe^{2+} liberado dos vulcões médio-oceânicos. Essas condições são propícias à gênese de depósitos de Fe e Mn em condições de anoxia provocada pelo isolamento da superfície do mar por geleiras. (I) Em períodos interglaciais, quando as geleiras derretem, ocorre a oxidação seguida da sedimentação do ferro (e de manganês?), causadas pelo oxigênio produzido por fotossíntese associada a algas e bactérias ou por oxigênio atmosférico

alterações nos valores de $\delta^{56}Fe$ (Fig. 9.18G), fato esse confirmado experimentalmente por Percak et al. (2011).

9.4.3 Depósitos sedimentares de Mn

Tipos de depósitos de Mn e locais de sedimentação

Os depósitos de manganês tipo Nikopol constituem as maiores e mais frequentes concentrações de minério de manganês conhecidas, contendo cerca de 70% das reservas mundiais. São camadas com carbonatos e óxidos de manganês que se estendem lateralmente por várias dezenas de quilômetros, muitas vezes interrompidas pela erosão (Figs. 9.19 e 9.20), e com espessuras médias de 2 m a 3,5 m.

Os depósitos de manganês tipo Nikopol são depósitos marinhos que ocorrem próximo a locais que foram emersos (litorais ou ilhas), em camadas com minério oxidado e geralmente concrecionado. Em direção ao oceano, esse minério grada para composições óxido-carbonáticas, para carbonato e, mais longe, para argilito (Fig. 9.20). Em direção ao continente, o minério grada para rocha clástica grossa, entremeada por lentes carbonosas. A base da sequência mineralizada tem areias glauconíticas com concreções, nódulos e bolsões terrosos com óxidos e/ou carbonatos de manganês em meio à matriz síltica ou argilosa. Abaixo da camada com óxidos de manganês há concentrações de hidróxidos de ferro, e abaixo da camada com carbonatos há concreções com glauconita. Lentes de carvão mineral são comuns em meio a areias e argilitos superpostos ao embasamento (Fig. 9.20). Os principais minerais de minério são a pirolusita e o psilomelano. O minério carbonático tem manganocalcita e rodocrosita.

A forma e a geometria dos depósitos sedimentares de manganês assemelham-se muito às dos depósitos de ferro sedimentar (comparar Fig. 9.19 com Fig. 9.14B). As principais diferenças em relação aos depósitos de ferro são as ausências das fácies sulfeto e silicato.

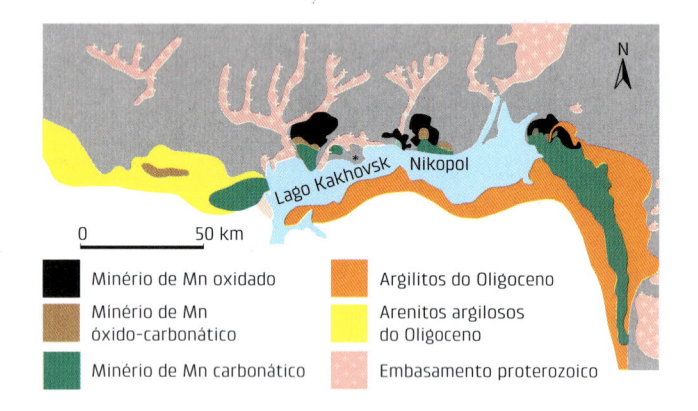

Fig. 9.19 Mapa geológico da região de Nikopol (Rússia), com a distribuição das camadas de óxidos e carbonatos de manganês

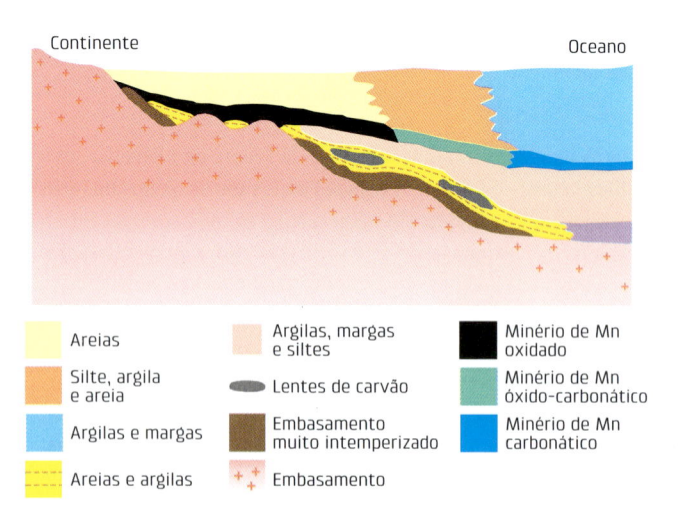

Fig. 9.20 Seção esquemática de um depósito de manganês tipo Nikopol. Notar a mudança na composição do minério, oxidado no ambiente litorâneo, de águas rasas, variando para carbonático em direção ao mar profundo, e a ausência, abaixo e acima do minério, de rochas vulcano-derivadas

Processo químico formador dos depósitos sedimentares de Mn

Como mencionado quando se discutiu a origem dos depósitos sedimentares de ferro (BIF), os comportamentos geoquímicos do ferro e do manganês são similares, o que dificulta a separação desses elementos em ambientes naturais. A Fig. 9.16 mostra o processo mais comum de separação natural deles. Esses elementos são emanados de vulcões e exalações nas dorsais médio-oceânicas (Fig. 9.16A), quando a água do mar enriquecida em Fe^{2+} e Mn^{2+} é levada por correntes marinhas para alguma plataforma continental, ou bacia pericontinental ligada ao oceano, e, devido à mudança de Eh, primeiro sedimenta o Fe^{2+} (Fig. 9.16B), restando o Mn^{2+} em solução. Se a água agora enriquecida somente em Mn^{2+} é transportada para algum local com água ainda mais oxidante, o Mn^{2+} oxida-se para Mn^{4+} (Fig. 9.16C), que sedimenta como óxido de manganês próximo ao litoral ou como carbonato de manganês em locais de mar mais profundo.

Pela ausência de evidências que indiquem a existência pretérita de dorsais médio-oceânicas na região de Nikopol, geólogos russos defendem que o manganês dos depósitos da região é produto da erosão de solos graníticos, sieníticos e andesíticos muito intemperizados (Fig. 9.20), trazidos por drenagens até as bacias marinhas litorâneas. Essa proposição não explica como o ferro seria separado do manganês, por ser também mobilizado e concentrado do mesmo modo e no mesmo lugar que o manganês. Para contornar esse problema, Borchert (1980) propôs que manganês e ferro teriam sido solubilizados durante a diagênese de sedimentos detríticos ricos em matéria orgânica depositados no talude de uma bacia marginal isolada, como acontece nos taludes continentais.

O fator que controla a precipitação de carbonatos de manganês em meio anóxico é a solubilidade da rodocrosita ($MnCO_3$). Em ambientes oxidantes, acima do oxiclínio (Fig. 9.18), o manganês oxida-se (MnO_2) e sedimenta no assoalho das plataformas rasas. Em águas anóxicas, o manganês oxidado pode ser reciclado por bactérias e reduzir-se e/ou, caso a concentração de CO_2 seja elevada e a rodocrosita seja insolúvel, pode precipitar como rodocrosita. A precipitação de Mn^{4+}, se causada por cianobactérias fotossensíveis (Fig. 9.18), poderia ocorrer antes da oxidação do Fe^{2+} ou após a precipitação do Fe^{3+} e o enriquecimento residual da água do oceano em Mn^{2+}, que então seria oxidado e precipitaria como Mn^{4+} (Kirschvink et al., 2000). Além disso, para que ocorra a formação de depósitos de manganês com teores elevados, o afluxo de clastos para as bacias de sedimentação nas quais o manganês precipitou, como óxido ou como carbonato, deve ser baixo.

Em ambientes paleoproterozoicos, antes do Grande Evento de Oxidação (GOE), quando havia mais CO_2 na atmosfera do que oxigênio, geralmente ferro e manganês precipitaram juntos, como acontece nas sequências com formações ferríferas bandadas paleoproterozoicas e arqueanas. Nesse tipo de ambiente, camadas de manganês maciço formaram-se somente em situações especiais. Como a precipitação de Mn ocorre a taxas de oxidação maiores que a necessária para precipitar ferro, o interacamadamento de formações ferríferas bandadas com camadas de manganês maciço pode ser consequência de oscilações bruscas na profundidade da água, que, quanto mais rasa, torna-se mais oxidante. Nesses casos, o manganês precipita quando a profundidade é a menor e a concentração de oxigênio na água alcança um dado limite (> –0,4 volt na Fig. 9.15B). Fora dessas condições, em ambientes euxínicos o manganês precipita como carbonato, após o ferro ter precipitado como sulfeto em meio ao lodo orgânico.

Em ambientes fanerozoicos, como na bacia Nikopol, a precipitação de manganês requer a presença de água anóxica ou euxínica em algum lugar da bacia marinha. O desenvolvimento de ambientes anóxicos em ambientes com água rasa ocorre onde houver acesso restrito de água nova e/ou grande aporte de matéria orgânica. Nesses casos, o manganês precipita como carbonato, junto a chert e a folhelhos carbonáceos pretos, geralmente durante episódios transgressivos. Ao contrário dos ambientes lagunares paleoproterozoicos (com água pouco oxigenada e com muito CO_2), nos ambientes fanerozoicos (com água oxigenada) as lagunas anóxicas são alimentadas com água trazida por correntes marinhas do oceano profundo e/ou dos taludes continentais. Essa água possui muito manganês (que permanece em solução porque não cristaliza sulfetos) e pouco ferro (que precipitou antes, como sulfeto). Por esse motivo, as bacias redutoras atuais, como o Mar Negro, possuem alta concentração de Mn^{2+} e baixa concentração de Fe^{2+}.

Conduzida até a borda da bacia por correntes marinhas locais ou por transgressões, essa solução precipitaria manganês como óxidos e hidróxidos, na região limítrofe entre águas redutoras e oxidantes (Eh = 0 e pH = 6). Em região de água mais profunda, rica em CO_2 e matéria orgânica, o manganês precipita como carbonato de manganês (rodocrosita), no mesmo horizonte estratigráfico e em continuidade com a camada de óxido de manganês precipitada na parte rasa da bacia. No caso de Nikopol, parte da camada de carbonato pode ter sido oxidada posteriormente, por processos supergênicos, quando ocorreu soerguimento e ela foi exposta à superfície.

Tendo em conta que a profundidade em uma bacia diminui em períodos de regressão e/ou de glaciação, manganês precipita em uma plataforma continental no final de regressões se, após a precipitação do ferro, a água restante (rica em manganês) ficar em bacias rasas e muito oxidantes. Durante glaciações continentais, a formação de grandes geleiras diminui o nível dos oceanos. Durante os picos de glaciação, que tornam as bacias muito rasas e a água muito oxidante, manganês precipita sobre as camadas de jaspilito em locais distantes do litoral, sem cobertura de gelo (para que haja mistura de oxigênio atmosférico com a água), após o ferro ter precipitado. Nessa situação, cada camada de manganês maciço indica um momento de máximo glacial (= maior espessura da camada de gelo e menor profundidade da lâmina d'água na bacia), que deve ser seguido de degelo. O início de cada ciclo de degelo pode ser reconhecido pelo acúmulo de diamictitos retrabalhados e camadas com seixos pingados de icebergs sobre as camadas de manganês maciço.

9.4.4 Depósitos marinhos sedimentares de fosfato (fosforitas)

Geometria e composição das fosforitas

As fosforitas marinhas produzem cerca de 76% do fosfato usado no mundo como insumo agrícola. As fosforitas são rochas sedimentares químicas que formam depósitos de grandes dimensões nas plataformas continentais, com teores de P_2O_5 entre 15% e 20% e teor médio de 24%. Foram cadastrados 60 depósitos desse tipo, sendo a média das reservas de 330 Mt, e os maiores depósitos têm mais de 4.200 Mt.

As fosforitas norte-americanas, que integram o distrito mineiro da Flórida central, são exemplos típicos de fosforitas sedimentares arenosas. Uma seção geológica composta idealizada desses depósitos é mostrada na Fig. 9.21. Notar que o fosfato se concentra, com baixos teores, nas rochas carbonáticas, no substrato da camada mineralizada. O aumento do teor em P_2O_5 faz-se em direção ao topo da coluna estratigráfica (= em direção ao continente), concomitantemente à mudança da fácies sedimentar, de carbonática para argiloarenosa. O minério é constituído essencialmente por arenitos argilosos e argilitos (quartzo + montmorilonita + caulinita ± wavelita ± crandalita ± ilita ± clinoptilolita ± palygorskita ± colofano), que contêm *pellets* de fluorapatita, grãos e grânulos minerais cobertos por películas de fosfatos e fragmentos de fósseis substituídos por fluorapatita e dolomita. As fosforitas concentram urânio e sempre têm radioatividade acima do normal.

Processo formador das fosforitas sedimentares

Há dois tipos de fosforita: (a) as formadas por correntes ascendentes de água fria (Figs. 9.22A,B), que são constituídas por conjuntos de *camadas de fosforita (apatititos)*. Cada camada pode ter mais de 1 m de espessura e se estender lateralmente por centenas de quilômetros quadrados. As camadas de fosforitas desse tipo associam-se a folhelhos, cherts, calcários, dolomitos e rochas vulcânicas. (b) As fosforitas associadas a correntes marinhas pericontinentais (Fig. 9.22A) diferenciam-se por serem *camadas de calcários e arenitos ricos em fosfato (apatita)*. Chert e depósitos de diatomitas podem estar presentes junto às rochas carbonáticas mineralizadas, e suas dimensões são semelhantes, mas as condições de precipitação das camadas mineralizadas são diferentes.

As camadas de microfosforitas geneticamente associadas a correntes ascendentes são geradas pelo processo representado na Fig. 9.22. A água fria e ácida das regiões profundas dos oceanos dissolve mais CO_2 e apatita $[Ca_5(PO_4)_3F]$ do que a água quente superficial (= zona fótica). Ao afundarem, as carapaças carbonáticas e fosfáticas de microrganismos planctônicos mortos são dissolvidas quando chegam às regiões de água mais fria do que a água da zona fótica. Isso leva ao enriquecimento em fosfato e gás carbônico da água a profundidades maiores que 200 m. Na zona fótica (até cerca de 50 m abaixo da superfície), a água do mar contém, em média, 10 mg/m³ a 50 mg/m³ de P_2O_5 e 3×10^{-4} atm de CO_2 (Fig. 9.22B). Entre 200 m e 1.000 m de profundidade, os teores são da ordem de 300 mg/m³ de P_2O_5 e 12×10^{-4} atm de CO_2. Essa água é ácida, devido à presença de H_2CO_3 (ácido carbônico).

Caso uma corrente ascendente conduza a água talude acima, até o topo da plataforma continental, em regiões próximas do Equador (até a latitude de 40° norte ou sul do Equador na época em que o depósito se formou), ela deverá ser aquecida. Ocorrerá inicialmente a liberação (desgaseificação) do CO_2, em virtude do aumento da temperatura e da diminuição da pressão. Esse processo, além de liberar CO_2, consome H^+, o que provoca um aumento do pH do ambiente, tornando a água alcalina. A apatita é menos solúvel em água alcalina e quente e precipita, formando camadas de microfosforitas. Caso o ambiente tenha cálcio em solução, ocorrerá também precipitação de carbonato de cálcio.

Se o processo de transporte de água do fundo do oceano até a plataforma se mantiver ativo por longo tempo, serão produzidas camadas espessas e contínuas de sedimentos fosfáticos micríticos com oólitos, *pellets* (nas regiões de águas mais agitadas) e nódulos de microfosforitas interacamadadas com calcários.

As correntes marinhas pericontinentais vindas das regiões polares trazem água fria até os litorais do lado leste dos continentes (devido à rotação do globo terrestre). Essas correntes podem trazer fosfato em solução e precipitá-lo quando chegarem a ambientes de água aquecida, da mesma forma que as correntes ascendentes de água fria. Em outras situações, as correntes pericontinentais de águas frias atingem depósitos antigos de microfosforitas precipitadas em alguma bacia litorânea. A água fria dissolve a microfosforita ou simplesmente transporta fragmentos por arrasto e reprecipita o material fosfático transportado em outros locais, formando novos depósitos. Normalmente, o carbonato de cálcio é solubilizado, transportado e reprecipitado junto ao fosfato. O minério desse tipo de depósito é oolítico, tem clastos e seixos fosfáticos e fragmentos de fosforita, ou de qualquer outra composição, envolvidos por películas fosfáticas. O material fosfático precipita ao mesmo tempo que o carbonático e os clastos finos trazidos pela corrente pericontinental, o que torna o depósito um conjunto de camadas de calcários e arenitos argilosos ricos

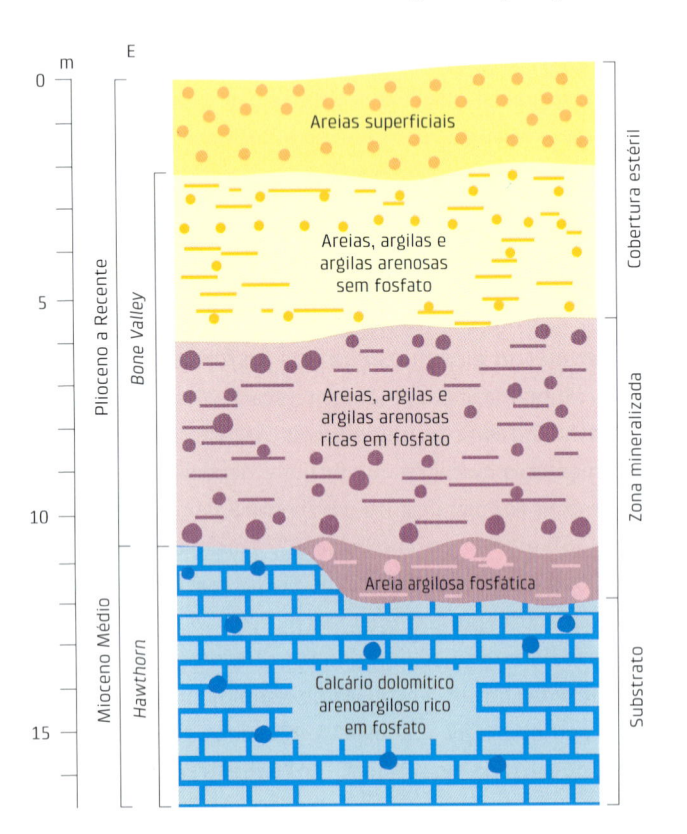

Fig. 9.21 Seção geológica composta mostrando a organização estratigráfica das fosforitas da região central da Flórida (EUA) (Mansfield, 1940; Gurr, 1979)

em fosfatos (Fig. 9.21). Ambos os tipos de depósitos são de grandes dimensões e têm igual importância econômica.

9.4.5 Depósito sedimentar químico de sais em evaporitos

Geometria e composição dos evaporitos

Os evaporitos são as principais fontes naturais de potássio, sódio, magnésio e cálcio, usados como insumos agrícolas e na indústria química. Há pelo menos dois tipos principais: (a) *evaporitos* sedimentares químicos marinhos de bacias restritas e (b) *salars*, que são *evaporitos continentais em bacias intramontanas*, descritos na seção 9.3.2. Os corpos mineralizados dos depósitos evaporíticos de bacia restrita são camadas com várias dezenas de metros de espessura e muitos quilômetros de extensão lateral (Fig. 9.23). As camadas são compostas por concentrações maciças e puras de sais que englobam lentes de calcários e dolomitos. Não há estatísticas publicadas sobre reservas e teores de depósitos evaporíticos. São sempre depósitos muito grandes, a exemplo de Taquari-Vassouras (Sergipe), que tem 810 Mt de minério com 27,4% de KCl, 68,5% de NaCl, 0,38% de $MgCl_2$ e 1,12% de $CaSO_4$. Os sais mais importantes dos evaporitos são o KCl (silvita) e o K(Na)Cl (silvinita). A estratigrafia dos depósitos evaporíticos é previsível, desde que cada ciclo de evaporação seja considerado separadamente. Um bom exemplo é o depósito de Boulby, na Inglaterra (Fig. 9.24). A sucessão desde a anidrita, na base, passando por espessas camadas de halita na parte mediana do depósito, até as camadas ricas em potássio, junto à zona de transição, corresponde a um ciclo de evaporação, como será visto adiante.

A composição mineral dos evaporitos é complexa, e um relato completo sobre esse assunto pode ser encontrado em Krauskopf (1967). Economicamente, o sal mais importante é a silvita (KCl), insumo agrícola de grande importância, na maioria das vezes retirada da silvinita, minério composto pela mistura de silvita e halita. A halita (NaCl) é o sal mais comum, presente em maior quantidade em todos os evaporitos. Também são comuns calcita ($CaCO_3$), dolomita ($MgCO_3$), gipsita ($CaSO_4.2H_2O$), anidrita ($CaSO_4$), polihalita ($Ca_2K_2Mg(SO_4)_4.2H_2O$), epsomita ($MgSO_4.7H_2O$), hexahidrita ($MgSO_4.6H_2O$), kainita ($K_4Mg_4Cl(SO_4).11H_2O$), carnalita ($KMgCl_3.6H_2O$), bischofita ($MgCl_2.6H_2O$) e *bitterns*, nome genérico de um conjunto de sais de K, Na, Mg, Cl e Br, muito solúveis, que cristalizam por último, quando um ciclo se desenvolve totalmente (a bacia marinha evapora toda a sua água).

Os evaporitos de bacia restrita (Fig. 9.25) formam-se em regiões litorâneas quentes e secas, e em regiões onde há lagunas com acesso restrito e intermitente ao mar aberto.

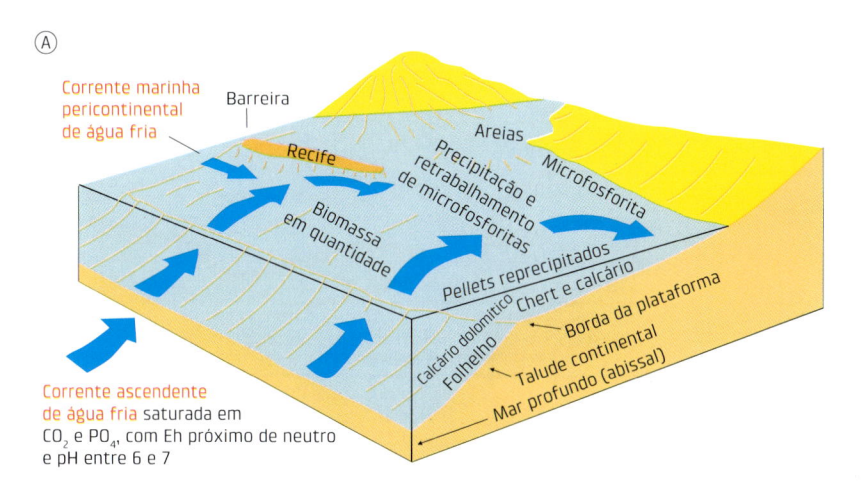

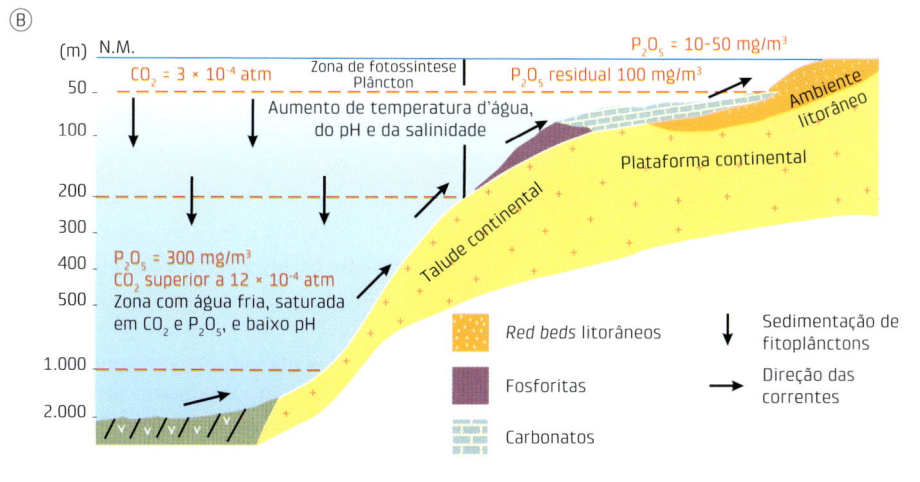

Fig. 9.22 (A) Esquema que mostra o ambiente onde se formam os depósitos de fosfato marinhos. Os depósitos são de dois tipos: (a) aqueles formados por correntes ascendentes de água fria e (b) aqueles gerados por correntes marinhas pericontinentais de água fria. (B) Esquema da formação dos depósitos de fosfato marinhos associados a correntes ascendentes de água fria

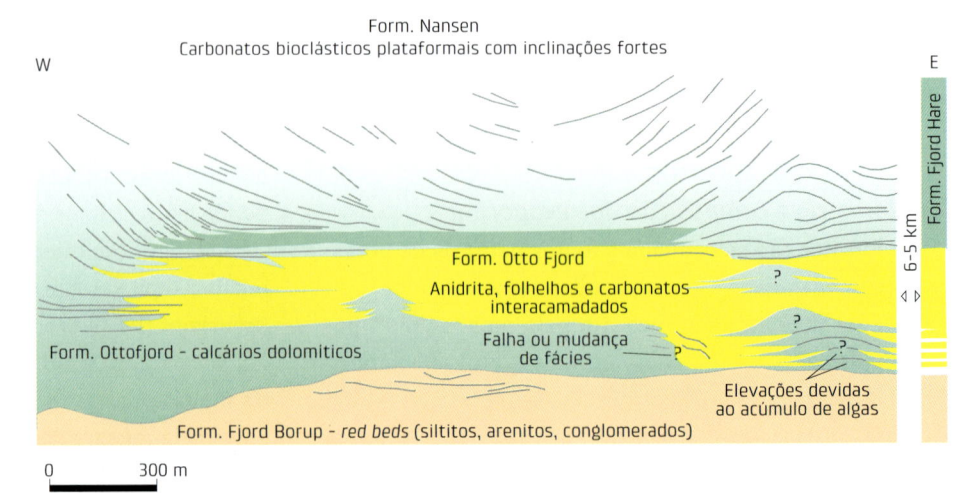

Fig. 9.23 Relação faciológica e estrutural entre rochas carbonáticas e evaporitos puros tipo bacia restrita situados no Fjord de Hare, no arquipélago ártico canadense (Fisher, 1977)

Processo formador dos depósitos sedimentares evaporíticos de bacia restrita

A Fig. 9.26 mostra o resultado de uma experiência na qual 1 m³ de água do mar é posto para evaporar em um ambiente de pressão igual ao do nível do mar e temperatura de cerca de 25 °C. Conforme a água evapora, os sais concentram-se residualmente até atingirem seus produtos de solubilidade, quando sedimentam. Cada vez que um ciclo de evaporação termina devido à entrada de água nova na bacia, as camadas de sais precipitados desde a última inundação formam o que é denominado *ciclo evaporítico*. Por exemplo, no depósito de Boulby (Inglaterra) (Fig. 9.24), um ciclo pode ser reconhecido a partir da camada de anidrita (10% a 20% de água evaporada, Fig. 9.26), na base, recoberta por espessas camadas de halita (20% a 30% de água evaporada), na parte mediana do depósito, até as camadas ricas em potássio (55% a 65% de água evaporada), junto à zona de transição.

Se, conforme a precipitação progredir, a salmoura for mantida em contato e em equilíbrio com os sais precipitados, o início da sequência de cristalização será (Fig. 9.26): gipsita ($CaSO_4 \cdot 2H_2O$) → halita (NaCl) → glauberita ($Na_2Ca(SO_4)_2$) → polihalita ($Ca_2K_2Mg(SO_4)_4 \cdot 2H_2O$). Se os sais que precipitam forem fracionados e separados do sistema, a sequência de cristalização mudará para precipitar sais cujas

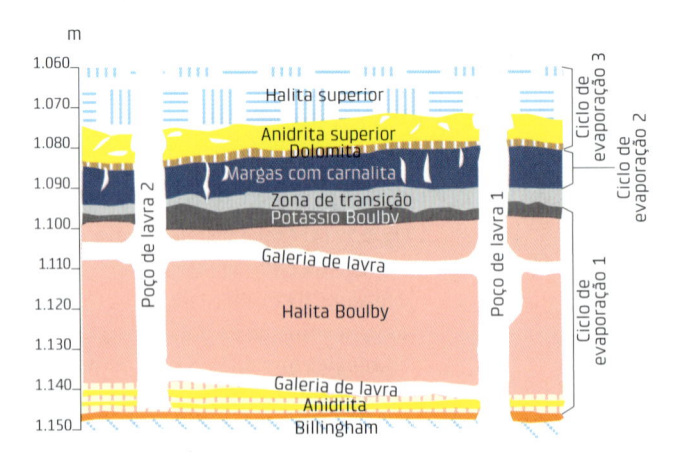

Fig. 9.24 Seção geológica na mina de evaporitos de Boulby (Inglaterra). O pacote evaporítico é composto por camadas de sais precipitados em vários ciclos de evaporação (Woods, 1979)

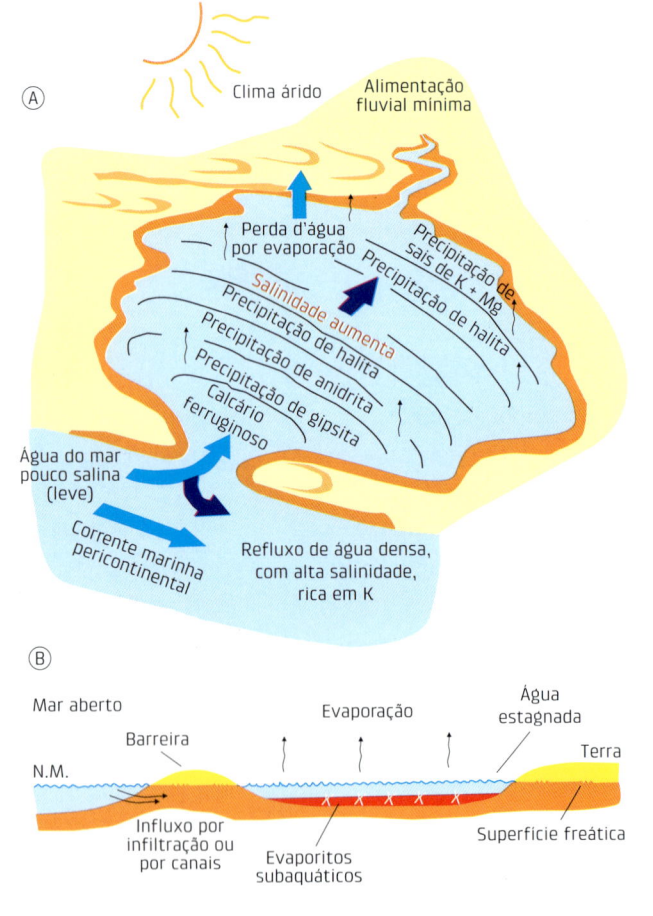

Fig. 9.25 Esquema de ambiente onde se formam depósitos de evaporito em bacia restrita. (A) Durante os períodos de maré alta, a água do mar enche bacias que têm comunicação restrita com o oceano e alimentação fluvial mínima. (B) Seção esquemática mostrando a situação na qual se formam os evaporitos de bacia restrita. A laguna tem comunicação com o oceano somente por influxo ou infiltração da água através de barreiras, ou por canais de pequena vazão, onde a água flui somente nos períodos de maré muito alta

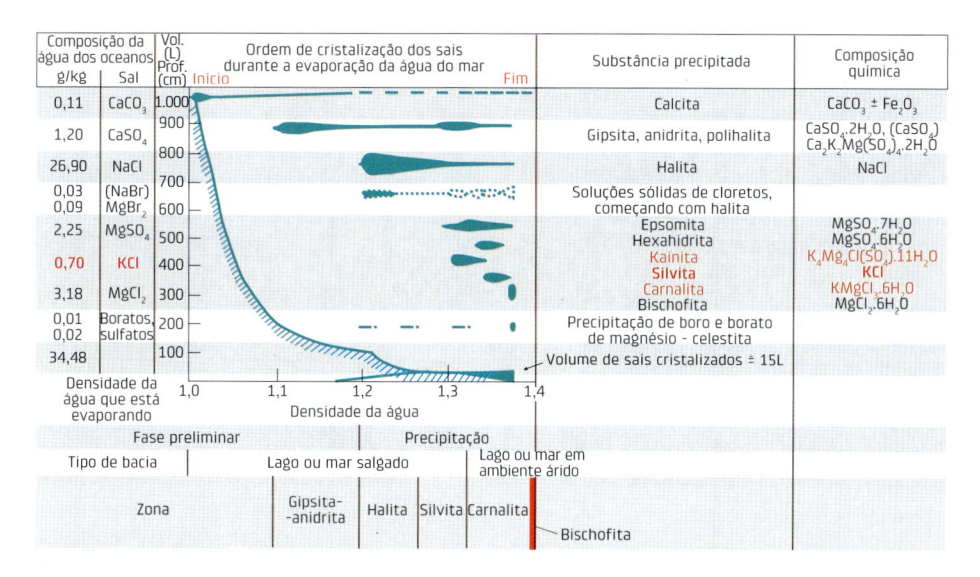

Fig. 9.26 Sequência de cristalização de sais a partir da evaporação contínua da água do mar (Strakhof, 1970). Notar que: (a) a densidade da salmoura residual aumenta conforme seu volume diminui. (b) Essa sequência completa corresponde a um único ciclo de evaporação, o que equivale à evaporação contínua, sem introdução de água nova, de toda a água de uma bacia. Normalmente, as bacias recebem fluxos de água nova antes de evaporarem totalmente, o que reinicia a precipitação com água cuja composição é a mistura da salmoura residual do ciclo anterior com a água nova. (c) A evaporação total de 1.000 L de água do mar deixa um resíduo de 15 L de sais. (d) Essa sequência teórica de evaporação ocorre quando a salmoura permanece em equilíbrio com os sais precipitados

composições tendem a ser desprovidas dos componentes das camadas de sal iniciais, que foram isoladas. Por exemplo, se a gipsita ($CaSO_4.2H_2O$) for isolada após precipitar, precipitam em seguida (Fig. 9.26): halita (NaCl) → polihalita ($Ca_2K_2Mg(SO_4)_4.2H_2O$) → bloedita ($Na_2Mg(SO_4)_2.4H_2O$) → kainita ($K_4Mg_4Cl(SO_4).11H_2O$) → carnalita ($KMgCl_3.6H_2O$), minerais progressivamente com menos cálcio. Esta última sequência é a mais frequente nos evaporitos.

O estudo de depósitos evaporíticos de vários países mostra que as proporções de cada componente previstas em uma sequência normal de evaporação (Fig. 9.26) nem sempre ocorrem. Nota-se que alguns depósitos têm uma quantidade desproporcional de anidrita-gipsita. Outros possuem centenas de metros de halita e quase nenhum sulfato. Outros, ainda, têm quantidades significativas de *bitterns*, minerais bastante raros na maioria dos depósitos. Provavelmente a melhor explicação para isso seja o desenvolvimento de uma estratificação causada pela variação da densidade da água da salmoura conforme a evaporação progride (Fig. 9.27). Por exemplo, se o canal de alimentação é profundo (Fig. 9.27A), a água do mar penetra na bacia e, durante sua migração em superfície, pode evaporar e precipitar gipsita ou anidrita, o que causa o aumento de sua densidade. Ao tornar-se mais densa, essa água migra para baixo, retorna pela parte inferior do canal de alimentação e mistura-se à água do mar aberto, gerando uma nova mistura, mais rica em K, Mg e *bitterns* (Fig. 9.27A). Nessas condições haverá concentrações, no fundo da bacia, de gipsita e anidrita, sem halita e sem sais de *bitterns*.

Se o canal de alimentação é raso, o refluxo até o mar aberto não mais ocorre (Fig. 9.27B), e os sais *bitterns* precipitam dentro da bacia. Também nesse caso, devido ao preenchimento da bacia, pode ocorrer a precipitação de anidrita-gipsita ao lado (evolução lateral, e não vertical) da halita e, então, a precipitação dos *bitterns*. Na maioria das vezes, os sais de K – Na – Mg – Cl – Br (*bitterns*) são localizados em bolsões ou microbacias dentro das camadas de halita (Fig. 9.27B), o que parece indicar que a água teria secado totalmente antes de ocorrer um afluxo de água nova e um novo ciclo começar.

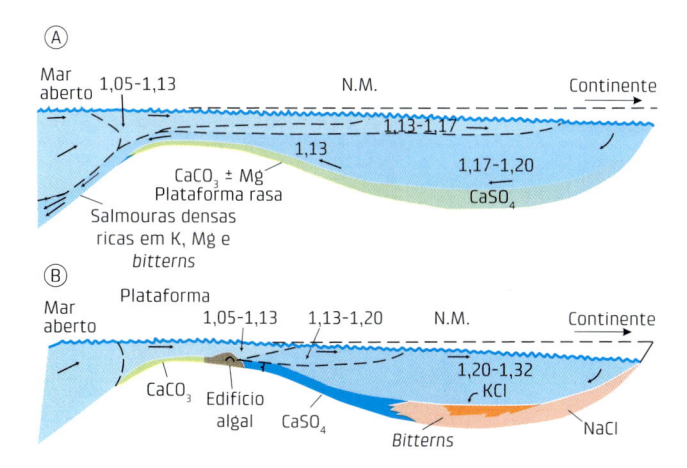

Fig. 9.27 Esquema mostrando como variações na geometria da bacia de sedimentação podem modificar a composição dos evaporitos. (A) O canal de alimentação é profundo, o que permite o retorno de salmouras densas ricas em sais *bitterns* até o mar aberto. Nesse caso, o evaporito será composto quase que exclusivamente por gipsita-anidrita e calcários. (B) Se o canal de alimentação é raso, o refluxo das salmouras não ocorre, e os sais de K – Na – Mg – Cl – Br (*bitterns*) precipitam dentro da bacia (Hite, 1970)

PROCESSOS DE ELUVIAÇÃO, ILUVIAÇÃO, ADSORÇÃO IÔNICA E CONCENTRAÇÃO RESIDUAL – PROCESSOS FORMADORES DE DEPÓSITOS MINERAIS SUPERGÊNICOS

10

10.1 Sistema intempérico geral

A Fig. 10.1 mostra a organização geral das unidades de um perfil laterítico que são geradas a partir do intemperismo físico-químico avançado de rochas, em ambientes com clima tropical, preferencialmente em regiões com épocas de chuva e de seca que se concentram em períodos distintos. Sobre o substrato rochoso, não intemperizado, ficam os saprolitos, uma zona de intemperismo que se caracteriza por preservar as estruturas da rocha. Na base dos saprolitos ocorrem matacões de rochas inalteradas. Em direção à superfície, os fragmentos de rocha diminuem em quantidade e dimensões, sendo substituídos por argilominerais e minerais resistatos liberados pelo intemperismo da rocha do substrato. O topo do horizonte saprolítico geralmente coincide com a superfície freática, e o horizonte saprolítico fica na zona freática.

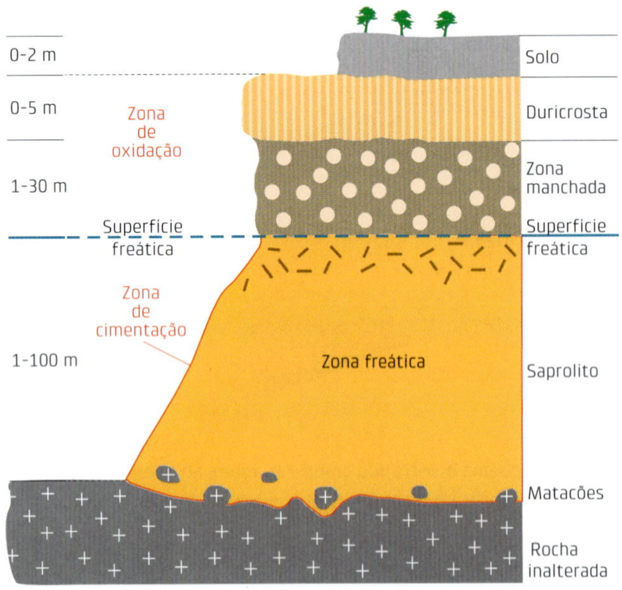

Acima dos saprolitos ocorrem a zona manchada (mottled zone) e a duricrosta, ambas na zona de oxidação, na qual a água meteórica circula rapidamente, gerando um ambiente com pH neutro a ácido e Eh neutro a oxidante. Na zona de oxidação não são preservados vestígios da estrutura original da rocha do substrato.

A zona manchada é um front de ferruginização, que marca a posição futura da duricrosta. Conforme a lixiviação progride na zona de oxidação, a superfície é rebaixada, o front de ferruginização avança para baixo e a duricrosta aumenta de espessura. Todas as unidades são recobertas por solos orgânicos.

A Fig. 10.2 apresenta de modo sequenciado como são gerados os perfis lateríticos a partir do intemperismo de rochas. Na Fig. 10.2A é mostrada a formação de um perfil laterítico maturo, que se desenvolve em uma região tectonicamente estável e com clima também estável, quente, com épocas de chuva e de seca que se concentram em períodos separados. Em (A), no início do processo, uma rocha é exposta em superfície e à água meteórica. Inicia-se a hidratação, a hidrólise e a oxidação, que intemperizam os minerais da rocha. Com a progressão da frente de alteração, em (B) diferencia-se uma zona saprolítica, encimada pela superfície freática. Em (C), a rocha transforma-se a ponto de permitir a circulação lateral da água meteórica. Aparecem horizontes de solo e a zona de oxidação, acima da superfície freática. Em (D), a lixiviação causada pela percolação da água meteórica foi suficiente para concentrar residualmente algumas substâncias na zona oxidada, formando uma duricrosta e uma zona manchada. Em (E), o perfil está completo.

Fig. 10.1 Perfil laterítico típico, formado em regiões de clima quente, onde há épocas de chuva e de seca que ocorrem em períodos distintos (modificado de Millot, 1970)

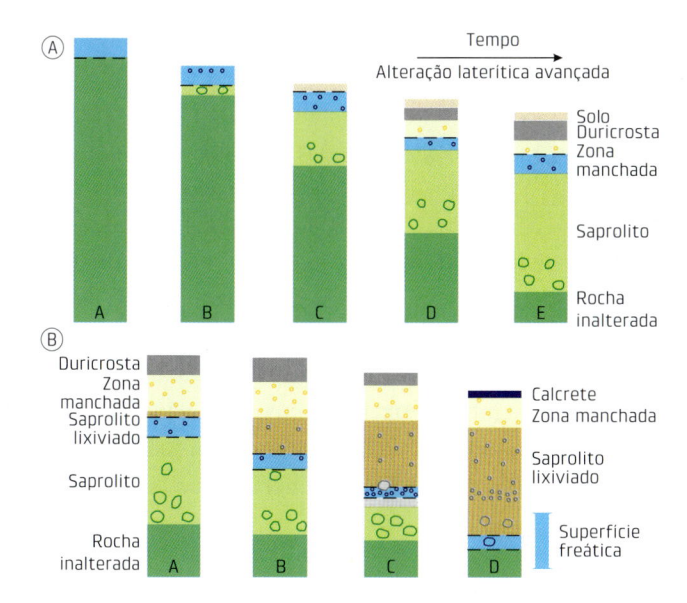

Fig. 10.2 Esquema da evolução de um perfil laterítico em duas situações: (A) em uma região tectonicamente estável e com clima estável, quente, com épocas de chuva e de seca que se concentram em períodos separados, e (B) com modificações causadas pelo soerguimento tectônico da região laterizada. Esse soerguimento tem como consequência o rebaixamento da zona freática, o desmantelamento da duricrosta, a lixiviação dos saprolitos e, em clima árido muito quente, a evapotranspiração da água e a formação, na superfície, de uma crosta salina ou carbonática (modificado de Butt, 1988)

Na Fig. 10.2B são exibidas as modificações que ocorrem em um perfil laterítico causadas pelo soerguimento de uma área laterizada e/ou pela mudança do clima de tropical úmido para árido. Em ambas as situações, a zona freática é rebaixada rapidamente. A zona oxidada aumenta para baixo, em detrimento dos saprolitos. A água da zona freática se escoa ou evapora, e os saprolitos passam a ser lixiviados (A e B) sem que, necessariamente, sejam oxidados. Na superfície, a duricrosta pode ser desmantelada pela erosão (C e D). Em caso de mudança de clima, de úmido para árido muito quente, pode ocorrer a evapotranspiração da água e a precipitação, em superfície, de uma crosta salina (D) ou carbonática (calcrete).

Durante o intemperismo das rochas, geralmente os processos de concentração residual e de cimentação supergênica se desenvolvem simultaneamente, embora com mecânicas distintas. Se examinados individualmente, as diferenças são notáveis.

O *processo de concentração residual* se desenvolve quando o intemperismo das rochas causa a lixiviação de várias substâncias que as compõem e a preservação de outras. As substâncias não lixiviadas, que permanecem na rocha intemperizada, têm seus teores aumentados, por se concentrarem como resíduos da lixiviação, caracterizando a concentração residual. A concentração residual pode ocorrer na zona oxidada, acima da superfície freática, e/ou na zona freática, a depender das características físico-químicas das substâncias. Esse processo pode formar depósitos em duas situações:

- concentração residual de substâncias químicas a partir de rochas não mineralizadas ou de minérios;
- concentração residual de minerais resistatos a partir de rochas mineralizadas ou de minérios.

O *processo de cimentação supergênica* corresponde à solubilização e ao transporte de elementos ou substâncias químicas contidos na zona oxidada, acima da superfície freática, causados pelo intemperismo superficial, seguidos pelo deslocamento e pela precipitação dessas substâncias na zona freática, que passa a ser uma zona de cimentação. O novo minério, nesse caso, é constituído pelos minerais de minério e de ganga primários que são cimentados quando ocorre a precipitação (= cimentação), em fraturas ou substituindo a matriz do minério primário, pelas substâncias trazidas da zona de oxidação. Os teores do minério supergênico cimentado são maiores que os do minério primário, pois são o resultado da soma das concentrações dos elementos de minério do minério primário com aqueles trazidos da superfície. Esse processo pode ocorrer em mais de uma situação:

- cimentação supergênica de substâncias químicas liberadas de rochas não mineralizadas;
- cimentação supergênica de substâncias químicas causada pelo intemperismo de corpos mineralizados de depósitos minerais. Geralmente há duas situações principais: depósitos com minérios oxidados e depósitos com minérios sulfídicos.

10.2 Concentração residual dos minerais pirocloro (Nb) e apatita (P) em regolitos e saprolitos dos complexos alcalinocarbonatíticos

10.2.1 Complexo Araxá e seus minérios regolíticos e saprolíticos

O complexo alcalinocarbonatítico Araxá é conhecido principalmente por seus depósitos de pirocloro [$(Na,Ca)_2Nb_2O_6(OH,F)$] e apatita ($Ca_5(PO)_4 3F$), secundados por depósitos de barita ($BaSO_4$), monazita com ETR leves, e magnetita (Fe_3O_4). Em 2020 a Companhia Brasileira de Metalurgia e Mineração (CBMM) estimou os recursos desse complexo em 896 Mt de minério regolítico (solos) de nióbio, com teor médio igual a 1,49% de Nb_2O_5. Os recursos estimados em 2017 para os demais bens minerais foram de 770 Mt com 10,4% de P_2O_5, 768 Mt com 20,1% de $BaSO_4$, e 352 Mt com 5,6% de óxidos de terras-raras. A magnetita é subproduto da lavra do pirocloro (Nb) e da apatita (P). O minério com altas concentrações de pirocloro, apatita, barita e magnetita predomina no centro do complexo, ao passo que o minério somente com apatita predomina na metade oeste e na borda sudeste.

O Complexo Araxá é constituído por um núcleo de carbonato-magnetita flogopitito, com cerca de 1 km de diâmetro, envolvido por um anel de carbonatitos, com 1,5 km a 2,0 km de largura. Essas rochas foram intemperizadas, gerando regolitos e saprolitos cujas espessuras variam entre 50 m e 200 m (Fig. 10.3), que são os corpos mineralizados lavrados no complexo.

10.2.2 Processo de concentração residual formador dos minérios (regolitos e saprolitos) de Araxá

Desde sua formação, entre 90 Ma e 74 Ma, as rochas do Complexo Araxá foram intemperizadas devido à infiltração de água meteórica (Fig. 10.4A). O *front* de intemperismo oxidou os flogopititos do núcleo e os carbonatitos do anel, tornando-os cor de ferrugem (Figs. 10.4B-E), sem lixiviar qualquer substância. Acima do *front* de oxidação, a água solubilizou MgO e o transportou para fora do sistema (Figs. 10.4A,B,D). A remoção do MgO diminuiu a altitude da superfície topográfica (Figs. 10.2 e 10.4A) porque o solo gerado tem volume menor que o volume original da rocha intemperizada. Como o CaO e os minerais pirocloro, apatita, magnetita e barita não foram solubilizados, permaneceram no solo concentrados como um resíduo, o que aumentou o teor desses minerais no solo desprovido de MgO (Figs. 10.4C,E). Após a lixiviação do MgO, o CaO foi lixiviado (Figs. 10.4A,B,D). O pirocloro e a magnetita não foram afetados pelo intemperismo e a apatita foi transformada em gorceixita e goyazita. A remoção do CaO diminuiu ainda mais o volume de solo em relação ao volume inicial de rocha e concentrou ainda mais pirocloro, magnetita e minerais de fósforo (Figs. 10.4C-E), formando os minérios que são atualmente lavrados no Complexo Araxá. Notar que os volumes de pirocloro, apatita e magnetita contidos originalmente nas rochas (flogopitito e carbonatito), antes de estas serem intemperizadas e lixiviadas, não mudaram. Os teores desses minerais aumentaram porque o MgO e o CaO foram removidos e houve concentração residual dos minerais.

10.3 Depósitos formados por concentração residual de substâncias químicas

Enquanto na seção anterior foi abordada a concentração residual de minerais, nesta seção será discutido o processo de concentração residual de substâncias químicas. Nesse caso haverá a concentração residual de Al^{3+}, liberado quando os silicatos de alumínio, principalmente feldspatos e feldspatoides, são intemperizados e formam depósitos com o minério de alumínio denominado bauxita. Ao ser liberado, imediatamente o Al^{3+} se oxida, tornando-se Al_2O_3, substância praticamente insolúvel em água de ambientes naturais, portanto imóvel.

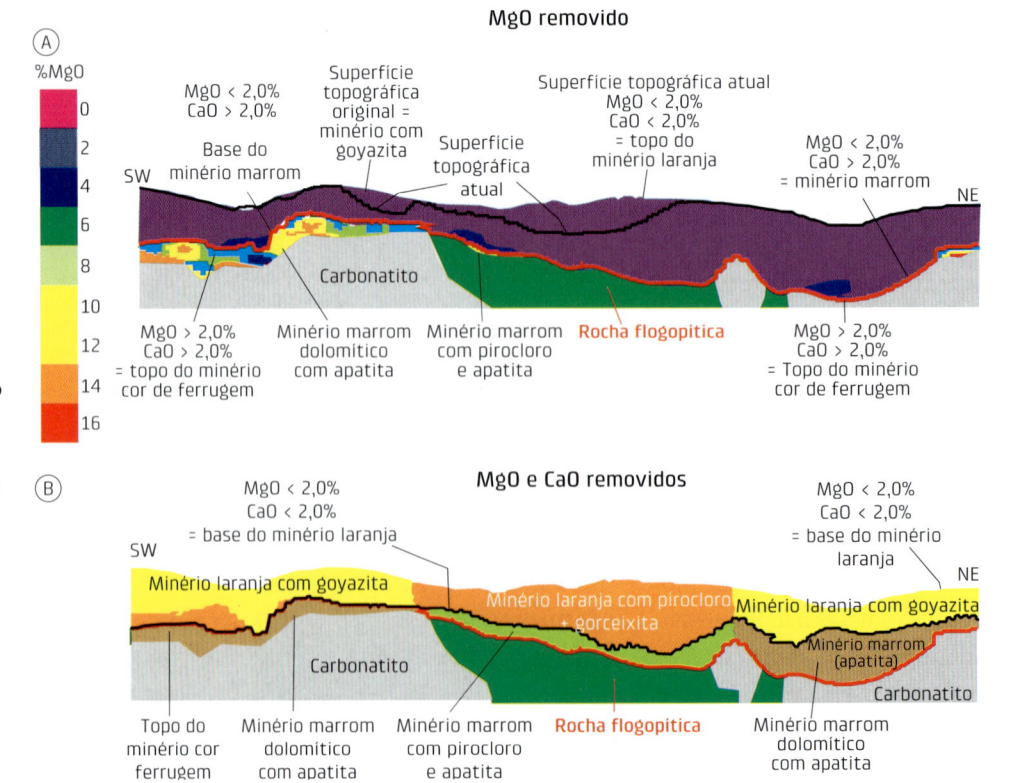

Fig. 10.3 Mantos de intemperismo formados pela lixiviação de (A) MgO e (B) MgO + CaO de flogopititos (núcleo do Complexo Araxá) e carbonatitos (anel em torno do núcleo). Os regolitos formados sobre o núcleo são mineralizados com pirocloro, gorceixita, magnetita, apatita e barita, enquanto os formados sobre os carbonatitos são mineralizados somente com apatita e goyasita

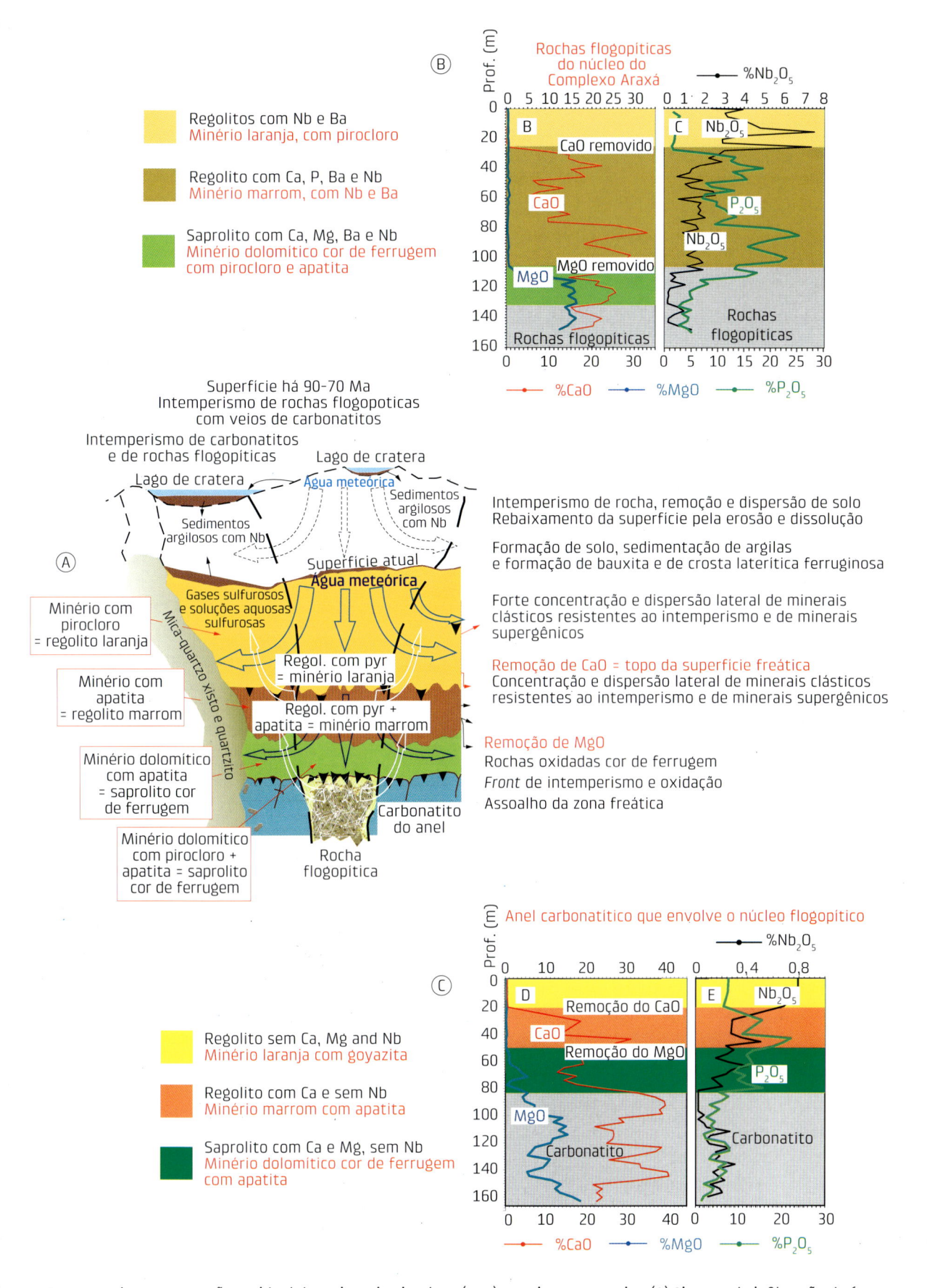

Fig. 10.4 Processo de concentração residual dos minerais pirocloro (pyr.), apatita e magnetita. (A) Sistema de infiltração de água meteórica que causou o intemperismo das rochas flogopitito (núcleo) e carbonatito (anel em torno do núcleo). Variação dos teores de MgO e CaO conforme houve oxidação e remoção do MgO e do CaO dos flogopititos (B) e dos carbonatitos (E). Variação das concentrações de Nb_2O_5 e de P_2O_5 conforme houve oxidação e remoção do MgO e do CaO dos flogopititos (C) e dos carbonatitos (E) durante o intemperismo (Braga Jr.; Biondi, 2023)

10.3.1 Sobre os depósitos de bauxita

Bauxitas são lateritas formadas por minerais de alumínio, com 80% a 90% de Al_2O_3 (teores em base anidra), que algumas vezes concentram também gálio. Economicamente, as bauxitas são identificadas como minério a partir do teor de Al_2O_3 livre que possuem (= Al_2O_3 que não constitui silicatos), determinado pela equação:

$$Al_2O_{3(livre)} = Al_2O_{3(total)} - 0{,}85\, SiO_2$$

Os minérios bauxíticos ocorrem como óxidos e hidróxidos, constituindo duas séries denominadas alfa e gama (Tab. 10.1). Os minerais da série alfa são menos comuns como minerais de minério. Embora o diásporo seja um mineral comum, a gibbsita e a boehmita, da série gama, constituem a maior parte das bauxitas. As bauxitas mais antigas e evoluídas são boehmíticas, enquanto as menos evoluídas são gibbsíticas. As duricrostas das bauxitas boehmíticas são hematíticas, e as das bauxitas gibbsíticas são ricas em goethita.

Tab. 10.1 Minerais mais comuns constituintes das bauxitas

Nome	Fórmula	Volume molar (cm³/mol)
Série alfa (α)		
Bayerita	$Al(OH)_3$	31,15
Diásporo	$AlOOH$	17,76
Coríndon	Al_2O_3	25,37
Série gama (γ)		
Gibbsita	$Al(OH)_3$	32,00
Boehmita	$AlOOH$	19,35
Boehmita sintética	Al_2O_3	27,8
Outros		
Nordstrandita	$Al(OH)_3$	32,38

Há dois tipos principais de depósitos com bauxitas, os derivados de rochas aluminossilicáticas e os derivados de rochas carbonáticas argilosas.

Depósitos derivados de rochas aluminossilicáticas (*laterite type bauxite*) são os mais comuns (Fig. 10.5). As bauxitas formam-se por concentração residual na zona de oxidação e por cimentação dos saprolitos da zona freática. Quando as bauxitas se desenvolvem sobre rochas desprovidas de ferro (sienitos nefelínicos, fonolitos etc.), a duricrosta é aluminosa ou pisolítica. Quando se formam sobre rochas ricas em ferro (vulcânicas máficas), são geradas duricrostas ferruginosas na superfície, que se superpõem às duricrostas aluminosas (Fig. 10.5). Em ambos os casos, os depósitos são estratiformes, com superfícies planas e contatos inferiores muito irregulares que gradam para a rocha original inalterada. O estudo de 122 depósitos mostrou que os depósitos de bauxitas lateríticas têm, em média, reservas de 25 Mt de minério, com teor médio de 45% de Al_2O_3. São lavrados depósitos de todas as dimensões, desde 0,1 Mt até mais de 6.300 Mt. Raramente os depósitos lavrados possuem teores médios de menos de 35% de Al_2O_3. O gálio pode ser lavrado como subproduto do alumínio quando os teores médios são da ordem de 20 ppm.

Nos depósitos derivados de rochas carbonáticas argilosas (Fig. 10.6) (*karst type bauxite*), embora com pouco alumínio, as margas geram depósitos de bauxita devido à facilidade com que as rochas carbonáticas são dissolvidas e lixiviadas. Os corpos mineralizados têm a forma de bolsões (Fig. 10.6) muito irregulares em forma e dimensões. Em 41 depósitos estudados, a média das reservas foi de 23 Mt, com variação entre 1 Mt e mais de 400 Mt. A média dos teores foi de 49% de Al_2O_3, e os teores variam entre 39% e 59%.

As *bauxitas lateríticas* (Fig. 10.5), derivadas do intemperismo de rochas aluminossilicáticas (*laterite type bauxite*), são as mais comuns. Sua composição é, sobretudo, gibbsítica. São depósitos estratiformes, com superfícies planas e contatos inferiores muito irregulares e que gradam para a

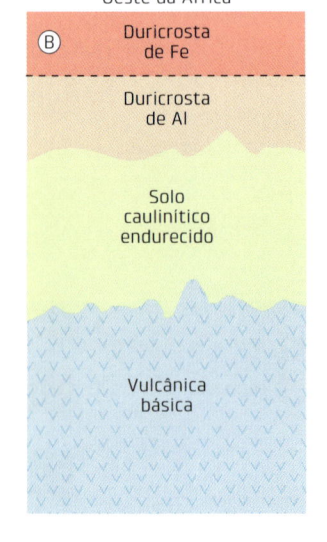

Fig. 10.5 Organização dos horizontes que compõem os depósitos de bauxitas formados sobre rochas aluminossilicáticas sem e com minerais com ferro. (A) Se desprovidas de minerais com ferro, as rochas podem gerar bauxitas nas quais a duricrosta é aluminosa ou pisolítica. (B) As bauxitas derivadas de rochas com minerais com ferro têm uma duricrosta ferruginosa superposta à duricrosta aluminosa. Abaixo da duricrosta aluminosa forma-se solo caulinítico

rocha original não intemperizada. As espessuras médias variam entre 3 m e 10 m, mas depósitos com até 40 m de bauxita foram lavrados na Jamaica. O minério bauxítico ocorre na zona de oxidação, constituindo uma duricrosta aluminosa, assim como constituindo os saprolitos da zona freática.

As *bauxitas kársticas, em rochas carbonáticas* (Fig. 10.6), geralmente têm boehmita e diásporo como principais minerais de minério, mas a gibbsita é o principal mineral dos grandes depósitos da Jamaica. Os depósitos têm a forma de bolsões, com cobertura de solo estéril. A parte de minério mais rica ocupa o centro das depressões kársticas. Muitas vezes, o minério é envolvido por uma banda de regolito avermelhado (*terra rossa*) (Fig. 10.6A), desprovida ou com baixos teores de Al_2O_3, que separa a bauxita do calcário. Esse regolito tem contatos lineares, bruscos, com o calcário hospedeiro. Contatos bruscos são observados, também, quando a bauxita está diretamente em contato com a rocha carbonática (Fig. 10.6B).

10.3.2 Processo formador dos depósitos bauxíticos com Al (e Ga) supergênicos e residuais

As condições ótimas para a formação das bauxitas são as de ambientes com clima úmido, quente, em locais bem drenados (clima tropical), onde ocorra lixiviação de Na, K, Ca e Mg dos silicatos. Nessas condições, o Si dos silicatos (feldspatos e argilominerais) é rapidamente solubilizado, na forma de H_4SiO_4 (Fig. 10.7). Caso a rocha seja quartzosa, o quartzo ficará junto à gibbsita nos perfis lateríticos, devido à pouca solubilidade do quartzo em soluções aquosas. A presença de quartzo é altamente prejudicial à qualidade das bauxitas.

As solubilidades dos minerais com Al dependem do pH e não são dependentes do Eh. A gibbsita é estável em ambientes com pH entre 4 e 12 (Fig. 10.7), o que corresponde a praticamente todos os ambientes superficiais naturais. Se a rocha original não contiver quantidades significativas de minerais com ferro (p.ex., sienitos, Fig. 10.5), as linhas tracejadas vermelha e azul (goethita/Fe^{2+} solúvel) no diagrama da Fig. 10.7 devem ser desconsideradas. Se a rocha não contiver minerais com ferro, em ambientes com pH entre 4 e 10 se formarão depósitos de gibbsita pura quando os *logs* das concentrações de Al, Fe e Si forem menores que –4. Se forem maiores, a bauxita conterá gibbsita e sílica.

Caso a rocha contenha quantidades significativas de minerais com ferro (p.ex., basaltos, Fig. 10.5), o diagrama da Fig. 10.7 deve ser interpretado em duas situações. Em condições oxidantes (Fe na forma de goethita (Fe^{3+}), acima da superfície freática), a gibbsita é mais solúvel do que o Al^{3+} quando o pH é ácido (< 3), o que explicaria a formação de uma duricrosta ferruginosa acima da bauxítica quando rochas ricas em ferro são intemperizadas (Fig. 10.5). Na zona freática, em ambiente redutor, se o pH está entre 4 e 8, o ferro, na forma de Fe^{2+}, é lixiviado e a gibbsita é estável (Fig. 10.7), o que explicaria a formação de saprolitos bauxíticos no interior das zonas freáticas, que correspondem aos corpos mineralizados maiores e mais importantes. Em ambientes oxidantes e alcalinos, o ferro e a bauxita não se separam, formando bauxitas ferruginosas, de menor qualidade. Notar que, embora gerado dentro da zona freática, o minério saprolítico é formado por concentração residual

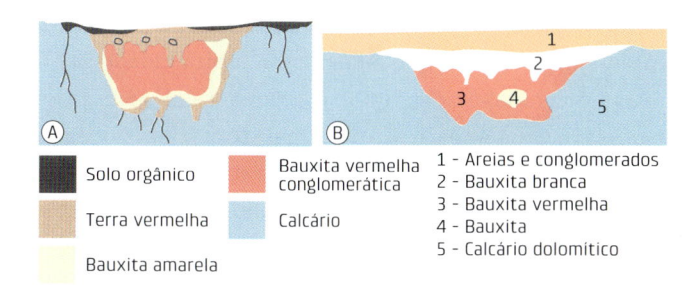

Fig. 10.6 Dois exemplos de depósitos de bauxita em rochas carbonáticas. (A) Depósito com pouca cobertura de solo. O minério é envolvido por terra vermelha, não aluminosa, que faz contato abrupto com os calcários. (B) A existência de coberturas espessas muitas vezes impede a exploração de depósitos de bauxita kárstica. Também nesse caso o contato com as encaixantes carbonáticas é abrupto. É possível que a maior parte, se não todo o alumínio de alguns desses depósitos, provenha de camadas de cinzas vulcânicas intercaladas com os calcários

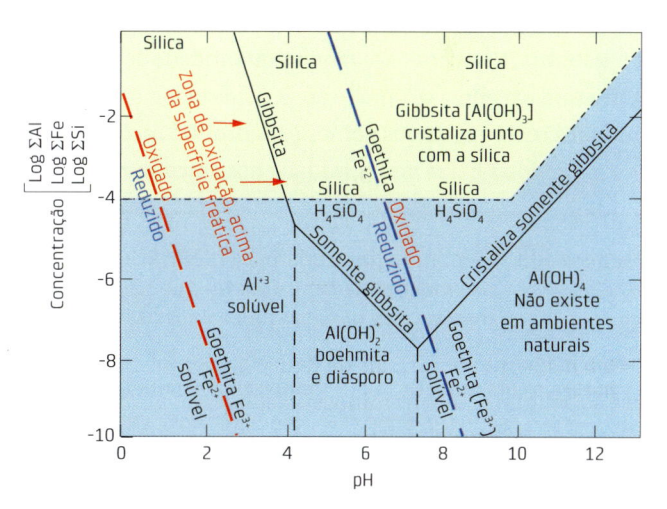

Fig. 10.7 Em condições oxidantes (Fe na forma de Fe^{3+} = goethita), acima da superfície freática, a gibbsita é mais solúvel do que a goethita em todos os pHs, motivo pelo qual é lixiviada e transportada para baixo da duricrosta ferruginosa. Em condições redutoras (Fe na forma de Fe^{2+}), dentro da zona freática, a goethita é solúvel em ambientes com pH menor que 8, o que faz com que seja lixiviada e removida do sistema, e somente gibbsita cristalize. A separação entre Fe e Al na zona freática depende, portanto, de o pH ser menor que 8

de Al cristalizado com gibbsita, como o da duricrosta aluminosa da zona oxidada.

As bauxitas kársticas ocorrem preferencialmente nos locais onde as rochas são mais fraturadas e a circulação da água é maior, formando as depressões denominadas *karsts*. São minérios ricos em ferro (10% a 20% de óxidos de ferro, sobretudo hematita e goethita) e com pouca sílica (< 3% de SiO_2). Acredita-se que as bauxitas sejam derivadas de tufos que existiam intercalados nos calcários. A forte percolação de água nas regiões fraturadas e a grande solubilidade das rochas carbonáticas geram um ambiente com pH alcalino e Eh baixo, o que proporciona a lixiviação do ferro e da sílica dos tufos, junto aos carbonatos, e a concentração da alumina dos tufos nas depressões kársticas.

10.4 Depósitos minerais por concentração residual e supergênica

10.4.1 Depósitos supergênicos e residuais de Ni formados a partir do intemperismo de rochas ultramáficas

Depósitos garnieríticos, com minério oxidado de Ni

O termo garnierita designa o minério (= rocha com vários minerais) oxissilicático de níquel, formado pelo intemperismo de rochas ultramáficas. Os minerais mais comuns da garnierita são goethita, serpentinas, talco e smectitas, nos quais o Ni substitui o Fe ou o Mg (Quadro 10.1, polo magnesiano). Com pouco Ni, os minerais de minério são Ni-goethita, Ni-talco etc. Quando a quantidade de Ni nesses minerais excede a 0,5 mol, são considerados silicatos de níquel e recebem outros nomes (Quadro 10.1, polo niquelífero). Devido à baixa cristalinidade dos silicatos de Ni, eles são difíceis de identificar, daí o termo genérico garnierita para denominar esses depósitos.

Depósitos garnieríticos são muito comuns. Em uma estatística que considerou 71 depósitos, a reserva média foi de 44 Mt de minério, com teores médios de 1,4% de Ni e menos de 0,066% de Co. Raramente os teores médios ultrapassam os 2% de Ni, embora localmente possam atingir até 10%. Os menores depósitos têm menos de 7,8 Mt de minério, sendo comuns lavras que explorem corpos mineralizados com cerca de 0,1 Mt. Os maiores depósitos têm mais de 250 Mt de minério, podendo alcançar mais de 1.500 Mt.

As lateritas níquel-cobaltíferas são depósitos superficiais com corpos mineralizados estratiformes, nos quais a superfície é plana e o limite inferior é muito irregular e descontínuo (Fig. 10.8). As espessuras variam de poucos metros a, excepcionalmente, mais de 50 m. Os grandes depósitos têm espessuras entre 10 m e 20 m. Lateralmente, as dimensões das lateritas niquelíferas dependem da continuidade do substrato de rocha ultramáfica do qual derivam, podendo se estender por quilômetros.

Na zona oxidada, a duricrosta é constituída predominantemente por goethita. O níquel ocorre tanto junto à goethita, formando *minério residual oxidado*, quanto em massas criptocristalinas de óxidos de Mn e Co denominadas *asbolita* ou *asbolano*. O asbolano pode formar concentrações econômicas, com até 2% de Co, situadas em horizontes discretos abaixo da duricrosta (Fig. 10.8).

Abaixo da zona oxidada, há uma zona de solo laterítico, smectítico e com opala microcristalina, desprovido de Ni, que recobre a zona cimentada silicática, onde está a garnierita propriamente dita. O *minério silicático* constitui a maior parte do minério dos depósitos garnieríticos. Nesse minério predominam a serpentina (lizardita/nepouita e crisotila/pecoraíta) e o talco niquelífero. A quantidade de Ni desses minerais decresce com o aumento da profundidade, até a ultramáfica inalterada (Fig. 10.8B). Em geral, a zona mais rica em Ni situa-se entre 0,5 m e 6 m da superfície, podendo estender-se a mais de 15 m. A base do corpo mineralizado é extremamente irregular, dependendo do grau de fraturamento da rocha original e das condições topográficas.

Não há relação entre o conteúdo original de Ni das ultramáficas e a quantidade de Ni das garnieritas derivadas. Normalmente as lateritas niquelíferas concentram de duas a seis vezes a quantidade de níquel contida nas rochas ultramáficas das quais derivam. O níquel concentra-se como resíduo da lixiviação, sobretudo do Mg. A água que percola os solos das regiões lateríticas tem pH que varia de 5, na superfície, a 8,5, na base do horizonte saprolítico. Os diagramas de estabilidade mostram que os silicatos com níquel (Fig. 10.9) são estáveis em condições de pH alcalino,

Quadro 10.1 Terminologia usada para identificar os silicatos de Mg – Fe – Ni, que são os minerais de minério das garnieritas

Polo magnesiano (minerais com níquel)	Polo niquelífero (minerais de níquel)
Minerais 1:1 (serpentinas)	
Crisotila	Pecoraíta
Lizardita	Nepouita
Intermediários	
Montmorilonita ou kerolita	Pimelita
Minerais 2:1	
Talco	Willemsita
Clorita	Nimita
Sepiolita	Falcondoíta

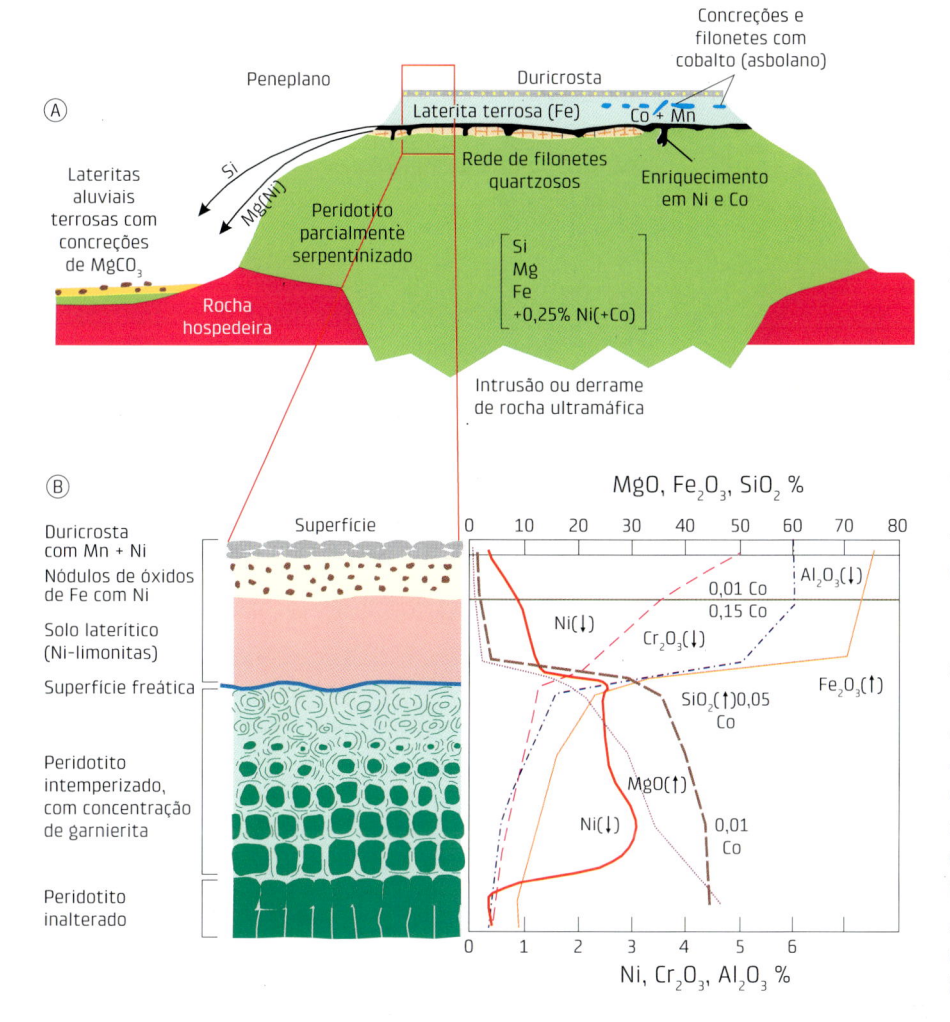

Fig. 10.8 Estrutura interna de depósitos de Ni e Co garneríticos (oxissilicáticos). (A) Depósitos garneríticos somente se formam sobre rochas ultramáficas. O desenvolvimento de um perfil laterítico sobre esse tipo de rocha causa a transformação dos silicatos primários em silicatos e óxidos secundários, intempéricos, enriquecidos em Ni e Co. (B) As lateritas niquelíferas normalmente têm uma cobertura ferruginosa muito resistente (duricrosta), superposta a um horizonte rico em nódulos de óxidos de ferro que recobre o minério residual, o qual, por sua vez, grada para rocha ultramáfica intemperizada rica em níquel, que constitui o minério cimentado. Notar o aumento dos teores de Ni e de Co abaixo da superfície freática, no interior da zona freática.
O Ni e o Co cimentam a rocha intemperizada dentro da zona freática. A unidade termina com os peridotitos alterados gradando para rochas inalteradas do substrato

acima de 7. Na presença do ferro, o Ni forma óxidos cujos domínios de estabilidade avançam até valores de pH moderadamente ácidos (Fig. 10.9, linhas vermelhas tracejadas), sem que isso imponha uma estabilidade total aos óxidos niquelíferos. *Mesmo ligadas ao ferro, as fases niquelíferas são levemente solúveis a baixo pH, o que permite prever que ocorra migração do níquel da zona oxidante e cimentação na zona freática, abaixo da superfície freática.*

Processo formador dos depósitos de Ni garneríticos

Conforme o perfil laterítico se desenvolve, tornando-se mais maturo, há um enriquecimento em níquel da zona saprolítica (= cimentação da zona freática), em detrimento da concentração residual na zona oxidada (de A para C, Fig. 10.10). Quase sempre a migração do níquel para a zona saprolítica ocorre concomitantemente à eliminação (erosão ou lixiviação) da zona oxidada, o que permite o afloramento das garnieritas silicáticas, fortemente concentradas nos saprolitos (Fig. 10.11, seção A).

Na região dos saprolitos (cimentação), o Ni fica em solução sólida com os silicatos de Mg. Não se sabe se a formação dessas soluções sólidas envolve a dissolução e

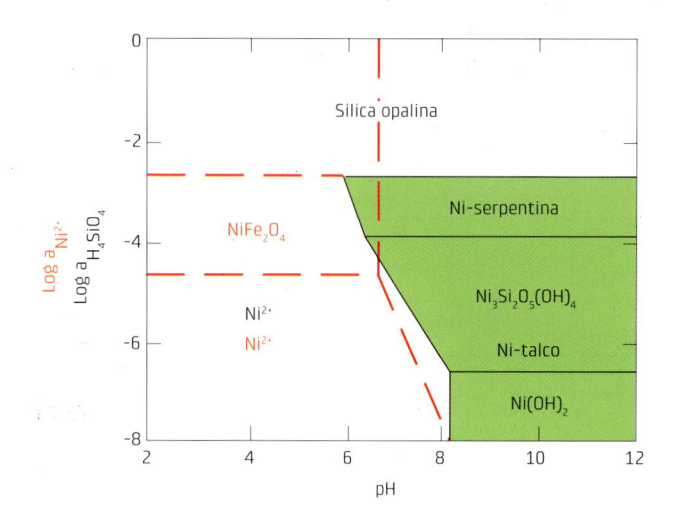

Fig. 10.9 Os silicatos com níquel são estáveis em ambientes alcalinos (domínios em verde, limitados por linhas cheias). Na presença do ferro, o níquel forma óxidos estáveis em ambientes com pH moderadamente ácido (domínios com linhas vermelhas tracejadas). Esse comportamento explica a existência das limonitas niquelíferas (Fig. 10.8) oxidadas, superficiais, formadas em meio à água com pH próximo de 5, e das garnieritas silicáticas, cimentadas nos horizontes saprolíticos, onde a água tem pH próximo de 8,5 (Maynard, 1983)

a reprecipitação dos silicatos ou se é feita por troca iônica, sem a destruição da estrutura dos minerais.

Como não há relação direta entre o teor de Ni das rochas e das garnieritas derivadas, a topografia e as condições de lixiviação das rochas parecem ser fatores importantes para a formação das garnieritas. Os minérios mais ricos estão em locais planos (platôs), com bordas levemente inclinadas (até 20° de inclinação), ou em locais onde há quebra da inclinação dos terrenos, com perfil em forma de sela. Essas condições topográficas permitem um fluxo lento e contínuo da água no subsolo, escoando a água das regiões do platô para fora. O clima tropical, quente e úmido, também é importante.

10.4.2 Depósitos supergênicos e residuais de Fe
Depósitos de Fe formados pelo intemperismo

Nos depósitos supergênicos de ferro derivados de formações ferríferas, sempre há um corpo mineralizado superficial, laterítico, de alto teor, outro com minério friável arenoso, outro com minério friável macio, o mais profundo com minério maciço e, finalmente, o substrato rochoso de jaspilito ou itabirito (= jaspilito metamorfizado). A duricrosta laterítica (minério "chapinha"), de alto teor, formada por concentração residual a partir do itabirito (Fig. 10.12), recobre toda a região na qual itabiritos e/ou

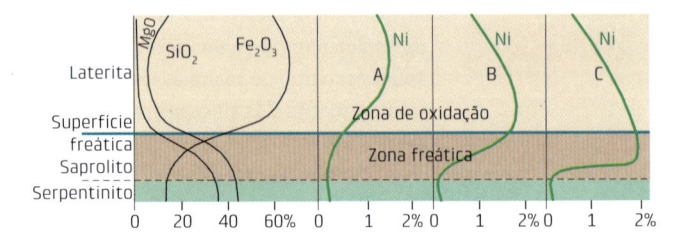

Fig. 10.10 Devido à solubilidade do Ni em condições de pH ácido, conforme o perfil laterítico se desenvolve de A para C, o Ni migra da superfície e é cimentado na zona saprolítica freática, abaixo da superfície freática, onde o pH é alcalino. Logo, quanto maior é o teor de Ni do minério oxidado superficial, menos maturo é o perfil laterítico (Schellmann, 1971 *apud* Maynard, 1983)

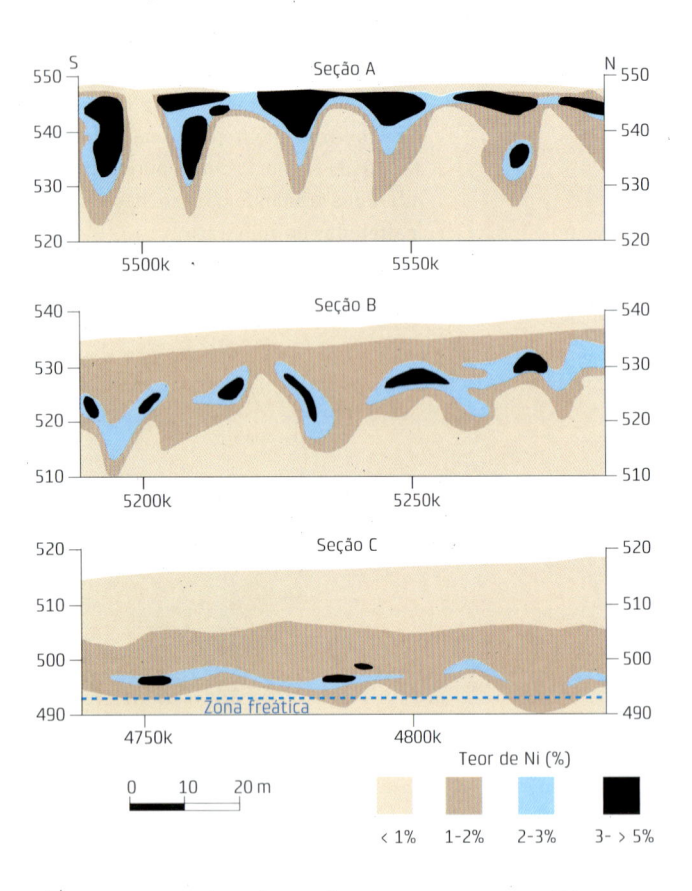

Fig. 10.11 Caso a migração do níquel para a zona saprolítica ocorra concomitantemente à remoção da cobertura oxidada (por erosão ou por lixiviação), a zona cimentada, de minério silicático com alto teor, fica mais próxima da superfície (seção A). Os perfis lateríticos mais antigos geralmente têm minério silicático com menor espessura e menor teor e são mais profundos (seções B e C). Nesses perfis, o minério residual oxidado é raro ou inexistente

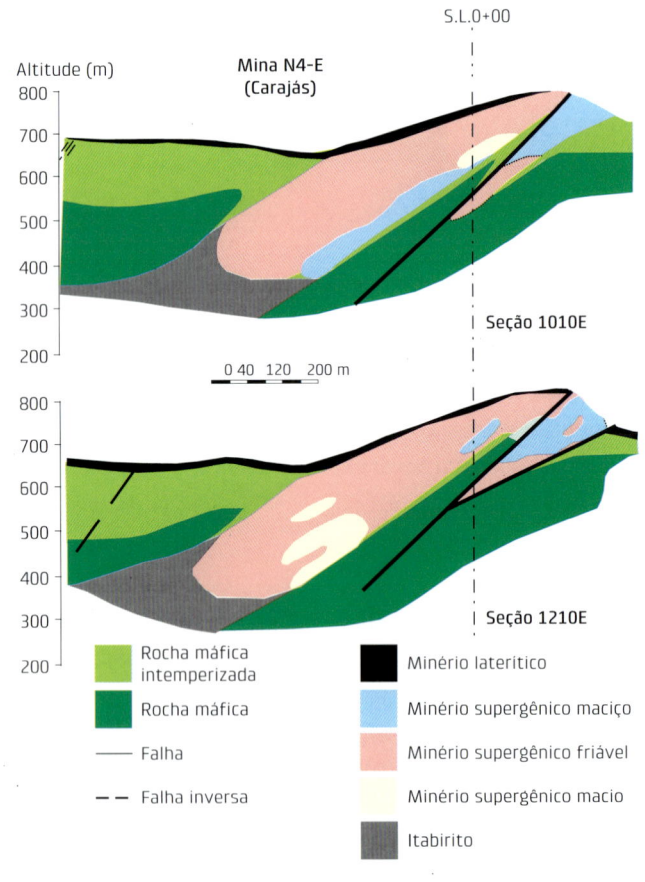

Fig. 10.12 Cortes esquemáticos do depósito de ferro N4-E, da Serra dos Carajás (PA). Notar a presença de vários tipos de minério: (a) minério laterítico, residual, em superfície, (b) minério friável, (c) minério cimentado maciço e (d) minério residual macio. Os minérios macios e maciços têm os maiores teores, mas o minério friável faz a maior parte, em volume, do depósito

jaspilitos foram intemperizados. O corpo mineralizado com minério friável, que forma a maior parte (ao menos em volume) do depósito, tem a forma aproximada da camada de jaspilito (ou itabirito) original (formação ferrífera bandada tipo Superior ou Algoma). Corpos mineralizados com minério maciço, com teores *premium* de cerca de 65% de Fe, ocorrem em bolsões e amas, sempre localizados na base do depósito, sotopostos ao minério friável (Fig. 10.12). São constituídos por hematita pura, com pouca sílica, e podem ter teores elevados de fósforo. Normalmente os depósitos supergênicos de ferro derivados de BIF tipo Superior e Algoma têm, sempre, todos esses tipos de minério: laterítico, friável, maciço e macio.

Processo formador dos depósitos supergênicos e residuais de Fe derivados de BIF

Nos depósitos lateríticos pouco evoluídos, ou imaturos, na zona de oxidação a maior parte do ferro ocorre como martita, junto à hematita primária, e a sílica é lixiviada e substituída por goethita. Nos depósitos maturos, onde o processo de intemperismo e laterização teve pleno desenvolvimento, a goethita é desidratada e forma-se grande quantidade de hematita secundária junto à hematita primária. Esse minério laterítico (Fig. 10.12) forma-se pelo aglutinamento de fragmentos de hematita ou especularita. No Quadrilátero Ferrífero (MG) esse minério é denominado minério "chapinha". Tem aspecto de brecha e teor elevado de ferro, constituindo *minério premium*, com mais de 64% de Fe e teores baixos de fósforo, de cerca de 0,05%, contra 0,07% no minério com martita.

Na zona aerada acima da superfície freática, há livre percolação de água meteórica e o ambiente é oxidante e ácido. O minério friável macio é formado pela lixiviação ácida (Fig. 10.7) da sílica dos jaspilitos e/ou dos itabiritos e pela eliminação dos espaços vazios. A sílica lixiviada do jaspilito migra em solução e sai do sistema, restando apenas cristais de especularita e/ou hematita inconsolidados e pouco compactados, que formam grandes bolsões de especularita ou hematita pura e inconsolidada, o que justifica o nome de minério *macio* (Fig. 10.12).

Em itabiritos, se somente a sílica residual que aglutina os cristais de quartzo é lixiviada (= eluviação), o itabirito é desmantelado, formando um minério arenoso, *poroso e friável*, com cristais de quartzo misturados aos de especularita e hematita em proporções variadas (Fig. 10.12).

Conforme água meteórica com pH entre 6 e 7 (Fig. 10.7) ultrapassa a superfície freática e adentra a zona freática, a parte do ferro posta em solução na zona oxidada é transportada até locais onde as soluções estacionam ou têm mobilidade restrita. Com esse pH, em alguns locais a sílica dos jaspilitos, que cimenta os cristais de quartzo, e parte do quartzo do itabirito são lixiviadas no interior da zona freática. O ferro lixiviado da zona oxidante adentra a zona freática e precipita nos espaços criados pela lixiviação da sílica (= iluviação). Essa sílica cimenta a especularita do itabirito ou a hematita do jaspilito, formando um *minério maciço, compacto* (Fig. 10.12), que também é minério *premium*. Portanto, o minério friável e o macio formam-se na zona oxidante devido à concentração residual de hematita ou de especularita, após a lixiviação da sílica. O minério compacto se forma no interior da zona freática, em ambientes ácidos, por cimentação da especularita ou da hematita com ferro trazido da zona oxidante, após a lixiviação da sílica dos jaspilitos, bem como da sílica e do quartzo dos itabiritos.

10.4.3 Depósitos com Au formados pelo intemperismo de minérios com Au em sulfetos

Depósitos supergênicos e residuais de Au

O desmantelamento pelo intemperismo de um depósito de ouro contido em sulfetos gera solos e/ou aluviões com fragmentos de ouro ("fagulhas" e pepitas) ou lateritas com ouro, com corpos mineralizados estratiformes lenticulares centrados sobre o depósito primário. Nos solos e nas lateritas, o ouro ocorre em fragmentos do minério primário ou como pepitas neoformadas. Há bolsões e lentes irregulares com ouro dentro dos saprolitos sotopostos às lateritas. Um estudo estatístico sobre nove depósitos lateríticos/supergênicos de ouro mostrou que as reservas variam entre 0,81 Mt e mais de 25 Mt de minério, com média de 3,9 Mt. Os teores variam entre 0,64 ppm e 3,2 ppm de ouro, com média de 1,4 ppm.

Geralmente o ouro é microcristalino e de elevada pureza (< 0,5% de Ag). Embora ocorram pepitas primárias e secundárias com dimensões centimétricas, elas têm pouco significado no conteúdo total dos depósitos. As pepitas primárias (fragmentos do minério maciço ou nódulos de ouro maciço no centro de blocos de laterita) podem estar nas duricrostas ou dentro de pisólitos das lateritas (Fig. 10.13) que ocorrem na superfície. Cristais euhédricos, secundários, de ouro formam-se associados a segregações de óxidos de ferro, sobretudo dentro da zona manchada (Fig. 10.1). A paragênese do minério residual é dominada por goethita e/ou hematita, junto a quartzo e alguma caulinita, ou, quando em aluviões, por quartzo, feldspato e micas. Em regiões úmidas a gibbsita pode ser abundante. Em regiões secas formam-se calcretes (crostas carbonáticas com calcita e dolomita). A zona manchada concentra argilominerais, sobretudo caulinita e, em menor quantidade, smectitas (Fig. 10.13).

O ouro secundário ocorre puro, microcristalino, algumas vezes com formas octaédricas e pseudo-hexagonais, dendrítico, ou forma manchas irregulares de ouro não cristalizado (coloidal?). Os minerais contidos nos regolitos e nos saprolitos dependem do tipo de rocha que foi intemperizada (Fig. 10.13). Os saprolitos contêm argilominerais (caulinita e smectitas), goethita, clorita, talco e serpentina (quando sobre rochas máficas ou ultramáficas) e pouco quartzo (Fig. 10.13). Geralmente minerais hipogênicos, como a fuchsita e a sericita, são resistentes e permanecem nos saprolitos. A mineralização secundária diminui gradativamente com a profundidade, conforme termina o intemperismo superficial, e o ouro restringe-se à zona de minério primário.

Processo formador dos depósitos supergênicos e residuais de Au

O ouro residual e supergênico provém da dissolução, do transporte lateral e da precipitação do ouro contido no corpo mineralizado do depósito primário (Fig. 10.14). Concentra-se em bolsões e lentes dentro dos saprolitos, entre 5 m e 15 m abaixo da zona manchada. Há, portanto, uma zona esgotada de ouro entre o minério superficial, supergênico residual, laterítico, e o cimentado. O minério cimentado ocorre junto ao corpo mineralizado primário ou em bolsões, que formam expansões laterais do minério primário (Fig. 10.13).

A laterização causa o rebaixamento da superfície até que o depósito mineral seja alcançado pelo *front* de

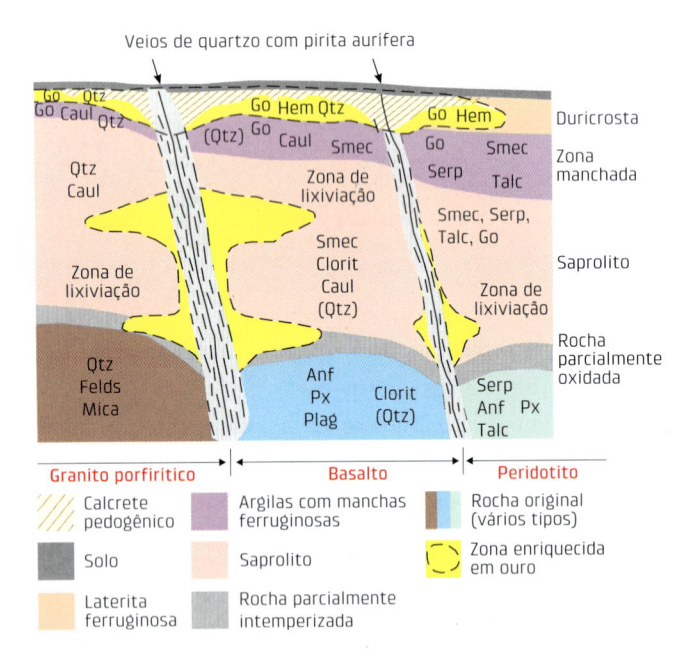

Fig. 10.13 Esquema da composição dos horizontes lateríticos associados aos depósitos de ouro. O ouro concentra-se residualmente na duricrosta laterítica, na zona manchada ou em aluviões. Nos saprolitos, a concentração é supergênica. Calcretes formam-se somente em regiões áridas. Abreviações: Anf = anfibólio, Caul = caulinita, Clorit = clorita, Felds = feldspatos potássicos, Go = goethita, Hem = hematita, Plag = plagioclásio, Px = piroxênio, Qtz = quartzo, Serp = serpentina, Smec = smectita e Talc = talco

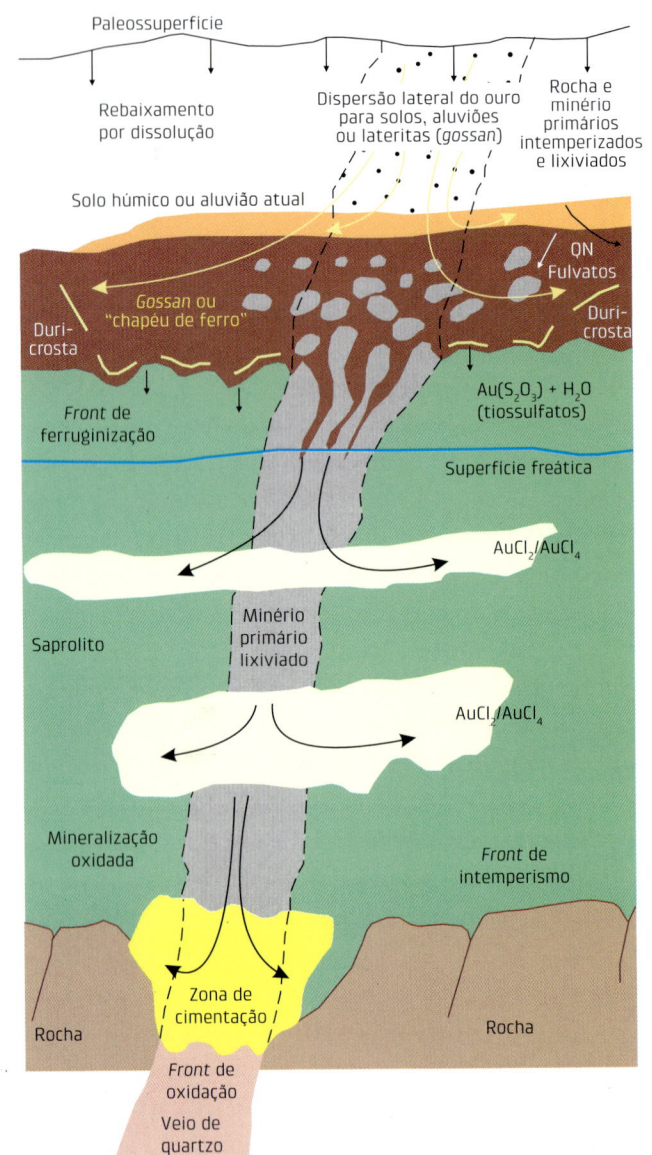

Fig. 10.14 Síntese dos processos possíveis de mobilização do ouro em perfis de intemperismo. Nas regiões de savana, junto aos "chapéus de ferro", o ouro primário é disperso na forma de partículas e posto em solução como tiossulfatos. É precipitado na zona manchada, abaixo da duricrosta, quando os tiossulfatos são transformados em sulfatos, ou forma uma zona de cimentação, aumentando o teor do minério primário. Em regiões de florestas úmidas, forma-se um solo laterítico, nodular ferruginoso, sem duricrosta. Duricrostas antigas podem ser desmanteladas se o clima tornar-se tropical úmido. Em ambos os casos, o ouro é mobilizado superficialmente por cianetos e fulvatos formados pela desagregação de matéria orgânica. Na zona freática, provavelmente o ouro é deslocado do minério primário como cloreto, formando um halo de dispersão em torno do minério primário

ferruginização. A partir desse momento, a ação de cianetos e fulvatos gerados pela decomposição da matéria orgânica do solo desloca o ouro lateralmente (Fig. 10.14). A hidrólise dos sulfetos os destrói e gera óxidos e hidróxidos de ferro (goethita e hematita) e sulfatos solúveis com os cátions dos sulfetos (Fe, Cu, Ni e Zn). Essas soluções migram para a zona de saprolitos. A parte da duricrosta formada nessas condições, às expensas do minério sulfídico, tem textura característica, é enriquecida em Pb, Mo, V e platinoides e é denominada "chapéu de ferro" ou *gossan* (Fig. 10.14).

O rebaixamento da zona freática (Fig. 10.14) faz avançar o *front* de ferruginização e alimenta a zona freática com mais água e soluções sulfatadas vindas da superfície. Em depósitos com Au, a água reage com os sulfetos contidos nos saprolitos, gerando tiossulfatos, que solubilizam e transportam o ouro. Nos depósitos com sulfetos de metais-base com ouro, as soluções sulfetadas da zona oxidada ("chapéu de ferro") adentram a zona freática e são desestabilizadas, passando a precipitar novos sulfetos de metais-base, de baixa temperatura, junto ao minério hipogênico ou dentro da zona saprolítica. Os locais onde ocorre a precipitação desses novos sulfetos são as zonas de cimentação, que caracterizam os depósitos supergênicos de ouro e de sulfetos (Fig. 10.14).

Se o clima tornar-se mais seco, tendendo a árido, a zona freática é rebaixada rapidamente, sem que ocorra um avanço concomitante do *front* de ferruginização. Isso faz com que a zona mineralizada sulfetada contida nos saprolitos passe a ser lixiviada, gerando maior volume de soluções sulfatadas que precipitam a maior profundidade, expandindo a zona de cimentação. Para mobilizar o ouro, as soluções superficiais tornam-se cloradas, causando a dispersão e a precipitação do ouro em meio aos saprolitos. Depósitos supergênicos de ouro formados dessa maneira geralmente são pouco importantes devido aos baixos teores.

Se a região for soerguida tectonicamente, a duricrosta e o "chapéu de ferro" podem ser erodidos e desaparecer. Caso o clima torne-se árido, a evapotranspiração das soluções cloradas e carbonatadas pode formar, na superfície, uma crosta salina ou carbonatada de calcrete.

Em condições de savana ou de cerrado (regiões onde há alternância de estações de seca com estações chuvosas), durante a formação de um "chapéu de ferro" (duricrosta formada sobre um corpo mineralizado sulfetado), o ouro contido no minério primário é em parte disperso como partículas e em parte dissolvido. O ouro dissolvido é reprecipitado praticamente *in situ*, formando pepitas em meio à duricrosta. Em profundidade, o ouro dissolvido precipita junto ao ouro primário, formando uma zona de cimentação com teor de ouro maior do que o do minério primário (Fig. 10.14).

No *front* de oxidação, em condições pouco oxidantes e com pH neutro ou alcalino, formam-se tiossulfatos a partir da oxidação dos sulfetos primários (Fig. 10.14), segundo as reações:

$$FeS_2 \text{ (pirita)} + 1,5O_2 \rightarrow Fe^{2+} + S_2O_3^{2-}$$

$$2Au_{sol} + 4S_2O_3^{2-} + 0,5O_2 + 2H^+ \rightarrow Au(S_2O_3)^{3-} + H_2O$$

Em ambientes superficiais, os tiossulfatos com ouro são metaestáveis, mas podem permanecer em solução por longos períodos, devido à cinemática muito lenta das reações que causam sua desagregação. Esse Au precipita na zona manchada, na base da carapaça laterítica ("chapéu de ferro"), quando o tiossulfato se oxida para sulfato. O Au também pode ser mobilizado como coloide. Em condições muito aeradas, altamente oxidantes, sem a presença de matéria orgânica, o Au pode ser mobilizado como $[Au(OH).H_2O]^o$.

Em ambientes tropicais úmidos forma-se um solo laterítico desprovido de duricrosta. Duricrostas antigas, formadas em ambientes de savana, podem ser desmanteladas se o clima mudar para tropical úmido, gerando um solo nodular ferruginoso no lugar da duricrosta. Em ambos os casos, em ambientes tropicais como o das florestas úmidas, o ouro deve ser dissolvido por fluidos cianídricos e por fulvatos, produzidos por reações orgânicas de desagregação das folhas e dispersos nos latossolos nodulares ferruginosos.

Pode ocorrer também concentração de ouro por cimentação entre 5 m e 15 m abaixo da zona manchada, formando uma zona esgotada de ouro entre o minério residual superficial, laterítico, e o cimentado. O minério cimentado ocorre junto ao corpo mineralizado primário e/ou em bolsões, que formam expansões laterais do minério primário. O Au pode ser mobilizado da rocha primária sob a forma de $AuCl_2^-/AuCl_4^-$ em horizontes mais profundos, nos saprolitos, abaixo da superfície freática, dentro da zona freática (Fig. 10.13). Depois de mobilizado, o ouro é fixado em torno do minério primário por óxidos e hidróxidos secundários de manganês e de ferro. Em regiões muito úmidas formam-se linhas de pedra (*stone lines*) entre o solo ferruginoso e o saprolito. Parte do ouro, dissolvido e particulado, proveniente da superfície, pode concentrar-se nas linhas de pedra.

10.5 Depósitos minerais por concentração supergênica
10.5.1 Concentração supergênica de Cu
Depósitos de Cu formados por intemperismo

Os minérios com sulfetos de cobre são facilmente transformados por processos intempéricos superficiais. Embora todos os tipos de depósitos sejam suscetíveis a essas transformações, os depósitos apicais disseminados (porphyry copper) são transformados com mais frequência, devido ao grande volume de rocha hidrotermalmente alterada a eles associada e à presença de grande quantidade de pirita junto aos sulfetos de cobre.

Não há estatísticas sobre reservas e teores de depósitos supergênicos de cobre com minérios cimentados. Não raro o minério supergênico tem teor mais alto do que o primário. No depósito Inspiration (EUA), por exemplo, o minério hipogênico (porphyry copper) tem teor médio próximo de 1% de Cu, enquanto o minério supergênico atinge 5%, com média superior a 2%.

Processo formador dos depósitos supergênicos de Cu

Normalmente, o cobre precipita como sulfetos secundários, de baixas temperaturas, dentro da zona freática, formando um novo corpo mineralizado estratiforme lenticular, com minério supergênico (Fig. 10.15).

Sobre os depósitos apicais disseminados a percolação da água é facilitada nos locais com maior grau de fraturamento e com rochas hidrotermalizadas mais ricas em sulfetos. Nesses locais, os perfis de alteração são mais espessos, adelgaçando-se lateralmente. Na superfície, acima do corpo mineralizado hidrotermal (primário) e do anel piritoso (zona sericítica e piritosa), forma-se um horizonte estéril, argiloso, com caulinita e pirofilita. Algumas vezes esse horizonte concentra minerais secundários de cobre (malaquita e azurita) em níveis econômicos. Sua espessura é limitada pela superfície freática. Dentro da zona freática, situa-se a maior parte dos sulfetos secundários (calcocita e covelita), formados por lixiviação do minério hipogênico, transporte lateral e/ou vertical e cristalização (cimentação) supergênica. A lente ou amas de minério grada, em sua parte basal, para rochas muito intemperizadas, ricas em caulinita e sericita, que, por sua vez, gradam para rochas cloritizadas. As rochas cloritizadas superpõem-se aos vários tipos de rochas hidrotermalizadas não intemperizadas típicas desse tipo de depósito, a depender da posição sobre o depósito mineral.

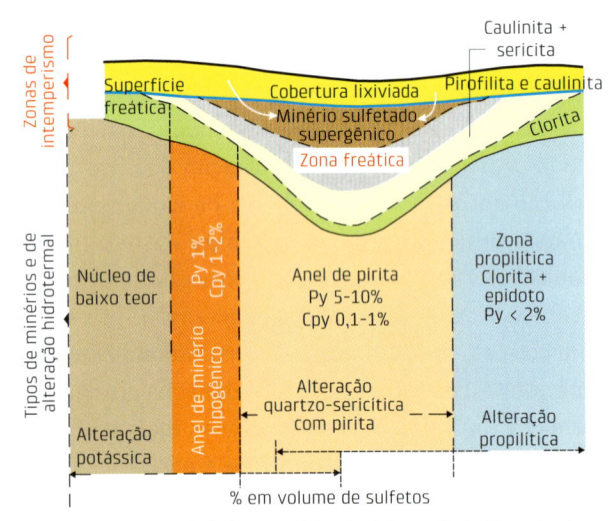

10.5.2 Depósitos supergênicos de ETR pesados tipo adsorção iônica (ion adsorption type)

Depósitos intempéricos de ETR pesados formados por adsorção iônica

O processo de adsorção iônica concentra ETR leves residualmente na zona de oxidação e ETR pesados na zona de cimentação. Tendo em conta que a lavra desses depósitos é feita para obter somente ETR pesados, esse processo formador está posicionado entre os processos formadores supergênicos.

Os ETR fazem parte do grupo dos lantanídeos, que, na tabela periódica, correspondem aos elementos do lantânio (La) ao lutécio (Lu). Yttrium (Y) e escândio (Sc), embora não sejam lantanídeos, possuem propriedades semelhantes e são utilizados na indústria com os mesmos propósitos, daí serem incluídos nesse grupo. Esses elementos são importantes em uma variedade de aplicações tecnológicas avançadas, especialmente para a fabricação de semicondutores na indústria eletrônica. Os ETR pesados, que correspondem aos lantanídeos de samário (Sm) a Lu mais Y e Sc, são particularmente procurados para essas aplicações.

Mais de 170 depósitos de ETR hospedados em regolito foram explorados no sul da China. Esses depósitos são subdivididos em depósitos de ETR leves e de ETR pesados. Ambos são condicionados pelas composições de granitos que são intemperizados. Depósitos de ETR pesados são encontrados apenas em solos de granitos ricos em ETR pesados, e os de ETR leves, em solos de granitos ricos nesses ETR. Depósitos de ETR pesados são muito menos comuns do que os ricos em ETR leves homólogos.

Fig. 10.15 Seção esquemática da zona hidrotermalizada de um depósito apical disseminado de cobre (porphyry copper), encimada pelas zonas formadas devido ao intemperismo. As zonas hidrotermais (hipogênicas) mais ricas em sulfetos são as mais afetadas pelo intemperismo. O minério primário, com calcopirita e/ou bornita, é solubilizado, transportado e precipitado dentro da zona freática, constituindo um novo corpo mineralizado supergênico composto por sulfetos de cobre de baixa temperatura (calcocita, djurleíta, covelita, digenita etc.). Notar o envoltório externo de rocha cloritizada, outro mais interno de rocha caulinizada e sericitizada e a cobertura superficial, argilizada, com caulinita e pirofilita

Apenas cerca de 10% de todos os depósitos de ETR são importantes pelos ETR pesados que contêm, mas contribuem com mais de 90% da oferta global de ETR pesados. Eles têm teores que variam de 0,05% a 0,2% em peso de óxidos de terras-raras e estão hospedados em solos produzidos pelo intemperismo de granitos predominantemente do tipo A. Geralmente, esses granitos passaram por extensa alteração hidrotermal causada por fluidos ricos em flúor durante o estágio final de cristalização, que converte feldspato e biotita em muscovita. Esses fluidos interagem com minerais acessórios, como xenotímio e zircão, formando minerais com ETR pesados suscetíveis ao intemperismo, incluindo sinchisita-(Y) e gadolinita-(Y), que são responsáveis pela maior concentração de ETR pesados nos solos. Em contraste, os minerais com ETR leves são principalmente biotita de granitos de afinidade cálcio-alcalina. Sinchisita-(Y), fluorita rica em Y e vários silicatos com ETR, principalmente yttrialita-(Y), hingganita-(Y) e gadolinita-(Y), ocorrem preferencialmente ao longo das clivagens do feldspato. Sinchisita-(Y) também cristaliza localmente como inclusões em fluorita, hingganita-(Y) como ripas e nervuras cortando transversalmente albita e quartzo, e gadolinita-(Y) como inclusões em sinchisita-(Y). Yttrialita-(Y) está espacialmente associada com hingganita-(Y) e gadolinita-(Y). Em contraste, xenotímio-(Y) ocorre intersticialmente nos principais minerais formadores de rocha e como inclusões em muscovita. A maior parte da fluorita cristaliza ao longo de clivagens no feldspato ou intersticialmente nos cristais de feldspato e quartzo. Esses cristais são pequenos (< 50 mm de diâmetro médio) e ocorrem como inclusões, cristais livres, ou cristais grandes (> 50 mm de diâmetro) comumente com muita sinchisita-(Y) inclusa. Os principais argilominerais dos depósitos são caulinita e haloisita-7Å. Alguma smectita ocorre no horizonte C superior e vermiculita ocorre no horizonte B1 superior.

Os perfis do solo desses depósitos variam de alguns metros até > 30 m de espessura, e os corpos mineralizados geralmente atingem ≈10 m de espessura. O relevo é de aproximadamente 150 m, correspondendo a elevações entre 250 m e 400 m, e o gradiente nas encostas das colinas é geralmente inferior a 15°. A forma e a extensão dos corpos mineralizados são determinadas pela geomorfologia local, com os horizontes de solo mineralizados mais espessos situados nas cristas, adelgaçando-se em direção ao fundo do vale. O perfil do solo é separado em três horizontes, sendo o horizonte A um solo húmico, o horizonte B com um horizonte superior rico em argila (horizonte B1) e uma zona completamente intemperizada (horizonte B2), e o horizonte C correspondendo ao leito rochoso parcialmente intemperizado. As espessuras dos horizontes A, B e C variam de 0 a 1 m, 1 m a ≈10 m e ≈3 m a ≈20 m, respectivamente.

Os corpos mineralizados estão hospedados principalmente no horizonte B2 e na parte superior do horizonte C. Localmente estão bem expostos em cristas e cumes onde os horizontes A e B1 foram erodidos. Com grau de intemperismo crescente, a textura e a fábrica mineral original do granito são progressivamente destruídas. No horizonte C, a textura equigranular original do granito é amplamente preservada, mas os feldspatos alcalinos, especialmente albita e muscovita, são ao menos parcialmente intemperizados e transformados em argilominerais. A pouca biotita e as pequenas proporções de óxidos de Fe-Ti são intemperizadas para oxi-hidróxido de Fe, dando ao regolito uma aparência manchada branca ou rosa.

Apesar dos teores baixos, os ETR são facilmente recuperados pela injeção nos solos de soluções eletrolíticas diluídas (principalmente soluções de sulfato de amônio), causando a troca de cátion (p.ex., NH_4^+), que desloca os ETR e forma sulfatos. Em seguida, através de uma reação de ácido-base com ácido oxálico, os ETR são depositados como oxalatos de ETR. As operações de lavra feitas por esse processo na maioria dos depósitos foram recentemente suspensas por razões ambientais.

Processo formador dos depósitos de ETR pesados tipo adsorção iônica

As Figs. 10.16A,B mostram o processo de dissolução dos ETR do horizonte A, oxidado, dos solos e o transporte desses elementos para o horizonte C, alcalino, abaixo da superfície freática, onde precipitam. Depósitos supergênicos de ETR pesados em regolitos formam-se devido ao intemperismo subtropical de granitos tipo A que foram enriquecidos hidrotermalmente em ETR pesados. Alguns minerais primários de ETR são resistentes às intempéries. Esses minerais incluem xenotímio-(Y), zircão, torita e fergusonita, do grupo aesquinita/euxenita, que são preservados no regolito junto da cerita, que cristaliza no horizonte A devido à oxidação do Ce^{3+} para Ce^{4+} (Fig. 10.16A). Deve-se notar, no entanto, que na rocha-mãe eles estão contidos em sinchisita-(Y), hingganita-(Y) e gadolinita-(Y), que não resistem ao intemperismo. No geral eles constituem < 20% dos minerais de ETR dos depósitos.

O intemperismo causa a destruição rápida de minerais de ETR dos granitos, principalmente sinchisita-(Y), gadolinita-(Y) e hingganita-(Y), que liberam grandes quantidades de ETR pesados. Esses ETR pesados entram em solução no fluido ácido que causa o intemperismo, na forma de complexos carbonatados e bicarbonatados, e precipitam carbonatos de ETR pesados. Devido à sua elevada superfície

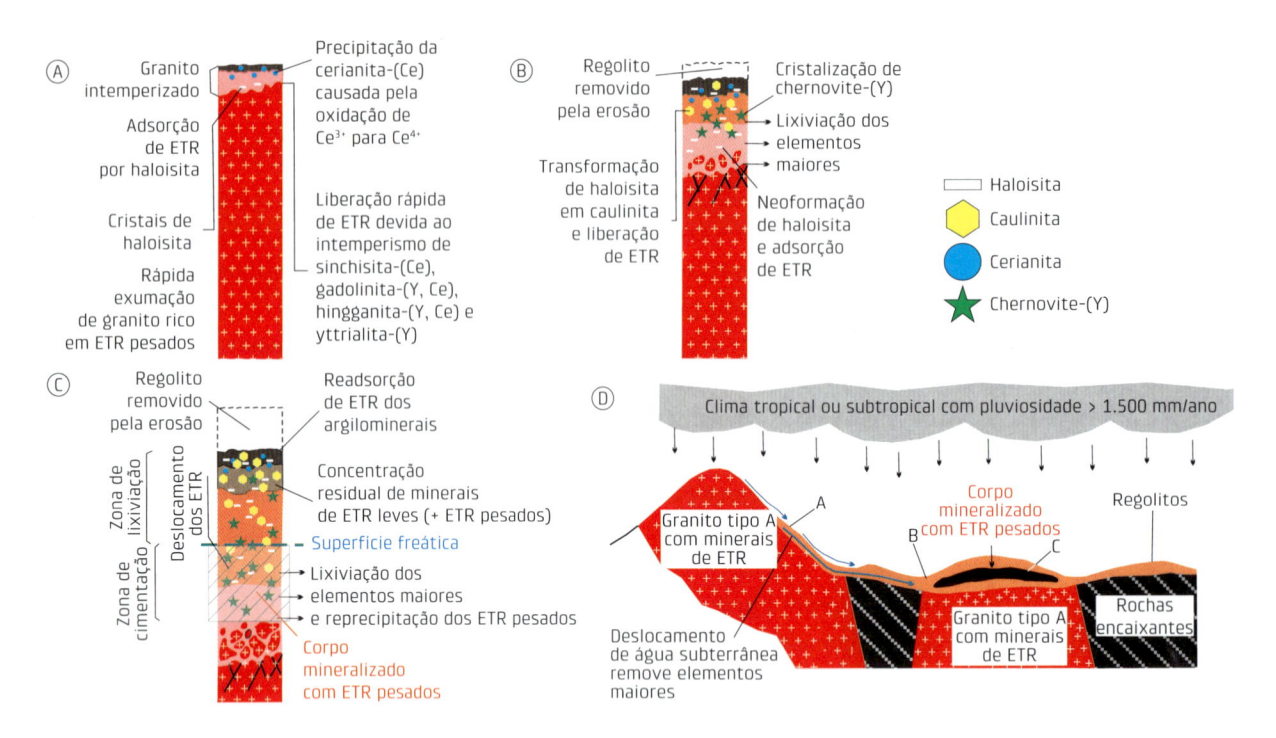

Fig. 10.16 (A-C) Sequência de eventos que formam depósitos de ETR pesados em regolitos. (D) Condições ambientais que favorecem a formação dos depósitos de ETR pesados em regolitos (modificado de Li, Zhao e Zhou, 2017)

específica e capacidade de troca catiônica, a haloisita e a muscovita formadas pelo intemperismo do feldspato (particularmente albita) (Fig. 10.16B) adsorvem grande parte dos ETR liberados.

Como a haloisita é menos estável que a caulinita, com o progresso do intemperismo ela se transforma em caulinita (Fig. 10.16B), termodinamicamente mais estável e com superfície específica e capacidade de troca catiônica menores. Essa transformação libera grande parte dos ETR que estavam adsorvidos na haloisita nas partes mais profundas do perfil do solo, no horizonte B inferior (B2) e na parte superior do horizonte C. Com a evolução do intemperismo e o aumento da espessura dos horizontes A, B e C, esse processo de formação de haloisita e sua degradação para caulinita se repete indefinidamente. Nesses horizontes ocorre a neoformação da haloisita e a readsorção dos ETR por essa nova haloisita (Fig. 10.16C), que os reprecipita como chernovite-(Y). A repetição sucessiva do ciclo correspondente à adsorção de ETR dos minerais argilosos na parte superior do perfil do solo (horizontes A e B superior) e sua dessorção em condições mais alcalinas, mais profundas (horizontes B inferior e C superior), promove a acumulação de ETR. Portanto, os depósitos de ETR pesados hospedados em regolitos derivados do intemperismo profundo de um granito rico em ETR pesados formam-se devido à repetição do processo de eluviação (diluição) no horizonte A → transporte → iluviação (cristalização e fixação) de ETR pesados nos horizontes B e C de solos podzólicos (Fig. 10.16C).

REFERÊNCIAS BIBLIOGRÁFICAS

ACOSTA-VIGIL, A.; LONDON, D.; MORGAN VI, G. B.; DEWER, T. A. Dissolution of quartz, albite, and orthoclase in H2O-saturated haplogranitic melt at 800 °C and 200 MPa: diffusive transport properties of granitic melts at crustal anatectic conditions. *Journal of Petrology*, v. 47, p. 231-254, 2006.

ACOSTA-VIGIL, A.; LONDON, D.; MORGAN VI, G. B. Experimental partial melting of a leucogranite at 200 MPa H_2O and 690-800 °C: compositional variability of melts during the onset of H_2O-saturated crustal anatexis. *Contributions to Mineralogy and Petrology*, v. 151, p. 539-557, 2006.

AMSELLEM, E.; MOYNIER, F.; BERTRAND, H.; BOUYON, A.; MATA, J.; TAPPE, S.; DAY, J. M. D. Calcium isotopic evidence for the mantle sources of carbonatites. *Science Advances*, v. 6, n. 23, p. 1-6, 2020. DOI 10.1126/sciadv.aba3269.

ANDERSEN, A. K.; CLARK, J. G.; LARSON, P. B.; DONOVAN, J. J. REE fractionation, mineral speciation, and supergene enrichment of the Bear Lodge carbonatites, Wyoming, USA. *Ore Geology Reviews*, v. 89, p. 780-807, 2017.

ANDERSEN, A. K.; CLARK, J. G.; LARSON, P. B.; NEILL, O. K. Mineral chemistry and petrogenesis of a HFSE (+HREE) occurrence, peripheral to carbonatites of the Bear Lodge alkaline complex, Wyoming. *American Mineralogist*, v. 101, p. 1604-1623, 2016.

ANENBURG, M.; BURNHAM, A. D.; MAVROGENES, J. A. REE redistribution textures in altered fluorapatite: symplectites, veins and phosphate-silicate-carbonate assemblages from the Nolans Bore P-REE-Th deposit, NT, Australia. *The Canadian Mineralogist*, v. 56, p. 331-354, 2018.

ANENBURG, M.; MAVROGENES, J. A.; BENNETT, V. C. The Fluorapatite P-REE-Th Vein Deposit at Nolans Bore: Genesis by Carbonatite Metasomatism. *Journal of Petrology*, v. 61, n. 1, 2020.

APPOLD, M. S.; GARVEN, G. Reactive flow models of ore formation in the Southeast Missouri District. *Economic Geology*, v. 95, p. 1605-1626, 2000.

ARNDT, N. T.; NISBET, E. G. (ed.). *Komatiites*. London, Boston, and Sydney: George Allen & Unwin, 1982. 526 p.

BARBOSA, E. S. R.; BROD, J. A.; CORDEIRO, P. F. O.; JUNQUEIRA-BROD, T. C.; SANTOS, R. V.; DANTAS, E. L. Phoscorites of the Salitre I complex: origin and petrogenetic implications. *Chemical Geology*, v. 535, art. 119463, 2020.

BARDET, M. G. Géologie du diamant, part 2: gisements de diamant d'Afrique. *Mémoires du BRGM*, n. 84, 1974. 229 p.

BELL, K.; SIMONETTI, A. Source of parental melts to carbonatites: critical isotopic constraints. *Mineralogy and Petrology*, v. 98, p. 77-89, 2010.

BERKESI, M.; BALI, E.; BODNAR, R. J.; SZABÓ, A.; GUZMICS, T. Carbonatite and highly peralkaline nephelinite melts from Oldoinyo Lengai Volcano, Tanzania: the role of natrite-normative fluid degassing. *Gondwana Research*, v. 85, p. 76-83, 2020.

BIONDI, J. C.; BRAGA Jr., J. M. Geology and mineralization of Nb, P, Fe and light rare earth elements of the Araxá alkaline-carbonatite complex, Minas Gerais State, Brazil. *Journal of South American Earth Sciences*, v. 131, art. 104623, 2023.

BLEEKER, W. *Evolution of the Thompson nickel belt and its nickel deposits, Manitoba, Canada*. Unpublished PhD thesis. New Brunswick: University of New Brunswick, 1990a. 356 p.

BLEEKER, W. New structural-metamorphic constraints on Early Proterozoic oblique collision along the Thompson Nickel Belt, northern Manitoba, Canada. In: LEWRY, J. F.; STAUFFER, M. R. (ed.). *The Early Proterozoic Trans-Hudson Orogen of North America*. Ottawa: Geological Association of Canada, 1990b. p. 57-94.

BORCHERT, H. On the genesis of manganese ore deposits. In: GRASSELLY, G.; VARENTSOV, I. M. (org.). *Geology and Geochemistry of Manganese*. Budapest: Akadémiai Kiadó, 1980. v. II, p. 13-44.

BRAGA Jr.; J. M.; BIONDI, J. C. Geology, geochemistry, and mineralogy of saprolite and regolith ores with Nb, P, Ba, REEs (+ Fe) in mineral deposits from the Araxá alkali-carbonatite complex, Minas Gerais State, Brazil. *Journal of South American Earth Sciences*, v. 125, art. 104311, 2023.

BRISKEY, J. A. Descriptive model of Appalachian Zn deposits. In: COX, D. P.; SINGER, D. A. (org.). *Mineral Deposit Models*. U.S. Geological Survey Bulletin n. 1693. Washington: U.S. Department of Interior, 1987a. p. 222-223.

BRISKEY, J. A. Descriptive model of sandstone-hosted Pb-Zn deposits. In: COX, D. P.; SINGER, D. A. (org.). *Mineral Deposit Models*. U.S. Geological Survey Bulletin n. 1693. Washington: U.S. Department of Interior, 1987b. p. 201.

BRISKEY, J. A. Descriptive model of Southeast Missouri Pb-Zn deposits. In: COX, D. P.; SINGER, D. A. (org.). *Mineral Deposit Models*. U.S. Geological Survey Bulletin n. 1693. Washington: U.S. Department of Interior, 1987c. p. 220-221.

BROOM-FENDLEY, S.; BRADY, A. E.; HORSTWOOD, M. S. A.; WOOLLEY, A. R.; MTEGHA, J.; WALL, F.; DAWES, W.; GUNN, G. Geology, geochemistry and geochronology of the Songwe Hill carbonatite, Malawi. *Journal of African Earth Sciences*, v. 134, p. 10-23, 2017.

BROOM-FENDLEY, S.; STYLES, M. T.; APPLETON, J. D.; GUNN, G.; WALL, F. Evidence for dissolution-repreciptation of apatite and preferential LREE mobility in carbonatite-derived late-stage hydrothermal processes. *American Mineralogist*, v. 101, p. 596-611, 2016.

BUTT, C. R. M. Genesis of supergene gold deposits in the lateritic regolith of the Yilgarn Block, Western Australia. In: KEAYS, R. R.; RAMSAY, W. R. H; GROVES, D. I. *The Geology of Gold Deposits*: The Perspective in 1988. Annals of the Bicentennial Gold '88. 1988. (Economic Geology Monograph Series, v. 8).

CALLAHAN, W. H. Some spatial and temporal aspects of the localization of Mississippi Valley Appalachian type ore deposits. In: BROWN, J. S. (org.). *Genesis of Stratiform Lead-Zinc-Barite-Fluorite Deposits*. Lancaster: The Economic Geology Publishing Company, 1967. p. 14-19. DOI 10.5382/Mono.03.02. (Economic Geology Monograph Series, v. 3).

CAMERON, E. N.; JAHNS, R. H.; McNAIR, A. H.; PAGE, L. R. *Internal structure of granitic pegmatites*. 1949. 115 p. (Economic Geology Monograph Series, v. 2).

CAMPBELL, I. H.; GRIFFITHS, R. W. Implications of mantle plume structure for the evolution of flood basalts. *Earth and Planetary Science Letters*, v. 99, p. 79-93, 1990.

CAMPBELL, L. H.; NALDRETT, A. J. The influence of silicate/sulfide ratios on the geochemistry of magmatic sulfides. *Economic Geology*, v. 74, n. 6, p. 1503-1506, 1979. DOI 10.2113/gsecongeo.74.6.1503.

CAMPBELL, I. H.; GRIFFITHS, R. W.; HILL, R. I. Melting in an Archaean mantle plume: heads it's basalts, tails it's komatiites. *Nature*, v. 339, p. 697-699, 1989.

CANGELOSI, D.; BROOM-FENDLEY, S.; BANKS, D.; MORGAN, D.; YARDLEY, B. Light rare earth element redistribution during hydrothermal alteration at the Okorusu carbonatite complex, Namibia. *Mineralogical Magazine*, v. 84, p. 49-64, 2020. DOI 10.1180/mgm.2019.54.

CASTAÑO, J. R.; GARRELS, R. M. Experiments on the deposition of iron with special reference to the Clinton iron ore deposits. *Economic Geology*, v. 45, p. 755-770, 1950.

CATHELINEAU, M. The hydrothermal alkali metasomatism effects on granitic rocks: quartz dissolution and related subsolidus changes. *Journal of Petrology*, v. 27, p. 945-965, 1986.

CHAKHMOURADIAN, A.; DAHLGREN, S. Primary inclusions of burbankite in carbonatites from the Fen complex, southern Norway. *Mineralogy and Petrology*, v. 115, n. 1, 2021. DOI 10.1007/s00710-021-00736-0.

CHAROY, B.; POLLARD, P. J. Albite-rich, silica-depleted metasomatic rocks at Emuford, Northeast Queensland: mineralogical, geochemical, and fluid inclusion constraints on hydrothermal evolution and tin mineralization. *Economic Geology*, v. 84, p. 1850-1874, 1989.

CHAVES, A. O. Petrogenesis of uraniferous albitites, Bahia, Brazil. *Revista Brasileira de Geologia*, v. 24, p. 64-76, 2011.

CHAVES, A. O. New geological model of the Lagoa Real uranifeous albitites from Bahia (Brazil). *Central European Journal of Geosciences*, v. 5, p. 354-373, 2013.

CHAVES, A. O.; TUBRETT, M.; RIOS, F. J.; OLIVEIRA, L. A. R.; ALVES, J. V.; FUSIKAWA, K.; NEVES, J. M. C.; MATOS, E. C.; CHAVES, A. M. D. V.; PRATES, S. P. U-Pb ages related to uranium mineralization of Lagoa Real, Bahia-Brazil. *Revista Brasileira de Geologia*, v. 20, n. 2, p. 141-156, 2007.

CHEN, C.; LIU, Y.; FOLEY, S. F.; DUCEA, M. N.; HE, D.; HU, Z.; CHEN, W.; ZONG, K. Paleo-Asian oceanic slab under the North China craton revealed by carbonatites derived from subducted limestones. *Geology*, v. 44, p. 1039-1042, 2016. DOI 10.1130/G38365.1.

CHOUDHURI, A.; IYER, S. S.; KROUSE, H. R. Sulfur isotopes in komatiite-hosted Ni-Cu sulfide deposits from the Morro do Ferro greenstone belt, Southeastern Brazil. *International Geology Review*, v. 39, p. 230-238, 1997.

CLOUD, P. Major features of crustal evolution. *Geological Society of South Africa Bulletin*, v. 79, 1976. 33 p.

COSTI, H. T.; DALL'AGNOL, R.; BORGES, R. M. K.; MINUZZI, O. R. R.; TEIXEIRA, J. T. Tin-Bearing Sodic Episyenites Associated with the Proterozoic, A-Type Água Boa Granite, Pitinga Mine, Amazonian Craton, Brazil. *Gondwana Research*, v. 5, n. 2, p. 435-451, 2002.

COX, D. P.; LINDSEY, D. A.; SINGER, D. A.; MORING, B. C.; DIGGLES, M. F. *Sediment-Hosted Copper Deposits of the World*:

Deposit Models and Database. U.S. Geological Survey Open-File Report 03-107, Version 1.3. 2007. 79 p.

CUNEY, M.; KYSER, K. *Recent and not-so-recent developments in uranium deposits and implications for exploration*. Québec: Mineralogical Association of Canada, 2008. 257 p. (Short Course Series, v. 39).

DECRÉE, S.; BOULVAIS, P.; ANDRÉ, P. Fluorapatite in carbonatite-related phosphate deposits: the case of the Matongo carbonatite (Burundi). *Mineralium Deposita*, v. 51, n. 4, p. 453-466, 2016. DOI 10.1007/s00126-015-0620-1.

DECRÉE, S.; BOULVAIS, P.; TACK, L.; ANDRE, L.; BAELE, J.-M. Fluorapatite in carbonatite related phosphate deposits: the case for the Matongo carbonatite (Burundi). *Mineralium Deposita*, v. 50, p. 1-14, 2015.

DE VOTO, R. H. *Uranium geology and exploration*: lecture notes and references. Golden, CO: Colorado School of Mines, 1978. p. 101-108.

DOLNÍČEK, Z.; RENÉ, M.; HERMANNOVÁ, S.; PROCHASKA, W. Origin of the Okrouhlá Radouň episyenite-hosted uranium deposit, Bohemian Massif, Czech Republic: Fluid inclusion and stable isotope constraints. *Mineralium Deposita*, v. 5, n. 49, p. 409-425, 2014. DOI 10.1007/s00126-013-0500-5.

DREVER, J. I. Geochemical model for the origin of Precambrian banded iron formations. *Geological Society of America Bulletin*, v. 85, n. 7, p. 1099-1106, 1974. DOI 10.1130/0016-7606(1974)85<1099:GMFTOO>2.0.CO;2.

ERCIT, T. S. REE-enriched granitic pegmatites. *In*: LINNEN, R. L.; SAMPSON, I. M. (ed.). *Rare-Element Geochemistry and Mineral Deposits*. St. Catharines: Geological Society of Canada, 2005. p. 175-199. (Short Course Notes, v. 17).

ERICKSEN, G. E. Upper Tertiary and Quaternary continental saline deposits in central Andean region. *In*: KIRKHAM, R. V.; SINCLAIR, W. D.; THORPE, R. I.; DUKE, J. M. (ed.). *Mineral Deposit Modeling*. Special Paper n. 40. St. John's, NL: Geological Association of Canada, 1993.

FIELD, M. P.; KERRICH, R.; KYSER, T. K. Characteristics of barren quartz veins in the Proterozoic La Rouge Domain, Saskatchewan, Canada: A comparison with auriferous counterparts. *Economic Geology*, v. 93, p. 602-616, 1998.

FISHER, J. H. *Reefs and Evaporites*: Concepts and Depositional Models. Tulsa: American Association of Petroleum Geologists, 1977. 196 p. DOI 10.1306/St5390. (Studies in Geology, v. 5).

FLEISHER, V. D.; GARLICK, W. G.; HALDANE, R. Geology of the Zambian Copperbelt. *In*: WOLF, K. H. (ed.). *Handbook of Stratabound and Stratiform Ore Deposits*. Oxford: Elsevier, 1976. v. 6.

FOSU, B. R.; GHOSH, P.; WEISENBERGER, T. B.; SPÜRGIN, S.; VILADKAR, S. G. A triple oxygen isotope perspective on the origin, evolution, and diagenetic alteration of carbonatites. *Geochimica et Cosmochimica Acta*, v. 299, p. 52-68, 2021.

GALLOWAY, W. E. Uranium mineralization in a coastal-plan fluvial aquifer system: Catahoula Formation, Texas. *Economic Geology*, v. 73, n. 8, p. 1655-1676, 1978. DOI 10.2113/gsecongeo.73.8.1655.

GARRELS, R. M.; MacKENZIE, F. T. *Evolution of Sedimentary Rocks*. New York: W. W. Norton & Co., 1971. 397 p.

GARVEN, G. Continental-scale groundwater flow and geologic processes. *Earth Planetary Science Letters*, Amsterdam, v. 23, n. 1, p. 89-118, 2003. DOI 10.1146/annurev.ea.23.050195.000513.

GARVEN, G.; FREEZE, R. A. Theoretical analysis of the role of groundwater flow in the genesis of stratabound ore deposits: 1. Mathematical and numerical model. *American Journal of Sciences*, v. 284, n. 10, p. 1085-1124, 1984.

GIEBEL, R. J.; PARSAPOOR, A.; WALTER, B. F.; BRAUNGER, S.; MARKS, M. A. W.; WENZEL, T.; MARKL, G. Evidence for Magma-Wall Rock Interaction in Carbonatites from the Kaiserstuhl Volcanic Complex (Southwest Germany). *Journal of Petrology*, v. 60, n. 6, p. 1163-1194, 2019.

GODLEVSKII, M. N.; GRINENKO, L. N. New Data on the Sulfur Isotope Composition of Sulfides from the Norilsk Deposit. *Geokhimiya*, v. 1, p. 35-40, 1969.

GOLDFARB, R. J.; BAKER, T.; DUBÉ, B.; GROVES, D. I.; HART, C. J. R.; GOSSELIN, P. Distribution, character, and genesis of gold deposits in metamorphic terranes. *Economic Geology*, 100th Anniversary Volume, Paper 13, p. 407-450, 2005.

GOLDHABER, M. B.; CHURCH, S. E.; DOE, B. R.; ALEINIKOFF, J. N.; BRANNON, J. C.; PODOSEK, F. A.; MOSIER, E. L.; TAYLOR, C. D.; GENT, C. A. Lead and sulfur isotope investigation of Paleozoic sedimentary rocks from the Southern midcontinent of the United States: Implications for paleohydrology and ore genesis of the Southern Missouri Lead Belt. *Economic Geology*, v. 90, n. 7, p. 1875-1910, 1995. DOI 10.2113/gsecongeo.90.7.1875.

GONZÁLEZ-CASADO, J. M.; CABALLERO, J. M.; CASQUET, C.; GALINDO, C.; TORNOS, F. Palaeostress and geotectonic interpretation of the Alpine Cycle onset in the Sierra del Guadarrama (eastern Iberian Central System), based on evidence from episyenites. *Tectonophysics*, v. 262, p. 213-229, 1996.

GROVES, D. I.; BARRETT, F. M.; McQUEEN, K. G. The relative roles of magmatic segregation, volcanic exhalation and regional metamorphism in the generation of volcanic associated nickel ores of Western Australia. *The Canadian Mineralogist*, v. 17, p. 319-336, 1979.

GURR, T. M. Geology of U.S. phosphate deposits. *Mining and Engineering*, v. 34, n. 3, p. 682-691, 1979.

GUZMICS, T.; MITCHELL, R. H.; SZABÓ, C.; BERKESI, M.; MILKE, R.; ABART, R. Carbonatite melt inclusions in coexisting magnetite, apatite and monticellite in Kerimasi calciocarbonatite, Tanzania: Melt evolution and petrogenesis.

Contributions to Mineralogy and Petrology, v. 161, n. 2, p. 177-196, 2010. DOI 10.1007/s00410-010-0525-z.

HARMER, R. E.; GITTINS, J. The origin of dolomitic carbonatites: field and experimental constraints. *Journal of African Earth Sciences*, v. 25, n. 1, p. 5-28, 1997.

HAYNES, F. M.; KESLER, S. E. Chemical evolution of brines during Mississippi Valley-type mineralization: Evidence from East Tennessee and Pine Point. *Economic Geology*, v. 82, n. 1, p. 53-71, 1987. DOI 10.2113/gsecongeo.82.1.53.

HILDRETH, W. The Bishop Tuff: evidence for the origin of compositional zonation in silicic magma chambers. In: CHAPIN, C. E.; ELSTON, W. E. (ed.). *Ash-Flow Tuffs*. Special Paper n. 180. Boulder, CO: Geological Society of America, 1979. p. 43-75.

HITE, R. J. Shelf carbonate sedimentation controlled by salinity in the Paradox Basin, southeast Utah. The AAPG/Datapages Combined Publications Database. *The Mountain Geologist*, v. 9, p. 329-344, 1970.

HITZMAN, M. W. Mineralization in the Irish Zn-Pb-(Ba, Ag) ore field. In: ANDERSON, K.; ASHTON, J.; EARL, G.; HITZMAN, M.; TEAR, S. (org.). *Irish Carbonate-Hosted Zn-Pb Deposits*. Littleton, CO: Society of Economic Geologists, 1995. (Guidebook Series, v. 21).

HODGSON, C. J. The structure of shear-related, vein-type gold deposits: A review. *Ore Geology Reviews*, v. 4, n. 3, p. 231-273, 1989. DOI 10.1016/0169-1368(89)90019-X.

HOERNLE, K.; TILTON, G.; LE BAS, M. J.; DUGGEN, S.; GARBE-SCHONBERG, D. Geochemistry of oceanic carbonatites compared with continental carbonatites: mantle recycling of oceanic crustal carbonate. *Contributions to Mineralogy and Petrology*, v. 142, p. 520-542, 2002. DOI 10.1007/s004100100308.

HOFSTRA, A. H.; CLINE, J. S. Characteristics and models for Carlin-type gold deposits. *Reviews in Economic Geology*, v. 13, p. 163-220, 2000.

HORTON, F.; NIELSEN, S.; SHU, Y.; GAGNON, A.; BLUSZTAJN, J. Thallium Isotopes Reveal Brine Activity During Carbonatite Magmatism. *Geochemistry, Geophysics, Geosystems*, v. 22, n. 3, p. 1-20, 2021. DOI 10.1029/2020GC009472.

HOU, Z.; TIAN, S.; YUAN, Z.; XIE, Y.; YIN, S.; YI, L.; FEI, H.; YANG, Z. The Himalayan collision zone carbonatites in western Sichuan, SW China: Petrogenesis, mantle source and tectonic implication. *Earth and Planetary Science Letters*, v. 244, p. 234-250, 2006.

HUDSON, D. R.; DONALDSON, M. J. Mineralogy of platinum group elements in the Kambalda nickel deposits, Western Australia. In: BUCHANAN, D. L.; JONES, M. J. (ed.). *Sulphide Deposits in Mafic and Ultramafic Rocks*. Institution of Mining and Metallurgy, 1984. p. 55-61.

HULETT, S. R.; SIMONETTI, A.; RASBURY, E. T.; HEMMING, N. G. Recycling of subducted crustal components into carbonatite melts revealed by boron isotopes. *Nature Geoscience*, v. 9, p. 904, 2016.

HUNTER, R. E. Facies of iron sedimentation in the Clinton group. In: FISHER, G. W. et al. (ed.). *Studies of Appalachian Geology*: Central and Southern. New York: John Wiley and Sons, 1970. p. 101-121.

HUTCHISON, W. J.; BABIEL, R.; FINCH, A. A.; MARKS, M. A. W.; MARKL, G.; BOYCE, A. J.; STÜEKEN, E. E.; FRIIS, H.; BORST, A. M.; HORSBURGH, N. J. Sulphur isotopes of alkaline magmas unlock long-term records of crustal recycling on Earth. *Nature Communications*, v. 10, art. 4208, 2019.

JAHNS, R. H. The genesis of pegmatites: I. Occurrence and origin of giant crystals. *American Mineralogist*, v. 38, p. 563-598, 1953.

JAHNS, R. H.; BURNHAM, C. W. Experimental Studies of Pegmatite Genesis: A Model for the Derivation and Crystallization of Granitic Pegmatites. *Economic Geology*, v. 64, p. 843-864, 1969. DOI 10.2113/gsecongeo.64.8.843.

JOHNSON, C. M.; BEARD, B. L.; RODEN, E. E. The iron isotope fingerprints of redox and biogeochemical cycling in modern and ancient. *Annual Review of Earth and Planetary Sciences*, v. 36, n. 1, p. 457-493, 2008.

JOWETT, E. C. Genesis of Kupferchiefer Cu-Ag deposits by convective flow of Rotliegende brines during Triassic rifting. *Economic Geology*, v. 81, n. 8, p. 1823-1837, 1986. DOI 10.2113/gsecongeo.81.8.1823.

KAPPLER, A.; PASQUERO, C.; KONHAUSER, K. O.; NEWMAN, D. K. Deposition of banded iron formation by anoxygenic phototrophic Fe(II)-oxidizing bacteria. *Geology*, v. 33, n. 11, p. 865-868, 2005.

KEAYS, R. R.; SEWELL, D. K. B.; MITCHELL, R. H. Platinum and palladium minerals in upper mantle derived Iherzolites. *Nature*, v. 294, p. 646-648, 1981.

KELLY, W. C.; TURNEAURE, F. S. Mineralogy, paragenesis and geothermometry of the tin and tungsten deposits of the eastern Andes, Bolivia. *Economic Geology*, v. 65, p. 609-680, 1970.

KERSWILL, J. A. Models for iron-formation-hosted gold deposits. In: KIRKHAM, R. V.; SINCLAIR, W. D.; THORPE, R. I.; DUKE, J. M. (ed.). *Mineral Deposit Modeling*. Special Paper n. 40. St. John's, NL: Geological Association of Canada, 1993. p. 171-199.

KIRSCHVINK, J. L.; GAIDOS, E. J.; BERTANI, L. E.; BEUKES, N. J.; GUTZNER, J.; MAEPA, L. N. Paleoproterozoic snowball Earth: Extreme climatic and geochemical global change and its biological consequences. *PNAS*, v. 97, n. 4, p. 1400-1405, 2000.

KJARSGAARD, B. A.; MITCHELL, R. H. Solubility of Ta in the system $CaCO_3 – Ca(OH)_2 – NaTaO_3 – NaNbO_3 \pm F$ at 0.1 GPa: implications for the crystallization of pyrochlore-group minerals in carbonatites. *The Canadian Mineralogist*, v. 46, p. 981-990, 2008. DOI 10.3749/canmin.46.4.981.

KLEMME, S. Experimental constrains on the evolution of iron and phosphorus-rich melts: experiments in the system $CaO-MgO-Fe_2O_3-P_2O_5-SiO_2-H_2O-CO_2$. *Journal of Mineralogy and Petrology Sciences*, v. 105, p. 1-8, 2010.

KONHAUSER, K. O.; NEWMAN, D. K.; KAPPLER, A. The potential significance of microbial Fe(III) reduction during deposition of Precambrian banded iron formations. *Geobiology*, v. 3, p. 167-177, 2005.

KOZLOV, E.; FOMINA, E.; SIDOROV, M.; SHILOVSKIKH, V.; BOCHAROV, V.; CHERNYAVSKY, A.; HUBER, M. The Petyayan-Vara Carbonatite-Hosted Rare Earth Deposit (Vuoriyarvi, NW Russia): Mineralogy and Geochemistry. *Minerals*, v. 10, n. 1, art. 73, 2020. DOI 10.3390/min10010073.

KRAUSKOPF, K. B. *Introduction to Geochemistry*. New York: McGraw-Hill, 1967. 721 p.

KRESTEN, P. Carbonatite Nomenclature. *Geologische Rundschau*, v. 72, n. 1, p. 889-895, 1983.

LAMBERT, D. D.; FOSTER, J. G.; FRICK, L. R.; RIPLEY, E. M.; ZIENTEK, M. L. Geodynamics of magmatic Cu-Ni-PGE sulfide deposits: New insights from the Re-Os isotope system. *Economic Geology*, v. 93, n. 2, p. 121-136, 1998. DOI 10.2113/gsecongeo.93.2.121.

LARGE, D.; MacQUAKER, J.; VAUGHAN, D. J.; SAWLOWICZ, Z.; GIZE, A. P. Evidence for Low-Temperature Alteration of Sulfides in the Kupferschiefer Copper Deposits of Southwestern Poland. *Economic Geology*, v. 90, p. 2143-2155, 1995.

LE MAITRE, R. W.; STRECKEISEN, A.; ZANETTIN, B.; LE BAS, M. J.; BONIN, B.; BATEMAN, P. (ed.). *Igneous Rocks: A Classification and Glossary of Terms: Recommendations of the International Union of Geological Sciences Subcommission on the Systematics of Igneous Rocks*. 2nd ed. Cambridge: Cambridge University Press, 2002. 252 p.

LEACH, D. L.; SANGSTER, D. F. Mississippi Valley-type Lead-Zinc deposits. In: KIRKHAM, R. V.; SINCLAIR, W. D.; THORPE, R. I.; DUKE, J. M. (ed.). *Mineral Deposit Modeling*. Special Paper n. 40. St. John's, NL: Geological Association of Canada, 1993.

LEROY, J. The Margnac and Fanay uranium deposits of the La Crouzille District (Western Massif Central, France); geologic and fluid inclusion studies. *Economic Geology*, v. 73, n. 8, p. 1611-1634, 1978. DOI 10.2113/gsecongeo.73.8.1611.

LESHER, C. M. (ed.). *Komatiitic Peridotite Hosted Ni-Cu-(PGE) Deposits of the Raglan Area, Cape Smith Belt, New Québec*. Sudbury: Mineral Exploration Research Centre, Laurentian University, 1999. 212 p. (Guidebook Series, v. 2).

LI, Y. H. M.; ZHAO, W. W.; ZHOU, M. Nature of parent rocks, mineralization styles and ore genesis of regolith-hosted REE deposits in South China: an integrated genetic model. *Journal of Asian Earth Sci.*, v. 148, p. 65-95, 2017.

LIEBENBERG, L. The sulphides in the layered sequence of the Bushveld Igneous Complex. In: VISSER, J.; VON GRUENEWALDT, G. (ed.). *Symposium on the Bushveld Igneous Complex and Other Layered Intrusions*. Geological Society of South Africa, 1969.

LOBATO, L. M.; FORMAN, J. M. A.; FUZIKAWA, K.; FYFE, W. S.; KERRICH, R. Uranium in overthrust Archean basement, Bahia, Brazil. *The Canadian Mineralogist*, v. 21, p. 647-654, 1983.

LOBATO, L. M.; FYFE, W. S. Metamorphism, metasomatism, and mineralization at Lagoa Real, Bahia, Brazil. *Economic Geology*, v. 85, n. 5, p. 968-989, 1990. DOI 10.2113/gsecongeo.85.5.968.

LONDON, D. A petrologic assessment of internal zonation in granitic pegmatites. *Lithos*, v. 184-187, p. 74-104, 2014.

LONDON, D. Granitic pegmatites: an assessment of current concepts and directions for future. *Lithos*, v. 80, p. 281-303, 2005.

LONDON, D. *Pegmatites*. The Canadian Mineralogist Special Publication n. 10. Québec: Mineralogical Association of Canada, 2008. 368 p.

LONDON, D. The origin of primary textures in granitic pegmatites. *The Canadian Mineralogist*, v. 47, p. 697-724, 2009.

LONDON, D.; GEORGE, B.; MORGAN VI, G. B.; HERVIG, R. L. Vapor-undersaturated experiments with Macusani glass + H_2O at 200 MPa, and the internal differentiation of granitic pegmatites. *Contributions to Mineralogy and Petrology*, v. 102, p. 1-17, 1989.

LONDON, D.; MORGAN IV, G. B. The pegmatite puzzle. *Elements*, v. 8, p. 263-268, 2012.

LOVLEY, D. R. Dissimilatory Fe(III) and Mn(IV) reduction. *Microbiology Review*, v. 55, n. 2, p. 259-287, 1991.

LUSTRINO, M.; RONCA, S.; CARACAUSI, A.; BORDENCA, C. V.; AGOSTINI, S.; FARAONE, D. B. Strongly SiO_2-undersaturated, CaO-rich kamafugitic Pleistocene magmatism in Central Italy (San Venanzo volcanic complex) and the role of shallow depth limestone assimilation. *Earth-Science Reviews*, v. 208, art. 103256, 2020.

MANSFIELD, G. R. Phosphate deposits of the United States. *Economic Geology*, v. 35, n. 3, p. 405-429, 1940. DOI 10.2113/gsecongeo.35.3.405.

MARTIN, L. H. J.; SCHMIDT, M. W.; MATTSSON, H. B.; ULMER, P.; HAMETNER, K.; GUENTHER, D. Element partitioning between immiscible carbonatite-kamafugite melts with application to the Italian ultrapotassic suite. *Chemical Geology*, v. 320-321, p. 96-112, 2012.

MARTIN, L. H. J.; SCHMIDT, M. W.; MATTSSON, H. B.; GUENTHER, D. Element partitioning between immiscible carbonatite and silicate melts for dry and H_2O-bearing systems at 1-3 GPa. *Journal of Petrology*, v. 54, p. 2301-2338, 2013.

MAYNARD, J. B. *Geochemistry of Sedimentary Ore Deposits*. New York: Springer Verlag, 1983. 305 p.

MAYNARD, J. B.; VAN HOUTEN, F. B. Descriptive model of oolitic ironstones. *In*: BLISS, J. D. (ed.). *Developments in Mineral Deposit Modeling*. Denver: U.S. Geological Survey, 1992. 208 p.

McCUAIG, T. C.; KERRICH, R. P-T-t-deformation-fluid characteristics of lode gold deposits: evidence from alteration systematics. *Ore Geology Review*, v. 93, n. 2, p. 121-136, 1998.

MEINERT, L. D. Igneous petrogenesis and skarn deposits. *In*: KIRKHAM, R. V.; SINCLAIR, W. D.; THORPE, R. I.; DUKE, J. M. (ed.). *Mineral Deposit Modeling*. Special Paper n. 40. St. John's, NL: Geological Association of Canada, 1993. p. 569-583.

MENDONÇA, J. C. G. S. et al. Jazida de Urânio de Itataia-CE. *In*: SCHOBBENHAUS, C. (coord.). *Principais depósitos minerais do Brasil: recursos minerais energéticos*. Brasília: DNPM, 1985. v. 1, p. 121-131. Convênio DNPM/Vale do Rio Doce/CPRM.

MILANI, L.; BOLHAR, R.; FREI, D.; HARLOV, D. E.; SAMUEL, V. O. Light rare earth element systematics as a tool for investigating the petrogenesis of phoscorite-carbonatite associations, as exemplified by the Phalaborwa Complex, South Africa. *Mineralium Deposita*, v. 52, n. 8, p. 1105-1125, 2017. DOI 10.1007/s00126-016-0708-2.

MILLOT, G. *Geology of Clays*: Weathering, Sedimentology, Geochemistry. Berlin: Springer, 1970. 425 p. DOI 10.1007/978-3-662-41609-9.

MITCHELL, R. H. Carbonatites and carbonatites and carbonatites. *The Canadian Mineralogist*, v. 43, p. 2049-2068, 2005.

MITCHELL, R. H. Kimberlites and lamproites: Primary sources of diamonds. *In*: SHEAHAN, P. A.; CHERRY, M. E. (ed.). *Ore Deposit Models*. St. John's, NL: Geological Association of Canada, 1993. v. 2, p. 13-28.

MITCHELL, R. H.; KJARSGAARD, B. A. Solubility of niobium in the system $CaCO_3$-$Ca(OH)_2$-$NaNbO_3$ at 0.1 GPa pressure. *Contributions to Mineralogy and Petrology*, v. 144, p. 93-97, 2002.

MOTA E SILVA, J.; FERREIRA FILHO, C. F.; GIUSTINA, M. E. S. D. The Limoeiro deposit: Ni-Cu-PGE sulfide mineralization within an ultramafic tubular magma conduit in the Borborema Province, Northeastern Brazil. *Economic Geology*, v. 108, p. 1753-1771, 2013.

NABYL, Z.; MASSUYEAU, M.; GAILLARD, F.; TUDURI, J.; IACONO-MARZIANO, G.; ROGERIE, G.; LE TRONG, E.; DI CARLO, I.; MELLETON, J.; BAILLY, L. A window in the course of alkaline magma differentiation conducive to immiscible REE-rich carbonatites. *Geochimica et Cosmochimica Acta*, v. 282, p. 297-323, 2020.

NALDRETT, A. J. The role of sulphurization in the genesis of iron-nickel sulphide deposits of the Porcupine district, Ontario. *CIM Bulletin*, v. 59, n. 648, p. 489-497, 1966.

NALDRETT, A. J. *Magmatic Sulphide Deposits*. Oxford: Oxford University Press, 1989. 725 p.

NALDRETT, A. J.; BRUGMANN, G. E.; WILSON, A. H. Models for the concentration of PGE in layered intrusions. *The Canadian Mineralogist*, v. 28, n. 3, p. 389-408, 1990.

NALDRETT, A. J.; VON GRUENEWALDT, G. The association of PGE with chromitite in layered intrusions and ophiolite complexes. *Economic Geology*, v. 84, n. 1, p. 180-187, 1989. DOI 10.2113/gsecongeo.84.1.180.

NEALL, F. B.; PHILLIPS, G. N. Fluid-wall rock interaction in an Archean hydrothermal gold deposit: A thermodynamic model for the Hunt Mine, Kambalda. *Economic Geology*, v. 82, p. 389-416, 1987.

NORTON, J. J. Sequence of mineral assemblages in differentiated granitic pegmatite. *Economic Geology*, v. 78, p. 854-874, 1983.

PERCAK, E. M.; DENNET, B. L.; BEARD, H.; XU, H.; KONISHI, H.; JOHNSON, C. M.; RODEN, E. E. Iron isotope fractionation during microbial dissimilatory iron oxide reduction in simulated Archean seawater. *Geobiology*, v. 9, p. 205-220, 2011.

PETERSSON, J.; WHITEHOUSE, M. J.; ELIASSON, T. Ion microprobe U-Pb dating of hydrothermal xenotime from an episyenite: evidence for rift-related reactivation. *Chemical Geology*, v. 175, n. 3-4, p. 703-712, 2001.

PHILLIPS, G. N. *Archean gold deposits of Australia*. Information Circular n. 175. Pretoria: Economic Research Unit, University of Witwatersrand, 1984.

PHILLIPS, G. N.; DE NOOY, D. High-grade metamorphic processes which influence Archean gold deposits, with particular reference to Big Bell, Australia. *Journal of Metamorphic Geology*, v. 6, p. 95-114, 1988.

PROKOPYEV, I. R.; DOROSHKEVICH, A. G.; MALYUTINA, A. V.; STARIKOVA, A. E.; PONOMARCHUK, A. V.; SEMENOVA, D. V.; KOVALEV, S. A.; SAVINSKY, I. A. Geochronology of the Chadobets alkaline ultramafic carbonatite complex (Siberian craton): new U-Pb and Ar-Ar data. *Geodyn. Tectonophys.* (in Russian), v. 12, n. 4, p. 865-882, 2021. DOI 10.5800/GT-2021-12-4-0559.

RASS, I. T.; PETRENKO, D. B.; KOVAL'CHUK, E. V.; YAKUSHEV, A. I. Phoscorites and Carbonatites: Relations, Possible Petrogenetic Processes, and Parental Magma, with Reference to the Kovdor Massif, Kola Peninsula. *Geochemistry International*, v. 58, p. 753-778, 2020. DOI 10.1134/S0016702920070095.

RECIO, C.; FALLICK, A. E.; UGIDOS, J. M.; STEPHENS, W. E. Characterization of multiple fluid-granite interaction processes in the episyenites of Avila-Béjar, Central Iberian Massif, Spain. *Chemical Geology*, v. 143, n. 3-4, p. 127-144, 1997.

RENTZSCH, J. The Kupferchiefer in comparison with the deposits of the Zambian copperbelt. *In*: BARTHOLOMÉ, P. (org.). *Gisements Stratiforms et Provinces Cuprifères*. Société Géologique de Belgique, 1974. p. 395-418. Disponível em:

https://popups.uliege.be/0037-9395/index.php?id=3595. Acesso em: 15 abr. 2024.

RICKARD, D. T.; WILLDEN, M. Y.; MARINDER, N. E.; DONNELLY, T. H. Studies on the genesis of the Laisvall sandstone lead-zinc deposit, Sweden. *Economic Geology*, v. 74, p. 1255-1285, 1979.

RIPLEY, E. M.; AL-JASSAR, T. J. Sulfur and Oxygen Isotope Studies of Melt-Country Rock Interaction, Babbitt Cu-Ni Deposit, Duluth Complex, Minnesota. *Economic Geology*, v. 82, p. 87-107, 1987.

ROMBERGER, S. B. Disseminated gold deposits. *In*: ROBERTS, R. G.; SHEAHAN, P. A. (org.). *Ore Deposit Models*. St. John's, NL: Geological Association of Canada, 1990. p. 23-31. (Geoscience Canada Reprint Series, v. 3).

RUZICKA, V. Unconformity associated uranium. *Geology of Canada*, v. 8, p. 197-210, 1996.

SCHOPF, J. W. The development and diversification of Precambrian life. *Origins of Life*, v. 5, p. 119-135, 1974.

SECCOMBE, P. K.; GROVES, D. I.; BINNS, R. A.; SMITH, J. W. A sulphur isotope study to test a genetic model for Fe-Ni sulphide mineralization at Mt. Windarra, Western Australia. *In*: ROBINSON, B. W. (ed.). *Stable Isotopes in the Earth Sciences*. Bulletin n. 220. New Zealand: Dep. Sci. Ind. Research, 1978. p. 187-200.

SHELTON, K. L.; GREGG, J. M.; JOHNSON, A. W. Replacement Dolomites and Ore Sulfides as Recorders of Multiple Fluids and Fluid Sources in the Southeast Missouri Mississippi Valley-Type District: Halogen-$^{87}Sr/^{86}Sr$-$\delta_{18}O$-$\delta_{34}S$ Systematics in the Bonneterre Dolomite. *Economic Geology*, v. 104, p. 733-748, 2009.

SLEZAK, P.; SPANDLER, C.; BORDER, A.; WHITTOCK, K. Geology and ore genesis of the carbonatite-associated Yangibana REE district, Gascoyne Province, Western Australia. *Mineralium Deposita*, v. 56, p. 1007-1026, 2021. DOI 10.1007/s00126-020-01026-z.

SMITH, M.; KYNICKY, J.; XU, C.; SONG, W.; SPRATT, J.; JEFFRIES, T.; BRTNICKY, M.; KOPRIVA, A.; CANGELOSI, D. The origin of secondary heavy rare earth element enrichment in carbonatites: Constraints from the evolution of the Huanglongpu district, China. *Lithos*, v. 308-309, p. 65-82, 2018.

SONG, W.; XU, C.; SMITH, M. P.; KYNICKY, J.; HUANG, K.; WEI, C.; ZHOU, L.; SHU, Q. Origin of unusual HREE-Mo-rich carbonatites in the Qinling orogen, China. *Nature Scientific Reports*, v. 6, art. 37377, 2016. DOI 10.1038/srep37377.

SPECZIK, S. The Kupferchiefer mineralization of Central Europe: New aspects and major areas of future research. *Ore Geology Review*, v. 9, n. 5, p. 411-426, 1995.

STRACKE, A. Earth's heterogeneous mantle: A product of convection-driven interaction between crust and mantle. *Chemical Geology*, v. 330-331, n. 10, p. 274-299, 2012.

STRAKHOF, N. M. *Principles of Lithogenesis*. Edinburgh: Oliver and Boyd, 1970. v. 3, 577 p.

STRECKEISEN, A. Classification and Nomenclature of Volcanic Rocks, Lamprophyres, Carbonatites and Melilitic Rocks. IUGS Subcommission on the Systematics of Igneous Rocks. *Geologische Rundschau*, v. 69, p. 194-207, 1980.

STRONG, D. F. A model for granophile mineral deposits. *In*: ROBERTS, R. G.; SHEAHAN, P. A. (org.). *Ore Deposit Models*. St. John's, NL: Geological Association of Canada, 1990. (Geoscience Canada Reprint Series, v. 3).

SWEENEY, M. A.; BINDA, P. L. The role of diagenesis in the formation of the Konkola Cu-Co orebody of the Zambian copperbelt. *In*: BOYLE, R. W.; BROWN, A. C.; JEFFERSON, C. W.; JOWETT, E. C.; KIRKHAM, R. V. (ed.). *Sediment-hosted stratiform copper deposits*. Special Paper n. 36. St. John's, NL: Geological Association of Canada, 1989. p. 499-518.

SWEENEY, M. A.; BINDA, P. L.; VAUGHAN, D. J. Genesis of the ores of the Zambian copperbelt. *Ore Geology Review*, v. 6, p. 51-76, 1991.

TAPPE, S.; SMART, K.; TORSVIK, T.; MASSUYEAU, M.; DE WIT, M. Geodynamics of kimberlites on a cooling Earth: Clues to plate tectonic evolution and deep volatile cycles. *Earth and Planetary Science Letters*, v. 484, p. 1-14, 2018.

THORNETT, R. The Sally Malay Deposit: Gabbroid-Associated Nickel-Copper Sulfide Mineralization in the Halls Creek Mobile Zone, Western Australia. *Economic Geology*, v. 76, p. 1565-1580, 1981.

TURNER-PETERSON, C. E.; HODGES, C. A. Descriptive model of sandstone U. *In*: COX, D. P.; SINGER, D. A. (org.). *Mineral Deposit Models*. U.S. Geological Survey Bulletin n. 1693. Washington: U.S. Department of Interior, 1987. p. 209-210.

TURPIN, L.; LEROY, J. L.; SHEPPARD, S. M. F. Isotopic systematics (O, H, C, Sr, Nd) of superimposed barren U-bearing hydrothermal systems in a Hercynian granite, Massif Central, France. *Chemical Geology*, v. 88, p. 85-98, 1990.

UEBEL, P.-J. Internal structure of pegmatites, its origin and nomenclature. *Neues Jarbuch für Mineralogie Abhandlungen*, v. 131, p. 83-113, 1977.

VARLAMOFF, N. Zoneographie de quelques champs pegmatitiques de l'Afrique centrale et les classifications de K.A. Vlasov et A.I. Ginsbourg. *Annales de la Société Géologique de Belgique*, v. 82, p. 55-87, 1958.

VAUGHAN, D. J.; SWEENEY, M.; FRIEDRICH, G.; DIEDEL, R.; HARANCZYK, C. The Kupferchiefer: An overview with an appraisal of different types of mineralization. *Economic Geology*, v. 84, n. 5, p. 1003-1027, 1989.

VEKSLER, I. V.; DORFMAN, A. M.; DULSKI, P.; KAMENETSKY, V. S.; DANYUSHEVSKY, L. V.; JEFFRIES, T.; DINGWELL, D. B. Partitioning of elements between silicate melt and immiscible fluoride, chloride, carbonate, phosphate and sulfate melts, with implications to the origin of natrocarbonatite. *Geochimica et Cosmochimica Acta*, v. 79, p. 20-40, 2012.

WALL, F.; NIKU-PAAVOLA, V. N.; STOREY, C.; MÜLLER, A.; JEFFRIES, J. Xenotime-(y) from carbonatite dykes at Lofdal, Namibia: unusually low LREE:HREE ratio in carbonatite, and the first dating of xenotime overgrowths on zircon. *The Canadian Mineralogist*, v. 46, p. 861-877, 2008. DOI 10.3749/canmin.46.4.861.

WATANABE, Y. Challenges for the Production of Heavy Rare Earth Elements from Hard Rocks. *International Journal of the Society of Materials and Engineering Resources*, v. 20, n. 2, p. 113-117, 2014.

WHITE, W. S. A paleohydrologic model for mineralization of the White Pine copper deposit. *Economic Geology*, v. 66, n. 1, p. 1-13, 1971. DOI 10.2113/gsecongeo.66.1.1.

WILLIAMS-JONES, A. E.; WOLLENBERG, R.; BODEVING, S. Hydrothermal fractionation of the rare earth elements and the genesis of the Lofdal REE deposit, Namibia. *In*: SIMANDL, G. J.; NEETZ, M. (ed.). *Symposium on critical and strategic materials proceedings*. Victoria: British Columbia Geological Survey, 2012. Paper 2015-3.

WOODS, P. J. E. The geology of Boulby Mine. *Economic Geology*, v. 74, p. 409-418, 1979.

WOOLLEY, A. R.; KEMPE, D. R. C. Carbonatites: nomenclature, average chemical composition. *In*: BELL, K. (ed.). *Carbonatites*: genesis and evolution. London: Unwin Hyman, 1989. p. 1-14.

WYLLIE, P. J.; LEE, W. J. Model System Controls on Conditions for Formation of Magnesiocarbonatite and Calciocarbonatite Magmas from the Mantle. *Journal of Petrology*, v. 39, n. 11-12, p. 1885-1893, 1998. DOI 10.1093/petroj/39.11-12.1885.

XIE, Y. L.; HOU, Z. Q.; YIN, S. P.; DOMINY, S. C.; XU, J. H.; TIAN, S. H.; XU, W. Y. Continuous carbonatitic melt-fluid evolution of a REE mineralization system: evidence from inclusions in the Maoniuping REE Deposit, Western Sichuan, China. *Ore Geology Review*, v. 36, p. 90-105, 2009.

YING, Y. C.; CHEN, W.; SIMONETTI, A.; JIANG, S. Y.; ZHAO, K. D. Significance of hydrothermal reworking for REE mineralization associated with carbonatite: Constraints from *in situ* trace element and C-Sr isotope study of calcite and apatite from the Miaoya carbonatite complex (China). *Geochimica et Cosmochimica Acta*, v. 280, n. 1, p. 340-359, 2020.

ZINDLER, A.; HART, S. Chemical Geodynamics. *Annual Review Earth Planetary Sciences*, v. 14, p. 493-571, 1986.

ÍNDICE REMISSIVO

A
Adsorção (iônica) 110, 122
Algoma 47, 90, 99, 100, 102, 119
Amas 35, 119, 122
Anoxia 103
Apalachiano, depósito tipo 72
Aquífero (confinado, aberto) 72, 73, 74, 76, 77, 78, 83
Argílica, zona 42, 43, 44, 45
Armadilha (= filtro) 9, 10, 11
Assimilação 25, 27, 32, 35, 36, 37, 50, 56
Astenosfera 14, 18, 23, 64
Athabasca, depósito tipo 81, 82, 83

B
Bauxita 112, 113, 114, 115, 116
BIF (*banded iron formation* – formação ferrífera bandada) 34, 35, 36, 37, 47, 63, 98, 99, 100, 101, 102, 103, 104, 119
Bitterns 107, 109

C
Calciocarbonatito 17
Canalização 9, 10, 11
Carbonatito 16, 17, 18, 19, 20, 21, 22, 23, 46, 112, 113
Carlin, depósito tipo 46, 83, 84, 85, 86
"Chapéu de ferro" 120, 121
Chert 47, 63, 84, 90, 98, 99, 105, 106, 107
Cimentação 48, 110, 111, 114, 117, 119, 120, 121, 122, 124
Cisalhamento, zona de 61, 62, 63, 64, 65, 66, 67, 68, 69, 70, 81, 83, 84
Clinton, depósito tipo 90
Coeficiente de partição (D) 24, 26, 27, 28, 29, 30, 31, 35, 37
Colofana 70
Colofanito 70
Conata, água 38, 45, 66, 68, 72, 80, 84
Cordões litorâneos 88, 89
Crescumulado 33, 34

D
Desvolatização 36, 37, 61, 64, 66
Diagênese 50, 71, 79, 80, 81, 82, 84, 87, 93, 95, 96, 103, 104
Diagenético(a) 71, 75, 78, 87, 88, 91, 93, 94
Diamante 12, 13, 14, 15, 16, 18, 19, 87, 88, 89
Diferenciação magmática 12, 17, 18
Difusão iônica 54
Dissimilatória, redução 103
DM (*depleted mantle* – manto esgotado) 15, 18, 19
Duricrosta 110, 111, 114, 115, 116, 117, 118, 119, 120, 121

E
EGP (elementos do grupo da platina) 24, 25, 26, 27, 28, 29, 30, 31, 32, 33, 34, 35, 36, 37
Eluviação 110, 119, 124
EM (*enriched mantle* – manto enriquecido) 15, 18, 19
Endoescarnito 50, 51, 52
Endógeno(a) 12, 24
Endomagmático(a) 24, 25, 32
Epigenético(a) 45, 46
Epissienitização 61, 67, 70
Escarnito 43, 50, 51, 52
Espilitização 62, 66
Estoque 9, 10, 11
ETR 12, 22, 23, 43, 56, 88, 122, 123, 124
ETR leves 16, 18, 22, 23, 111, 122, 123, 124
ETR pesados 22, 23, 56, 122, 123, 124
Eukariotes 102
Euxínico(a) 105

Evaporito 36, 37, 74, 77, 78, 79, 80, 81, 107, 108, 109
Evapotranspiração 74, 93, 111, 121
Exoescarnito 51, 52

F
Fator de partição (fator *R*) 24, 25, 27, 31, 36
Ferrocarbonatito 16, 17, 21
Ferruginização, *front* de 110, 120, 121
Filão 42, 43, 44, 45, 54, 56, 61, 62, 64, 65, 66
Fílica, zona 41, 44, 51
Filtro (= armadilha) 9, 10, 11
Fluido mineralizador 10, 11, 39, 40, 44, 45, 46, 47, 48, 50, 62, 64, 65, 66, 68, 71, 73, 78, 80, 82, 84, 85, 86, 87
Fluidos de formação 85
Foco térmico 11, 38, 39, 42, 43, 44, 45, 54, 56, 86
Fosforita 70, 105, 106, 107
Foskorito 16, 17, 18
Franja (de cristalização ou de fusão) 54, 58, 59, 60
Freática, zona, água 92, 93, 95, 110, 111, 113, 114, 115, 117, 118, 119, 120, 121, 122
"Fumaça branca" (*white smoke*) 49, 50
"Fumaça preta" (*black smoke*) 40, 49, 50
Fusão parcial 12, 14, 22, 32, 56

G
Garnierita 116, 117, 118
Garnierítico, depósito mineral 116, 117
GOE (*Great Oxidation Event* – Grande Evento de Oxidação) 101, 102, 103, 105
Gossan 120, 121
Granito tipo I 41, 42, 43, 44, 45
Granito tipo S 41, 42, 43, 44, 56
Greisen 42, 43, 44, 52, 87
"Gumita" 75

H
Hibridização (de magmas) 24, 25, 28, 29, 30, 31
Hidatogênica, alteração 61, 63, 65, 66, 67
Hidatogênico, fluido 39, 40
Hidrostática, pressão 39, 40, 42
Hidrotermal, alteração 10, 15, 22, 35, 37, 38, 41, 43, 44, 47, 48, 49, 56, 122, 123
HIMU (*high-µ end-member*) 15, 19
Hipogênico(a) 40, 62, 63, 65, 66, 67, 120, 121, 122

I
Iluviação 110, 119, 124
Inclusão mineral 12
Intemperismo 9, 10, 21, 22, 76, 87, 90, 97, 110, 111, 112, 113, 114, 116, 118, 119, 120, 121, 122, 123, 124
Intramontano(a) 93, 98, 107
Isógrada 65
Itabirito 99, 118, 119

J
Jasperoide 53, 83, 85, 86
Jaspilito 99, 105, 118, 119

K
Karst 114, 116
Kárstico(a) 115, 116
Kimberlito 13, 14, 15, 16, 17, 18, 19, 20, 23, 87
Komatiítico(a) 32, 33, 34, 35, 62
Komatiíto 27, 32, 33, 34, 35, 61
Kupferchiefer, depósito tipo 78, 79, 80, 81

L
Lamproíto 13, 14, 15, 16, 17
Laterita 114, 116, 117, 118, 119, 120
Laterítico(a) 110, 111, 113, 115, 116, 117, 118, 119, 120, 121
LCT, pegmatitos tipo 55, 56, 57, 58
Linha de pedra 121
Litosfera 9, 13, 14, 16, 23, 38, 61, 64, 71, 87
Litostática, pressão 39, 40, 42, 67

M
Magnesiocarbonatito 17
"Manto", depósito tipo 52, 53
Manto (litosférico ou astenosférico) 12, 13, 14, 15, 16, 17, 18, 23
MARID (*mica + amphibole + rutile + ilmenite + diopside*) 15, 17, 18, 23
Marmorização, *front* de 50
Metanotrofia 103
Metassomático(a) 19, 50, 68, 81
Meteórica, água 10, 11, 38, 40, 44, 45, 46, 61, 66, 67, 68, 70, 71, 72, 75, 80, 82, 83, 84, 85, 86, 87, 88, 95, 110, 112, 113, 119
Miarolítico(a) 58
Minette, depósito tipo 90
Mississippi Valley, depósito tipo 72, 73, 74, 76, 78
Missouri, depósito tipo 72, 73

N
Natrocarbonatito 16, 17
Nikopol, depósito tipo 104, 105
Nódulo (polimetálico, de ferro, de manganês) 96, 97, 99, 100, 104, 106, 117, 119
NYF, pegmatitos tipo 55, 56

O
Oolítico, ferro, depósito mineral 90, 91, 106
Orangeíto 14, 15, 16, 23

P
Paleocanal 73, 88, 89, 91
PCFB (*Paraná continental flood basalts*) 15
Pegmatito 43, 54, 55, 56, 57, 58, 59, 60
PIC (*phlogopite + ilmenite + clinopyroxene*) 17, 18, 23
Pirocloro 21, 22, 23, 111, 112, 113
Plutogênico(a) 41, 43, 44, 45, 50, 52, 54, 66
Porfirítico, depósito mineral 11, 40, 41, 42, 52
Potássica, zona 40, 41, 42, 44, 45
PREMA (*prevalent mantle* – manto prevalecente) 19
Progradacional, fase 10, 11, 51, 52, 69
Prokariote 102
Propilítica, zona 40, 41, 42, 43, 44, 45, 122

R
Rapitan 99, 100, 101, 102
Red beds 76, 77, 78, 79, 80, 95, 107, 108
Regolito 82, 83, 111, 112, 113, 115, 120, 122, 123, 124
Residual(is) 10, 18, 22, 25, 26, 28, 40, 42, 59, 105, 107, 109, 110, 111, 112, 113, 114, 115, 116, 117, 118, 119, 120, 121, 124
Resistato 88, 110, 111
Retrogradacional, fase 10, 11, 42, 51, 52, 69
"Rolo", depósito tipo (*roll front uranium type*) 73, 75, 76

S
Salar 93, 96, 97, 98, 107
Salinidade 39, 40, 44, 57, 65, 66, 68, 72, 82, 103, 107, 108
Salmoura 13, 39, 42, 44, 64, 70, 72, 73, 74, 77, 78, 80, 81, 82, 108, 109
Saprolito 82, 110, 111, 112, 113, 114, 115, 117, 118, 119, 120, 121
Segregação mantélica 12
"Segunda ebulição" 57
Sericítica, zona 40, 41, 42, 43, 44, 45, 122
Singenético(a) 87
Stockwork 42, 43, 45, 46, 47, 62, 70
Sub-resfriamento 54, 58, 59
Sulfetação 45, 46, 67
Sulfídico(a) 24, 25, 26, 27, 28, 30, 32, 33, 35, 36, 37, 63, 73, 94, 98, 99, 111, 121
Supercrítico, fluido 39, 40, 42, 44, 64
Supergênico(a) 33, 61, 70, 105, 110, 111, 113, 115, 116, 118, 119, 120, 121, 122, 123
Superior, BIF 90, 99, 100, 101, 102, 119

T
Terras-raras, óxidos de 111, 123
Tiossulfato 120, 121
Troctolito 36

V
Venulado ou *stringer*, minério 46, 47, 50
VHMS (*volcanic hosted massive sulfide*), depósito tipo 40, 41, 47
VMS (*volcanogenic massive sulfide*), depósito tipo 47
Vulcanogênico(a) 40, 41, 45, 46, 47, 48, 49, 50, 100

W
Witwatersrand, depósito tipo 89, 102